李杰　中国科学院院士，丹麦奥尔堡大学荣誉博士，同济大学特聘教授，上海防灾救灾研究所所长，兼任国际结构安全性与可靠性协会（IASSAR）主席、中国振动工程学会副理事长等学术职务。

长期在结构工程与防灾工程领域从事研究工作，在随机力学、工程结构可靠性与生命线工程研究中取得了具有国际声望的研究成果。曾获国家自然科学二等奖、国家科技进步三等奖，入选教育部长江学者奖励计划首批特聘教授。2014 年，因在概率密度演化理论与大规模基础设施系统可靠性方面的学术成就，被美国土木工程师学会（ASCE）授予领域最高学术成就奖——Freudenthal 奖章。

出版有《地震工程学导论》（地震出版社，1992）、《随机结构系统--分析与建模》（科学出版社，1996）、《生命线工程抗震——基础理论与应用》（科学出版社，2005）、*Stochastic Dynamics of Structures*（John Wiley & Sons，2009）、《混凝土随机损伤力学》（科学出版社，2014）等学术著作。

国家科学技术学术著作出版基金资助出版

工程结构可靠性分析原理

李 杰 著

科 学 出 版 社

北 京

内 容 简 介

工程可靠性理论是现代结构设计的基础。不同于国内外同类学术著作，本书从“工程系统中随机性的传播”这一全新角度出发，系统论述工程结构可靠性分析原理。内容包括：结构作用及其建模；作用随机性在结构中的传播；材料性质随机性在结构中的传播；结构构件可靠度分析；概率密度演化理论；结构整体可靠度分析；基于可靠度的结构设计等内容。考虑到本书宜同时用做研究生教材和供工程师学习、应用，书中加入了必要的分析实例。

本书可供土木、水利、海洋、航空航天、兵器等工程技术领域的专业人员和高等院校师生学习、参考。

图书在版编目（CIP）数据

工程结构可靠性分析原理／李杰著．—北京：科学出版社，2021.12
ISBN 978－7－03－068868－2

Ⅰ．①工…　Ⅱ．①李…　Ⅲ．①工程结构－结构可靠性
Ⅳ．①TU311.2

中国版本图书馆 CIP 数据核字（2021）第 091031 号

责任编辑：潘志坚　徐杨峰／责任校对：谭宏宇
责任印制：黄晓鸣　　　　／封面设计：殷　靓

科学出版社 出版
北京东黄城根北街 16 号
邮政编码：100717
http：//www.sciencep.com
南京展望文化发展有限公司排版
苏州市越洋印刷有限公司印刷
科学出版社发行　各地新华书店经销

*

2021 年 12 月第　一　版　开本：B5（720×1000）
2021 年 12 月第一次印刷　印张：16 1/4
字数：280 000

定价：160.00 元

（如有印装质量问题，我社负责调换）

前　言

工程结构可靠性分析理论,是现代工程结构设计的基础。由于现实的原因和理论上的困境,直到21世纪的第一个十年,工程师们仅能在结构构件层次分析结构构件的可靠度,或者按照工程设计规范的要求设计结构构件。对于结构的整体可靠性,则所知甚少,不能从设计上加以保证。这为工程结构的安全留下了巨大隐患,对于灾害作用下或处于极端环境中的结构,尤其如此。

我自20世纪90年代初开始涉足工程可靠性理论研究,在长期的研究实践中,形成了对工程可靠性分析与设计理论的基本认识,提出了基于物理研究随机系统的学术思想,建立了工程结构整体可靠度分析理论,并开始应用于工程实践。适时地把这些工作加以总结,奉献于学界与工程界,以期推动工程可靠性分析与设计理论的发展,是撰写本书的缘起与初衷。

不同于国内外同类学术著作,本书从“随机性在工程系统中的传播”这一新视角系统论述工程结构可靠性分析的基本原理。在作者看来,随机性从其本源,经由系统内在的物理、力学规律的作用,传递(传播)为系统响应或系统表现的随机性,是一个非常自然、也可以为人很容易接受的观念。统计矩的传递与概率密度的演化,是随机性传播的两类基本表现形式。事实上,传统的结构可靠性分析理论中的矩法,本质即为统计矩在工程系统中的传播。而作者过去20年来致力研究的概率密度演化理论,则进一步揭示了随机性传播的本质规律,也为建立统一的工程结构可靠性分析理论奠定了基础。

撰写本书的另一个初衷,是希望一般工程师能够熟练掌握并在工程中主动应用工程结构可靠性分析理论。传统的工程可靠性研究,就其基本发展脉络而言,是基于可靠性数学的。因此,一般工程师对依据这一背景建立起来的理论往往视为畏途。这极大程度上影响了工程结构可靠性分析与设计方法的应用与普及。而从随机性传播这一自然的角度,一般结构工程师耳熟能详的力学分析、结构失效准则、有限元分析方法等,开始成为结构可靠性分析的核心内容。这对于一般工程师理解、应用结构可靠度分析理论是大有裨益的。而在直觉理解意义上的应用,应该是工程师的内心渴望与必然选择。将基于可靠性数学的结构可靠性“改造”为基于工程概念的结构可靠性,是我在撰写本书时的一个愿望。当然,由于科学的发展和问题本身的性质,本书仍然涉及不少数学知识,显得有些“艰深”。但我相信:任何一个经过大学阶段基本训练的工程师或科学工作者,只要静下心来加以研读,自不难掌握本书的思想精髓、方法要领并勇于应用于自己的工作实践或研究实践之中。

本书共分八章。第一章梳理了工程结构可靠度研究的发展史,阐述了本书的基本观点。第二章论述工程结构静力与动力作用的建模问题。第三章和第四章从矩传递的角度,分别论述作用随机性在结构系统中的传播以及随机性从材料性质到结构构件抗力的传播。在第三章、第四章分析基础上,第五章介绍基于矩传递的构件可靠度分析方法。第六章论述概率密度演化理论,从这一章的论述可以看到:随机性在结构系统中的传播,是客观、真实的物理过程。在此基础上,第七章详细论述结构整体可靠度分析,在论述基于概率密度演化理论的结构整体可靠度分析方法的同时,也简略介绍了经典结构体系可靠度分析方法,指出了其本质缺陷与困境所在。结构分析的目的,是可以理性地进行结构设计,因此,第八章专论工程结构基于可靠度的设计。为补充必要的基础知识并为读者应用着想,本书列入了六个附录。其中附录 F 在本质上是本书内容的扩展(因而亦可视之为本书的“后记”)。在这一附录中,论述了第三代结构设计理论。有志于工程结构设计理论的读者,若能反复研读,相信会有所收获。结构工程设计理论,犹如一个血气方刚的青年,虽堪当大任,但远未成熟。处于发展期的第三代结构设计理论,能否使结构工程师建立起真正的理性自信与实践自律,尚待广大同仁和后来佼佼者的共同努力!

本书即将付梓之际,我深深感谢在此方向上和我一起工作的学生们,他们是(按毕业先后为序):陈建兵教授、艾晓秋博士、范文亮教授、阎启博士、王鼎博士、宋萌硕士、徐军博士、孙伟玲博士、陶伟峰博士、丁艳琼博士、周浩博士、蒋仲铭博士。其中,陈建兵教授的工作,居于基础地位。我要感谢吕西林院士、陈以一教授、李国强教授、顾祥林教授、朱合华教授以及所有在同济大学工作的同仁们,感谢他们的长期支持、激励、合作与关心。我要深深感谢美国工程院的洪华生教授、Spanos 教授、Ellingwood 教授、普渡大学的 Frangpool 教授、日本神奈川大学的赵衍刚教授、丹麦奥尔堡大学的 Thoft-Christensen 教授、Nielsen 教授、Faber 教授、德国汉诺威大学的 Beer 教授、新加坡国立大学的 K. K. Phoon 教授等国际友人，是他们的鼓励、支持与欣赏，使我不断坚定着在此方向上不断探索前行的勇气与决心。同时，我要感谢科学出版社的林鹏社长、潘志坚编审和徐杨峰编辑，是他们的支持使本书得以及时出版。

当然，最深切的感谢要致于我的夫人谢闽女士，是她深深的爱和无微不至的照顾使我可以长期投身于永无止境的学术事业之中，而她精心研习的中国文化典籍，则让我感受到远山苍茫、天地轻盈。

李　杰

2021 年春月

谨识于 同济园 · 未倦斋

目　录

第一章　绪　　论

第二章　结构作用及其建模

第三章 作用随机性在结构中的传播

第四章 材料性质随机性在结构中的传播 ——构件抗力统计矩分析

第五章　结构构件可靠度分析——矩法

第六章 随机性在结构系统中的传播——概率密度演化理论

第七章 结构整体可靠度分析

第八章　基于可靠度的结构设计

附录 A　平稳二项过程与复合泊松过程

附录B 随机过程

附录C 随机场

附录D 赋得概率计算

附录E 数论方法的生成向量

附录F　论第三代结构设计理论

（代后记）

Contents

Chapter 1 Introduction

Chapter 2 Loads on Structures and Their Modelling

Chapter 3 Propagation of Randomness Associated with Loads in Structures

Chapter 4 Propagation of Randomness Associated with Material Properties in Structures: Statistical Moments of Structural Member Resistance

Chapter 5 Reliability Analysis of Structural Members: Methods of Moments

Chapter 7 Structural Global Reliability Analysis

Chapter 8 Reliability-based Structural Design

Appendix A Stationary Binomial Process and Compound Poisson Process

Appendix B Stochastic Process

Appendix C Random Field

Appendix D Calculation of Assigned Probability

Appendix E Generator Vectors in Number Theoretical Method

Appendix F On the Third Generation of Structural Design Theory (Supplement)

第一章

绪　　论

1.1　工程结构可靠性研究的缘起

有目的地建造工程结构,是人类文明走向繁荣的标志之一。对于土木工程结构,虽然建筑的目的是它的使用价值,但在建造之初,最重要的考量是结构的安全性,否则,便无使用价值可言。

结构的安全性,不妨用最简单的一根梁做例子加以说明。

对于图 1.1 所示的简支梁,考虑其上受均布荷载 q 的作用,根据材料力学的知识,可知梁中的最大弯矩为

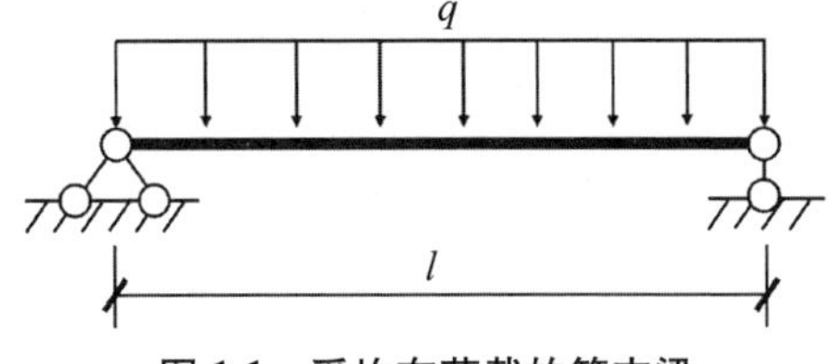

图 1.1　受均布荷载的简支梁

$$M_{\max} = \frac{1}{8}ql^2 \tag{1.1}$$

在另一方面,根据梁的材料性质及几何尺寸,可知梁正截面的极限承载能力(极限弯矩)为

$$M_u = f(\sigma_u,\ b,\ h) \tag{1.2}$$

式中,$f(\cdot)$ 表示一般的函数关系;σ_u 为材料的极限应力(强度);b、h 分别为梁截面的宽度与高度。

为了保证梁的安全性,要求梁中的最大弯矩小于梁的极限弯矩,即

$$M_{\max} < M_u \tag{1.3}$$

如果上述问题所涉及的物理量都可以精确控制,即梁上的荷载可以精确给

定、梁的尺寸可以准确制造、梁中材料的极限强度不发生变化,一句话,各个物理量都是确定性变量,则上述梁的安全性可以通过式(1.3)完全保证。

可惜的是,我们生活在一个充满不确定性的世界之中。即使对上述简支梁,在实际工程中,其上的荷载、梁中材料的极限强度都是难以完全控制的。根据工程实践的统计,这些物理量大多属于随机变量、服从某种概率分布。例如,图1.2是建筑结构中典型的活荷载的概率分布;图1.3则给出了混凝土材料受压极限强度的概率分布。

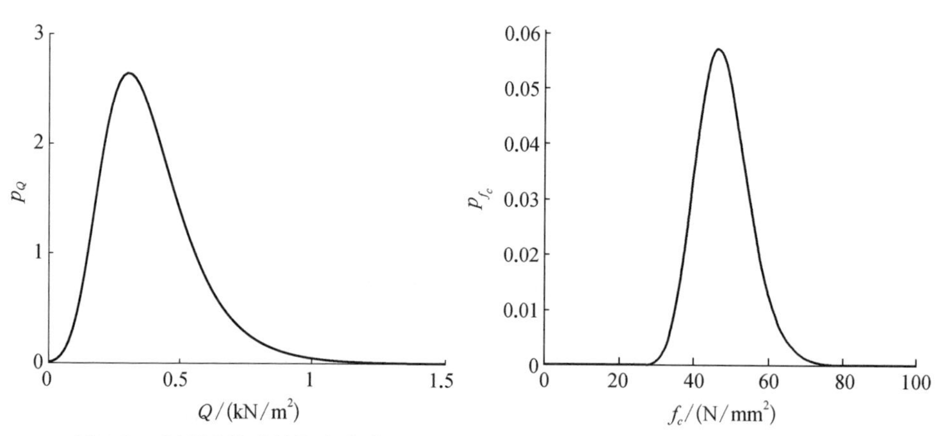

图1.2 典型活荷载的概率分布

图1.3 混凝土单轴受压强度的概率分布

人们可能会问:既然结构荷载与材料强度具有随机性,那么用最大可能的荷载与最小可能的强度设计结构,不就可以保证结构的安全了吗?确实如此。但是,这样设计的结构却不是经济的,甚至在经济上是不可承受的。例如地震作用,对于一个具体的工程场址,地震发生的概率很小,但由于随机性,地震作用力的大小可以差别很大。许多实例表明,这种差别可以达到数倍甚至数十倍之多。因此,如果不能科学地反映随机性的影响而采用上述简单化的"最大可能荷载+最小可能强度"的方式设计结构,"人类所有财富可能都是不够的。大量的一般结构将成为碉堡。"[1]

为了考虑客观存在的随机性的影响,人们在结构安全性的基础上,引入了结构可靠性的概念,并用概率对这一概念做出定量刻划。例如,对于上述简支梁,结构安全性在概率意义上是可以保证的。这一概念可以用"结构安全的概率"P_s(通常称为结构可靠度)加以科学描述,即

$$P_s = \Pr\{M_{max} \leqslant M_u\} \tag{1.4}$$

式中,$\Pr\{\cdot\}$表示概率测度。

显然,这种概率意义上的保证是具有一定条件的,最基本的条件是结构的制造(施工)条件、使用条件和结构的使用年限,因此,工程结构可靠度的一般定义是[2,3]:在规定的条件下和规定的时间内,结构完成预定功能的概率。

在这里,规定的条件是指正常的设计、施工与使用条件,规定的时间则一般指结构的设计使用年限。事实上,结构荷载与结构性质都随时间的增长而改变,因此,结构可靠度与结构使用年限密切相关。预定的功能,通常以工程结构的各种性能指标(如强度、变形、使用过程中的各种功能限制条件)来刻画。

显然,在上述定义中,既包括了结构的安全性要求,也包括了结构的适用性要求和耐久性要求。所以,一般认为,工程结构可靠性包括了安全性、适用性与耐久性三方面的内涵。

采用概率的方式衡量与设计结构的安全性、适用性与耐久性,较之经典的确定性设计观念,是一个革命性的变化。由此,引发了丰富多彩、方兴未艾的研究发展史。

1.2 工程结构可靠度研究的发展史

前已阐明,结构可靠性研究的核心是解决存在随机性的条件下结构安全性的科学度量问题。早在1911年,匈牙利学者卡钦奇(Качинчи)就提出用统计数学分别研究结构荷载与材料强度的概率分布的思想[3]。1926年,德国学者Mayer出版了以“结构安全性”为主题命名的专著[4,5],第一次较为系统地论述了采用概率论研究结构安全性的学术设想。20世纪40年代后期,在美国学者Freudenthal与苏联学者斯特列津斯基(Н. С. Стрелецкий)、尔然尼钦(А. Р. Ржаницын)等的倡导下,工程结构可靠性问题开始得到学术界与工程界的普遍重视,并逐步成为结构工程研究中的核心和热点问题[6,7]。到20世纪60年代末,基于概率论与统计学的结构可靠性理论初具雏形。20世纪60年代末、70年代初,工程结构可靠性领域的三大学术组织——国际结构安全性与可靠性协会(International Association for Structural Safety and Reliability, IASSAR, 1969)、国际土木工程风险与可靠性协会(Civil Engineering Risk and Reliability Association, CERRA, 1971)和国际结构安全性联合委员会(Joint Committee on Structural Safety, JCSS, 1971)相继成立。经过有组织地系统推动,以一次二阶矩理论为核心的结构可靠度分析理论在20世纪70年代中期趋于成熟,并逐步被欧洲、美国和中国等采用为工程结构设计规范的基础。与此同时,工程可靠性理论也开始以一个独立分支学科的形态进入大学的课堂。

由于早期的研究者倾向于从概率分析的角度研究结构可靠度问题,所以形成了经典结构可靠度分析的数学分析传统。在一般意义上,结构可靠度定义为结构功能函数大于零的概率。由于功能函数可以一般地表示为结构作用和结构参数中基本随机变量的函数,因而结构可靠度可以表达为基本随机变量的联合概率密度函数在安全域内的多维积分,即

$$P_s = \Pr\{Z > 0\} = \int \cdots \int_{z>0} f_X(x_1, x_2, \cdots, x_n) \mathrm{d}x_1 \mathrm{d}x_2 \cdots \mathrm{d}x_n \tag{1.5}$$

式中, $Z = g(x_1, x_2, \cdots, x_n)$ 为结构功能函数; $X = (x_1, x_2, \cdots, x_n)$ 为结构作用和结构参数中的基本随机变量; $f_X(x_1, x_2, \cdots, x_n)$ 为基本随机变量的联合概率密度函数。

对这一多维积分的近似求解,构成了经典结构可靠度理论研究的出发点与归宿点。而针对不同的研究对象与目的,又分别形成了结构构件层次、结构整体层次的静力可靠度分析及结构动力可靠度分析的研究分枝。

为了清晰起见,以下对构件层次的可靠度分析、整体结构的可靠度分析与结构动力可靠度分析的研究历史分别展开论述。

1.2.1 构件层次的可靠度分析

为了获得结构可靠度的科学度量方法,研究者进行了大量的探索[8-11]。在早期,由于文化上的隔阂,这些研究是在苏联和西方世界分别独立进行的。一般认为,苏联的尔然尼钦于 1947 年最早提出了利用荷载效应与强度的均值及方差计算结构可靠度的二阶矩法,同年,苏联学者斯特列津斯基提出了将结构安全系数分别考虑的方法[3,7]。在西方,美国学者 Freudenthal 于 20 世纪 40 年代中期提出了类似于式(1.5)的结构可靠度分析方法[6]。Cornell 于 20 世纪 60 年代末从抗力-效应综合变量的线性正态模型出发提出了一次二阶矩基本方法和可靠性指标的概念[12],从而形成了在西方世界被普遍接受的结构可靠度分析中心点法①。在试图将中心点法推广到非线性功能函数和非正态变量时, Ditlevsen 等多位研究者发现: 中心点法不能保证可靠性指标 β 的不变性,即当功能函数采

① 在欧洲,一般认为以功能函数二阶矩定义的可靠性指标由德国科学家 Basler 于 1961 年最早提出。

用力学本质等价的不同数学表达形式时，可靠性指标不唯一[13]。由此，引发了一系列研究，最终发现了可靠性指标的几何意义。1974 年，Hasofer 和 Lind 将标准正态空间中的原点到一般非线性功能函数的最短距离定义为几何可靠性指标[14]。利用这一概念，可以将结构可靠度分析问题近似转化为在标准正态空间中寻找非线性曲面上距原点最近点（验算点）的优化问题。通过在最近点对功能函数采用线性或非线性展开，可以给出失效概率的近似值。在线性展开条件下，Rackwitz 和 Fiessler 提出了基于 Newton-Raphson 迭代的可靠性指标求解算法[15]。对于一般的概率分布，通过引入反函数变换（其一般形式为 Rosenblatt 变换），可将实际工程中大量出现的非正态分布随机变量转化为标准正态分布的随机变量[16]，从而可以近似应用上述算法。经 JCSS 的进一步完善，这一算法于 1977 年被作为标准算法向工程界推荐，并逐渐被国际上公认为 JC 法（或验算点法）。例如，1978 年美国颁布的《美国钢结构设计规范》和 1984 年中国颁布的《建筑结构设计统一标准》，均采用 JC 法作为确立工程结构构件可靠度的理论基础。

中心点法和验算点法，均属于一次可靠度分析方法（first order reliability method, FORM）。这类方法的基本思想，是将功能函数在基本随机变量的均值点或验算点附近进行线性展开从而获得近似的可靠性指标。进而，通过假定功能函数的概率分布为正态分布，在可靠性指标与失效概率之间建立一一对应关系。但令人遗憾的是，一般的结构功能函数往往是高度非线性函数，采用线性展开往往具有较大误差。为此，人们试图在验算点附近对功能函数作二次展开逼近，并据此给出可靠性指标的二次近似表达，从而发展了二次可靠度分析方法（second order reliability method, SORM）[17,18]。然而，利用这一方法求取可靠性指标的复杂程度大大增加，且关于结构失效概率计算精度的改进程度并不明显，因而，未能在工程中得到广泛的应用。

早在 1952 年，苏联学者莫列（P. A. Муллер）就提出了采用三阶矩计算结构失效概率的方法[3]，但由于计算方法复杂，没有引起后人的注意。21 世纪初，留日中国学者赵衍刚和他的导师小野徹郎一起，将 Rosenblueth 提出的点估计方法[19,20]推广到较为一般的结构功能函数的高阶矩估计中，发展了计算结构可靠度的高阶矩法[21,22]。由于直接利用功能函数的前三阶矩或前四阶矩计算结构可靠性指标而不需要迭代计算，这类算法体现出了较好的计算精度与计算效率[23]。

1.2.2　整体结构的可靠度分析

上述分析在本质上均属于结构构件层次、单一失效模式的静力可靠度分析

（一些文献称之为截面层次的可靠度分析）。利用这种分析方法设计工程结构，是难以保证工程结构的整体安全性与可靠性的。事实上，在复杂的外部与内部作用下，实际结构存在多种可能的失效模式。按照经典的功能函数分析思路，整体结构的失效概率由多种可能失效模式对应的多个功能函数共同决定。由于各个功能函数的失效域往往交叉重叠，便构成了所谓失效模式相关问题，从而造成概率计算的高度复杂性。在经典的结构体系可靠度理论研究中，失效模式相关问题构成了几乎不可逾越的难关。

借鉴系统可靠性分析理论，早期学者具有想象力地将工程结构整体的失效问题等效为串联系统或并联系统的失效问题，并据此利用概率论估计系统的可靠度（因此，在经典可靠度分析理论中，结构整体可靠度被称为结构系统可靠度或结构体系可靠度）。1966 年，Freudenthal 等率先将结构系统等效为串联系统，并给出了系统失效概率的上界[24]。1968 年，洪华生等提出了结构体系可靠度分析的上、下界估计公式[25]。1975 年，洪华生等发展了概率网络评估技术，初步提出了失效相关问题的解决方案，发展了结构可靠度评估近似算法[26]。1979 年，Ditlevsen 研究了结构体系可靠度的窄界限问题，在 Kounias[27]、Hounter[28] 等提出的结构体系可靠度窄界限估计公式基础上，针对高斯正态随机变量，提出了利用验算点法计算结构体系可靠度的上、下界计算方法[29]。至此，采用串、并联系统分析工程结构整体可靠度的方法有了一个初步可行的雏形。但是，如何构造这些串、并联系统？问题并未得到解决。引用结构塑性分析的机构法构造结构失效模式，带来了组合爆炸问题。为此，20 世纪 80 年代，一批学者致力于结构主要失效模式的研究，发展了一系列筛选结构主要失效模式、形成系统分析等效模型的方法[30]。例如，Thoft-Christensen 等提出了基于 β 指标的 β 分支限界法[31]，Murotsu 等提出了基于联合概率的分支限界法[32]，Moses 提出了以承力比为核心概念的工程准则法[33]，在此基础上，冯元生和董聪提出了最小荷载增量法[34]等。将这些工作与上述窄界限估计公式或概率网络评估技术相结合，可以给出结构整体可靠度的近似估计。然而，人们也不无遗憾的发现：如此给出的解答，具有很大的随意性与近似性。虽然后来国内外学者在主要失效模式搜索、概率限界规则等方面持续进行了大量的研究[11,35]，依然未能从根本上解决问题。

事实上，由于主要采用从破坏后果出发的唯象学思路研究问题，经典结构体系可靠度分析不可避免地会遇到组合爆炸与失效模式相关问题。这导致自 20 世纪 80 年代末以后的 30 余年里，基于系统可靠性分析理论发展起来的结构体系可靠度分析方法几乎没有取得实质性的新进展。

求取结构体系可靠度的另一途径是采用 Monte Carlo 模拟,这必然牵涉大量繁复的结构分析计算。为了降低计算工作量,Faravelli 等于 20 世纪 80 年代中后期首先将实验设计理论中的响应面方法引入结构系统可靠度研究中,发展了后来被广泛接受的响应面方法[36,37]。在本质上,响应面是一类关于结构分析的替代模型。据此,可以大幅度降低结构分析的计算工作量。经过多年研究,人们逐步形成了采用二次多项式构造响应面的共识。且为了减少计算量,在绝大部分情况下忽略一般二次多项式中的交叉项[38,39]。响应面方法的最大不足,是所需要的确定性分析次数随着基本随机变量数目的增加而显著增加,且响应面的构造在很大程度上是人为的,因而几乎不可能对这类方法的误差做出严格的精度分析与估计[40]。因此,尽管人们也探索了诸如 Kriging 方法[41]、神经网络方法[42]、支持向量机方法[43,44]等各类替代模型方法(英文文献中常称为 metamodel),但均未从根本上克服上述问题。事实上,抛开这些问题和 Monte Carlo 模拟计算效率低下的问题不谈,仅仅根据 Monte Carlo 模拟方法在本质上的随机收敛性,即可以大体判断:采用 Monte Carlo 模拟方法,不可能获得理性的、精确的结构整体可靠度分析结果。

顺便指出,包括响应面方法在内的各类替代模型方法也被应用于较为复杂的构件可靠度分析问题研究之中,即在验算点附近用二次多项式函数或某类替代模型近似替代功能函数,并利用这类显式表达式进行 FORM 分析或 SORM 分析、以获得构件层次的可靠度。但在总体上,这一方面的研究并无实质性的进步意义。

自 2001 年以来,基于物理随机系统的基本思想,李杰和陈建兵等较为系统地发展了随机系统分析的概率密度演化理论,通过概率守恒原理的随机事件描述,建立了随机系统的广义概率密度演化方程[45-48]。利用等价极值事件原理,发展了基于概率密度演化理论的结构整体可靠度分析新方法[49,50],并开始在大型复杂结构整体可靠度分析中得到应用[51-53]。

1.2.3 结构动力可靠度分析

结构动力可靠度分析与静力可靠度分析问题的区别在于前者的功能函数含有时间参数 t,这一差别决定了结构动力可靠度分析必须考虑动力过程的时间记忆特征。在一定时段内结构的随机振动反应超越某一规定限值的概率,定义为结构动力可靠度。因此,关于动力可靠度的研究大多以随机振动理论为基础。

经典意义上的结构动力可靠度分析的主要研究成果包括跨越过程理论与扩

散过程理论。其中,基于跨越过程理论的方法最早来自 Rice 对电子系统可靠性的研究[54]。在此基础上引入 Poisson 假定,可以获得指数形式的结构可靠度解答[55]。但是,Poisson 假定忽略了随机过程在不同时点的相关性,按此假定分析,结果往往具有较大误差。20 世纪 70 年代初,Vanmarcke 引入两态 Markov 过程假定,建立了结构动力可靠性的基本分析公式[56,57],这一方法在工程中得到了较为广泛的应用。采用跨越过程理论分析结构动力可靠度,需要计算期望穿越率,这一计算原则上需要结构响应位移与速度的联合概率密度函数,而获取一般非线性系统的反应及其导数过程的联合概率密度函数,通常具有极大的难度。因此,人们往往不得不引入 Gaussian 联合分布假定[58,59]。事实上,动力可靠度问题本质上是无穷个时点失效事件的串联问题,仅仅采用两个时点的二维联合分布信息,在本质上不可能获得精确的结果[49]。

原则上,结构动力可靠度也可以采用扩散过程理论,通过求解具有吸收边界条件的 FPK 方程或广义 Pontryakin 方程获得[60,61]。但令人遗憾的是,对一般的高维非线性随机系统,上述方程均为高维偏微分方程,直至 21 世纪初,在经典理论框架下,能够进行有效求解的非线性随机系统不超过 5 个自由度[61],这与工程实际中经常遇到的数十万乃至数百万自由度的结构情形相比,具有极大的差距。

若不考虑动力系统的记忆特性,将时间 t 在不同时点加以离散,则结构动力可靠度分析问题可以利用串联系统的静力可靠度分析加以逼近。从这一思想出发,Wen 和 Chen[62]、Hagen 和 Tvedt[63]、der Kiureghian[64]等研究了将静力可靠度分析方法等推广到动力可靠度分析的途径。但由于算法的复杂性以及 FORM 等方法本身存在的弱点,这些探索未能在复杂结构动力可靠度分析问题中得到推广。

1.3 本书基本观点与内容

仔细体察上述研究发展史可以发现:传统的结构可靠度分析理论,是以可靠度数学为主要发展线索的。其主要目标在于:在结构构件层次与结构整体层次以某种近似的或精确的方式求解如式(1.5)所示的多维积分。这就必然会不自觉地弱化甚至忽略结构受力物理过程对于结构可靠度的影响。如果说这种忽略在研究以局部极限状态为设计主导对象的结构构件可靠性时,尚能达到计算可靠度的预期目标,那么在研究结构整体可靠性时,对于结构物理过程的忽略就带来了研究思想上的根本性失误。事实上,虽然在一般可靠度工程研究中一些学者强调了失效物理的重要性,但真正把物理研究与结构失效概率从逻辑上联系起来的工作,则很少见及。

基于物理研究随机系统的基本思想,为将物理研究与结构可靠性分析结合奠定了思想基础[65]。根据这一思想,结构受力物理过程、结构损伤—破坏—失效的物理过程与结构响应量的概率分布密度的演化过程息息相关,据此,进一步引入结构失效的物理准则或功能准则,可以直观、方便地给出结构在各个不同尺度上的可靠度。事实上,如果从随机性在物理系统(工程系统)中传播的角度考虑,不难发现:经典的结构可靠度研究的主要理论研究成果,也可以纳入这一思想体系。

因此,本书试图从一个新的视角——**随机性在工程系统中的传播**这一观点出发,梳理、总结结构可靠度的研究成果,构建工程结构可靠性分析与设计的基本理论体系。

全书共分八章。除本章外,第二章论述工程结构静力与动力作用的建模问题。荷载与作用的基本模型是结构可靠度分析的重要基础。在这一章中,同时强调了统计模型与基于危险性分析的物理模型的重要性。作者认为:在这一基本层次,统计分析与物理分析是不可偏废的。

第三章从矩传递与矩演化的角度论述结构作用随机性在工程系统中的传播。统计矩,尤其是低阶统计矩,是随机变量与随机过程概率描述的主要手段之一。在一般情况下,抓住了二阶统计矩,就抓住了随机性的主要部分。因此,虽然这一章将结构力学分析局限于线性响应部分,但对于读者理解并掌握随机性传播的基本概念,具有重要作用。

第四章论述结构构件抗力分析。不同于一般文献中对相关内容的处理,本书试图从随机性传播角度,讲清楚材料性质的随机性表述如何通过物理力学的途径转化为对于构件抗力的随机性表述。虽然这里的表述局限于统计矩层次,但领会其中精神实质的读者,不难据此发展概率密度层次的表述结果。

在第三章、第四章分析基础上,第五章介绍基于矩传递的结构构件可靠度分析方法,在继承传统的基本理论框架的同时,作者也试图说明,这些基于可靠度数学的理论成果也可以从随机性传播的角度得到新的诠释。

第六章论述概率密度演化理论,从统计矩的演化到概率密度演化,虽然是一个十分自然的逻辑过程,但从这一章的论述可以看到:随机性在结构系统中的传播，不是故弄玄虚的名词游戏，而是客观、真实的物理过程。事实上，了解了这一过程，结构整体可靠度分析几乎是水到渠成的事情。然而，除了结构使用功能所决定的功能准则之外，如何建立基于物理的结构破坏准则，如何建立适应于不同准则的结构整体可靠性分析基本方程，都还需仔细考虑。因此，本书专设第七章，具体、详细地论述结构整体可靠度分析。做出这种安排的另一个现实原因，是希望为读者能够清晰、具体地掌握结构整体可靠度分析方法提供翔实的学习材料。同时，在这一章中，也简略而不失重点地介绍了经典的结构体系可靠度分析方法，指出了其本质缺陷与困境所在。

结构分析的目的是可以理性地进行结构设计。因此，本书第八章专论工程结构基于可靠度的设计。为读者计，这一章首先论述了如何建立可靠性设计的一般准则；然后，介绍了如何进行构件层次的可靠度设计，并提供了分析实例；最后，概略论述了在结构整体层次进行结构可靠度设计的基本原则和一般方法。由于在结构整体层次进行结构可靠度设计乃至全寿命设计尚属工程结构设计理论研究领域的前沿，这里介绍的知识是非常初步的。然而，正是因为如此，如果因为本书的初涉而激起读者的研究热情，进而引为同道，则不啻为本领域同仁之大幸！于此，至为期盼。

参考文献

[1] NEWMARK N M, Rosenblueth E. Fundamentals of earthquake engineering[M]. Englewood Cliff: Prentice-Hall, 1971.

[2] ISO2394. General principles on reliability for structures[S]. International Organization for Standardization, 2015.

[3] 赵国藩，曹居易，张宽权.工程结构可靠度[M].北京：水利水电出版社，1984.

[4] MAYER M. Die Sicherheit der Bauwerke und ihre Berechnung nach Grenzkräften anstatt nach zulässigen Spannungen[M]. Berlin: Springer, 1926.

[5] MADSEN H O, KRENK S, LIND N C. Methods of structural safety[M]. Englewood Cliffs: Prentice-Hall, 1986.

[6] FREUDENTHAL A M. The safety of structures[J]. Transaction of the American Society of Civil Engineers, 1947, 112: 269-324.

[7] 李继华，林忠民，李明顺，等.建筑结构概率极限状态设计[M].北京：中国建筑工业出版社，1990.

[8] THOFT-CHRITENSEN P, BAKER M J. Structural reliability theory and its applications[M]. Berlin: Springer-Verlag, 1982.

[9] ANG A H-S, TANG W H. Probability concepts in engineering planning and design, Vol.2 - decision, risk and reliability[M]. New York: John Wiley & Sons, 1984.

[10] MELCHERS R E. Structural reliability analysis and prediction[M]. 2nd Ed. New York: John Wiley & Sons, 1999.

[11] RACKWITZ R. Reliability analysis — A review and some perspectives[J]. Structural Safety, 2001, 23(4): 365-395.

[12] CORNELL C A. A probability-based structural code[J]. Journal of the American Concrete Institute, 1969, 66 (12): 974-985.

[13] DITLEVSEN O. Structural reliability and the invariance problem[R]. Report No. 22, University of Waterloo, Solid Mechanics Division, Waterloo, 1973.

[14] HASOFER A M, LIND N C. An exact and invariant first-order reliability format[J]. Journal of Engineering Mechanics, 1974, 100 (1): 111-121.

[15] RACKWITZ R, FIESSLER B. Structural reliability under combined random load sequences [J]. Computers & Structures, 1978, 9 (5): 489-494.

[16] HOHENBICHLER M, RACKWITZ R. Non-normal dependent vectors in structural reliability [J]. Journal of the Engineering Mechanics Division, ASCE, 1981, 107(6): 1227-1238.

[17] FIESSLER B, NEUMAN H-J, RACKWITZ R. Quadratic limit states in structural reliability [J]. Journal of the Engineering Mechanics Division, ASCE, 1979, 105 (4): 661-676.

[18] DER KIUREGHIAN A, LIN H Z, HWANG S J. Second-order reliability approximations[J]. Journal of Engineering Mechanics, 1987, 113 (8): 1208-1225.

[19] ROSENBLUETH E. Point estimates for probability moments[J]. Proceedings of the National Academy of Sciences, 1975, 72 (10): 3812-3814.

[20] ROSENBLUETH E. Two-point estimates in probabilities [J]. Applied Mathematical Modelling, 1981, 5(5): 329-335.

[21] ZHAO Y G, ONO T. New point estimates for probability moments[J]. Journal of Engineering Mechianics, 2000, 126 (4): 433-436.

[22] ZHAO Y G, ONO T. Moment methods for structural reliability[J]. Structural Safety, 2001, 23(1): 47-75.

[23] ZHAO Y G, LU Z H. Fourth-moment standardization for structural reliability assessment[J]. Journal of Structural Engineering, 2007, 133 (7): 916-924.

[24] FREUDENTHAL A M, GARRELTS J M, SHINOZUKA M. The analysis of structural safety [J]. Journal of the Structural Division, ASCE, 1966, 92 (ST1): 267-325.

[25] ANG A H-S, AMIN M. Reliability of structures and structural systems [J]. Journal of Engineering Mechanics Division, ASCE, 1968, 94 (2): 671-691.

[26] ANG A H-S, ABDELNOUR J, CHAKER A A. Analysis of activity networks under uncertainty [J]. Journal of the Engineering Mechanics Division, ASCE, 1975, 101 (4): 373-387.

[27] KOUNIAS D E. Bounds for the probability of a union with applications [J]. Annals of Mathematic Statics, 1968, 39 (6): 2154-2158.

[28] HOUNTER D. An upper bound for the probability of a union [J]. Journal of Applied Probabilty, 1975, 3 (3): 597-603.

[29] DITLEVSEN O. Narrow reliability bounds for structural systems [J]. Journal of Structural Mechanics, 1979, 7(4): 453-472.

[30] THOFT-CHRISTENSEN P, MUROTSU Y. Application of structural systems reliability theory [M]. Berlin: Springer, 1986.

[31] THOFT-CHRISTENSEN P, SORENSEN J D. Reliability of structural systems with correlated element[J]. Applied Mathematical Modeling, 1982, 6(3): 171-178.

[32] MUROTSU Y, OKADA H, TAGUCHI K, et al. Automatic generation of stochastically dominant failure modes of frame structures[J]. Structural Safety, 1984, 509 (1): 17-25.

[33] MOSES F. System reliability developments in structural engineering[J]. Structural Safety, 1982, 1(1): 3-13.

[34] 冯元生,董聪.枚举结构主要失效模式的一种方法[J].航空学报,1991,12(9): 537-541.

[35] 董聪.现代结构系统可靠性理论及其应用[M].北京: 科学出版社,2001.

[36] FARAVELLI L. Response-surface approach for reliability analysis[J]. Journal of Engineering Mechanics, 1989, 115 (12): 2763-2781.

[37] DAS P K, ZHANG Y. Cumulative formation of response surface and its use in reliability analysis[J]. Probabilistic Engineering Mechanics, 2000, 15 (4): 309-315.

[38] HALDAR A, FARAG R, HUH J. A novel concept for the reliability evaluation of large systems[J]. Advances in Structural Engineering, 2012, 15(11): 1879-1892.

[39] WINKELMANN K, GORSKI J. The use of response surface methodology for reliability estimation of composite engineering structures [J]. Journal of Theoretical and Applied Mechanics, 2014, 52 (4): 1019-1032.

[40] HURTADO J E. An examination of methods for approximating implicit limit state functions from the viewpoint of statistical learning theory[J]. Structural Safety, 2004, 26(3): 271-293.

[41] BUCHER C G, Bourgund U. A fast and efficient response surface approach for structural reliability problems[J]. Structural Safety, 1990, 7 (1): 57-66.

[42] DENG J. Structural reliability analysis for implicit performance function using radial basis function network[J]. International Journal of Solids and Structures, 2006, 43(11-12): 3255-3291.

[43] HURTADO J E. Filtered importance sampling with support vector margin: A powerful method for structural reliability analysis[J]. Structural Safety, 2007, 29(1): 2-15.

[44] BOURINET J M, DEHEEGER F, LEMAIRE M. Assessing small failure probabilities by combined subset simulation and support vector machines[J]. Structural Safety, 2011, 33 (6): 343-353.

[45] LI J, CHEN J B. Probability density evolution method for dynamic response analysis of structures with uncertain parameters [J]. Computational Mechanics, 2004, 34 (5): 400-409.

[46] LI J, CHEN J B. The probability density evolution method for dynamic response analysis of non-linear stochastic structures [J]. International Journal for Numerical Methods in Engineering, 2006, 65(6): 882-903.

[47] LI J, CHEN J B. The principle of preservation of probability and the generalized density evolution equation[J]. Structural Safety, 2008, 30 (1): 65-77.

[48] LI J, CHEN J B. Stochastic dynamics of structure[M]. Singapore: John Wiley & Sons (Asia) Pte. Ltd., 2009.

[49] LI J, CHEN J B, FAN W L. The equivalent extreme-value event and evaluation of the structural system reliability[J]. Structural Safety, 2007, 29 (2): 112 - 131.

[50] 李杰.工程结构整体可靠性分析研究进展[J].土木工程学报,2018,51(8): 1 - 10.

[51] XU Y Z, BAI G L. Random buckling bearing capacity of super-large cooling towers considering stochastic material properties and wind loads [J]. Probabilistic Engineering Mechanics, 2013, 33: 18 - 25.

[52] YU Z W, MAO J F, GUO F Q, et al. Non-stationary random vibration analysis of a 3D train-bridge system using the probability density evolution method[J]. Journal of Sound and Vibration, 2016,366: 173 - 189.

[53] LI J, ZHOU H, DING Y Q. Stochastic seismic collapse and reliability assessment of high-rise reinforced concrete structures[J]. Structural Design of Tall and Special Buildings, 2018, 27 (2): e1417.

[54] RICE S O. Mathematical analysis of random noise[J]. Bell System Technical Journal, 1944, 23 (3): 282 - 332.

[55] COLEMAN J J. Reliability of aircraft structures in resisting chance failure[J]. Operations Research, 1959, 7 (5): 639 - 645.

[56] VANMARCKE E H. Properties of spectral moments with applications to random vibration[J]. Journal of the Engineering Mechanics Division, ASCE 1972, 98(2): 425 - 446.

[57] VANMARCKE E H. On the distribution of the first-passage time for normal stationary random process[J]. Journal of Applied Mechanics, 1975, 42(1): 215 - 220.

[58] 朱位秋.随机振动[M].北京: 科学出版社,1992.

[59] LUTES L D, SARKANI S. Random vibrations: Analysis of structural and mechanical systems [M]. Amsterdam: Elsevier, 2004.

[60] 李桂青,曹宏,李秋胜,等.结构动力可靠性理论及其应用[M].北京: 地震出版社,1993.

[61] ZHU W Q. Nonlinear stochastic dynamics and control in Hamiltonian formulation[J]. Applied Mechanics Reviews, 2006, 59(4): 230 - 248.

[62] WEN Y K, CHEN H C. On fast integration for time variant structural reliability// Lin Y K, Minai R (Ed). Stochastic Approaches in Earthquake Engineering[M]. Berlin: Springer-Verlag, 1987.

[63] HAGEN O, TVEDT L. Vector process out-crossing as parallel system sensitivity measure[J]. Journal of Engineering Mechanics, 1991, 117 (10): 2201 - 2220.

[64] DER KIUREGHIAN A. The geometry of random vibrations and solutions by FORM and SORM [J]. Probabilistic Engineering Mechanics, 2000, 15(1): 81 - 90.

[65] 李杰.物理随机系统研究的若干基本观点(同济大学科学研究报告,2006)//求是集(第二卷)[M].上海: 同济大学出版社,2016.

第二章

结构作用及其建模

2.1 结构作用的分类

工程结构在其服役过程中,除了要承受自身的重力作用,还要承受各种环境作用。这些作用都会在结构内部引起不同程度的作用效应。通常,我们把结构作用分为直接作用与间接作用两类。直接作用是结构承受的各种外部作用力,一般称为荷载,如重力荷载、风荷载、爆炸冲击荷载等;间接作用是指通过间接途径在结构中产生效应的各种作用力,如温度作用、地震作用、离心力等。在工程中,往往把各种作用统称为荷载。从可以引起结构产生各类反应的角度,这种统称并无不当之处。但由于使用"作用"这一术语具有更广泛的适用性,本书取作用说。但在一些场合,也取荷载说。

可以采用不同方式对结构作用分类[1,2],本书以是否在结构中产生惯性效应为原则,将结构作用简单区分为静力作用与动力作用两类。

选取上述作用分类标准的另一原因在于:两类作用的建模方式,往往有质的不同。事实上,对于静力作用的建模,大多采用概率统计的途径,而对于动力作用的建模,除了简单的统计途径,还可以采用基于因果分析的物理途径。本章将结合典型结构作用类型,具体展开论述。

2.2 静力作用及其统计模型

静力作用是指不使结构产生惯性效应的结构内部或外部作用力,如结构自重、结构上各类设施的重量、结构基础处承受的土压力等。这些作用的概率分布模型,一般采用由实测数据直接进行概率统计的方式获得。为直观计,这里举若干典型情形具体说明。

2.2.1　重力作用

由地球引力所致的各类结构作用统称为重力作用。这是工程中最为常见的一类作用。由于可以把结构自身及其上的各类设施的自重转化为体力、面力或集中力,因此工程上常称为重力荷载。按照在结构设计基准期内其值是否会发生变化,作用在建筑物上的重力荷载又可以分为恒荷载与活荷载两大类。后者可进一步细分为持久性活荷载与临时性活荷载。

1. 恒荷载的概率模型

恒荷载是指由结构自身重力效应所引起的重力作用。一般说来,可以通过把具体的工程结构划分为基本单元,然后根据单元材料的质量密度和单元的体积计算得到基本单元的重量,进而按其作用位置与方式转化为结构荷载。

不同类型的工程材料,其质量密度的变异性是不同的。若制造或生产过程可控性较好(如钢材、铝合金等),则材料质量密度变异性较小,可以视为确定性物理量;若制造或形成过程可控制性较差(如混凝土、木材等),则材料质量密度变异性就较为显著,应视为随机变量。表 2.1 列出了常见工程材料的质量密度的均值及其离散范围[3]。

表 2.1　常见工程材料的质量密度及其变异性

名　称	密度均值/(kg/m³)	变异系数
钢材	7 850	<0.01
铝合金	2 800	<0.01
素混凝土	2 200~2 400	0.04
高强混凝土	2 450~2 650	0.03
加气混凝土	550~750	0.05~0.10
木材	400~800	0.01

当上述基本单元是结构构件时,构件制作过程中的工程误差将导致构件几何尺寸成为一类随机性来源。综合材料质量密度的随机性与构件几何尺寸的随机性,工程中的恒荷载通常需要用随机变量加以表述。实测资料表明,恒载的概率分布服从正态分布。例如,建筑结构中钢筋混凝土楼板的概率分布

密度为[1]

$$f_G(x)=\frac{1}{0.185G_k}\exp\left[-\frac{1}{2}\left(\frac{x-1.06G_k}{0.074G_k}\right)^2\right] \tag{2.1}$$

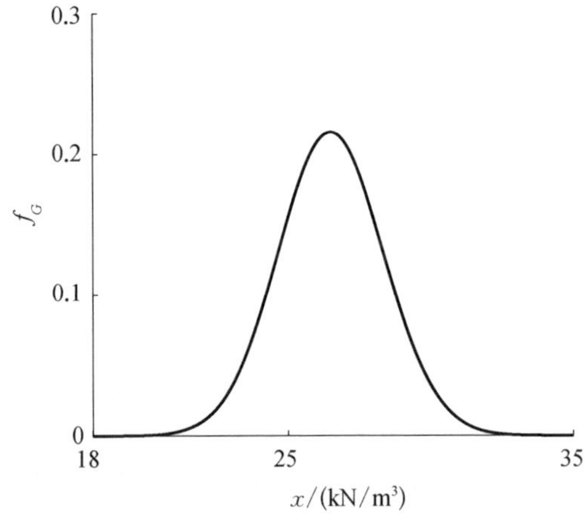

图 2.1 典型的恒载概率密度函数

式中，G_k 为恒载标准值，一般按设计几何尺寸与荷载规范规定的材料标准质量密度计算，G_k 的单位为 kN/m^3。

典型的恒载概率分布如图 2.1 所示。

一般说来，工程中的几何尺寸误差可以通过提高施工质量加以改善。因此，恒载的随机性可以主要通过材料质量密度分布加以反映。

2. 活荷载的概率模型

对于活荷载，其变异性除了与材料质量密度有关外，还与荷载随时间的变异性及随空间的变异性有关。为了反映随时间的变异性，需要引入平稳二项随机过程或复合泊松过程模型（附录 A）建立统计模型；为了反映荷载随空间位置的变异性，则要引入随机场模型建立统计模型。显然，这种精细化的反映方式大大增加了问题的复杂性，也带来了实测工作的困难。因此，工程中一般倾向于采用随机过程的极大值分布来反映活荷载的概率分布。图 2.2 为一组实测统计结果[1]。

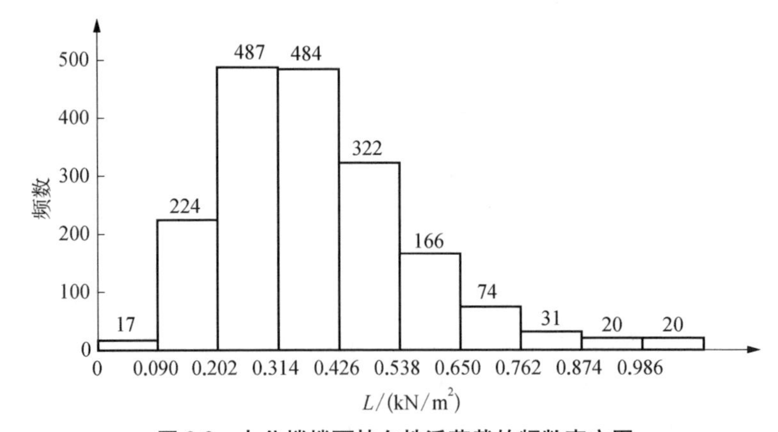

图 2.2 办公楼楼面持久性活荷载的频数直方图

据此，可以采用极值 I 型分布反映活荷载的概率分布。为方便读者应用时参考，以下列出文献[1]的一些具体统计结果（为表达简洁，此处用概率分布函数）。

1）持久性活荷载

办公楼楼面：

$$F_Q(x) = \exp\left[-\exp\left(-\frac{x-306}{139}\right)\right] \tag{2.2}$$

住宅楼面：

$$F_Q(x) = \exp\left[-\exp\left(-\frac{x-431}{126}\right)\right] \tag{2.3}$$

2）临时性活荷载

办公楼楼面：

$$F_Q(x) = \exp\left[-\exp\left(-\frac{x-246}{191}\right)\right] \tag{2.4}$$

住宅楼面：

$$F_Q(x) = \exp\left[-\exp\left(-\frac{x-354}{197}\right)\right] \tag{2.5}$$

式中，Q 为活荷载，单位为 $\mathrm{N/m^2}$。

图 2.3 为典型的活荷载概率分布密度图。

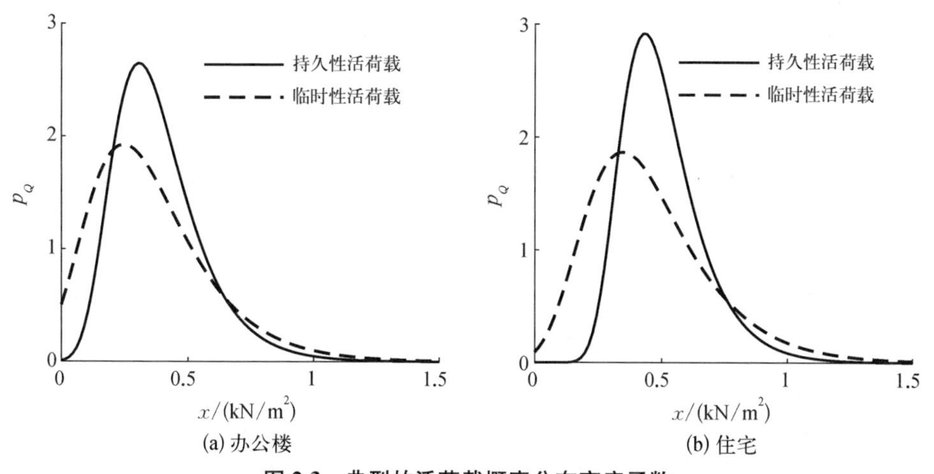

图 2.3　典型的活荷载概率分布密度函数

应该指出,上述概率分布均为 10 年时段内的统计结果,当将其应用于不同的设计年限时,可以按照伯努利假定将上述统计结果转换为一定设计年限内的荷载。

设 $F_S(x)$ 为一年时间里的活荷载统计概率分布,则 m 年内的活荷载概率分布为

$$F_{S_m}(x) = [F_S(x)]^m \tag{2.6}$$

由此,不难将 10 年的统计结果转换为应用于不同设计年限的结果。

由式(2.6)可见,结构所承受的荷载大小与结构设计使用年限密切相关。这一点,在工程结构可靠性设计中具有普遍意义。表 2.2 分别给出了典型活荷载 10 年的统计参数和按式(2.6)计算的 50 年概率分布参数。

表 2.2 典型活荷载的统计参数

类型		10 年			50 年		
		μ	σ	δ	μ	σ	δ
持久性活荷载	办公室	0.386	0.178	0.462	0.610	0.178	0.292
	住　宅	0.504	0.162	0.321	0.707	0.162	0.229
临时性活荷载	办公室	0.356	0.245	0.687	0.664	0.245	0.369
	住　宅	0.468	0.253	0.541	0.784	0.253	0.322

注:表中均值、标准差单位为 kN/m^2。

2.2.2 雪荷载

在寒冷地区,雪荷载是房屋建筑屋面的主要荷载之一,对于大跨度结构尤其如此。在本质上,雪荷载也是一类重力作用。但由于其形成与作用特点,在统计建模方面又有其自身特点。

单位水平面积上的雪重称为雪压(单位为 kN/m^2),可采用下式计算:

$$S = h\rho g \tag{2.7}$$

式中,h 为积雪深度,单位为 m;ρ 为积雪密度,单位为 t/m^3;g 为重力加速度。

显然,对于一个具体地区,积雪深度与积雪密度均为随机变量,因此,雪压也是随机变量。

事实上,雪压的变异性在本质上随着时间和空间位置的改变而改变。为了减少统计上的复杂性,类似活荷载的统计,工程上通常采用一定时段内的极大值

作为数据统计基础,建立雪压的统计概率模型。例如,按照每年最大雪压作为统计基础,文献[1]对16个城市的统计分析结果表明,年最大雪压服从极值I型分布:

$$F_S(x)=\exp\left[-\exp\left(-\frac{x-0.271S_0}{0.221S_0}\right)\right] \tag{2.8}$$

式中,S_0 为30年一遇的最大雪压①,单位为 kN/m^2。

图2.4[5]为典型的雪压概率分布密度图。

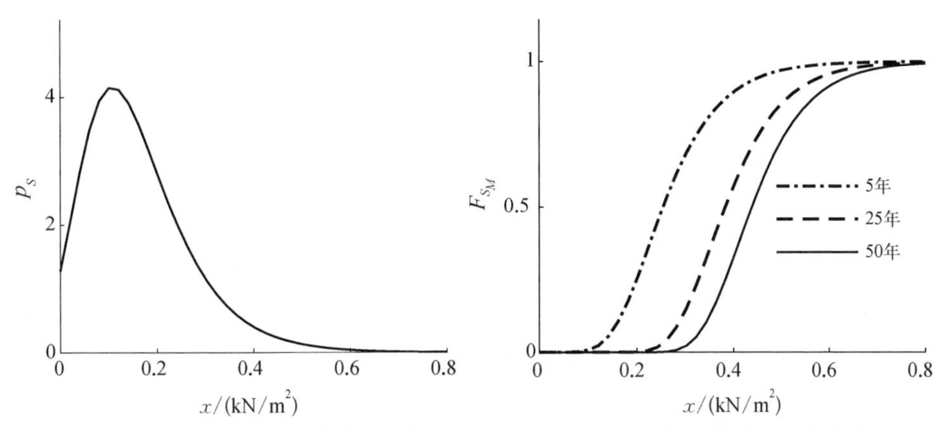

图2.4　典型的雪压概率分布密度函数　**图2.5　不同年限的雪压概率分布**

上述雪压分布是地面上的雪压分布。对于房屋建筑,其屋面上的雪压与屋面积雪分布有关。研究表明,屋面积雪分布与屋面坡度、风的作用、室内温度等诸多因素有关[5],当把屋面积雪分布系数 C 取为随机变量时,屋面雪压可由上述地面雪压与 C 的分布综合得到。例如,文献[1]认为,屋面年最大雪压服从下述分布:

$$F_{S_y}(x)=\exp\left[-\exp\left(-\frac{x-0.244S_0}{0.199S_0}\right)\right] \tag{2.9}$$

对于不同的设计年限,可以按照伯努利假定将上述年最大雪压转换为一定设计年限内的雪压[式(2.6)]。图2.5即为不同年限雪压概率分布的例子。

① 原中国规范规定30年一遇为标准值(S_{0k}),现行中国规范[4]规定50年一遇为标准值。

2.3 动力作用的统计模型

与静力作用不同,动力作用的典型特征是它随时间发生变化。并且,由于随时间变化的速度一般不是常量,动力作用将在结构中产生惯性效应。对工程结构而言,灾害性动力作用(如强烈地震动、强风、海浪等)往往对结构安全性具有关键影响,因而备受重视。对它们的研究经历了一个从经验统计模型到随机物理模型的发展过程。本节和下节分别论述这两类模型,并以地震动与风为背景分别阐述。

2.3.1 地震动的统计模型

地震发生后,地震动以波的形式在地下岩层及地表传播。由于震源机制、传播介质与工程场地条件均具有不确定性,地震动具有强烈的随机性。在一般意义上,应该用随机场来反映地震动加速度(或位移)的时、空分布。作为一种近似,对于较小尺度范围内的建、构筑物,则可以用一点处的随机过程反映地震动①。典型的地震动加速度过程如图 2.6 所示。

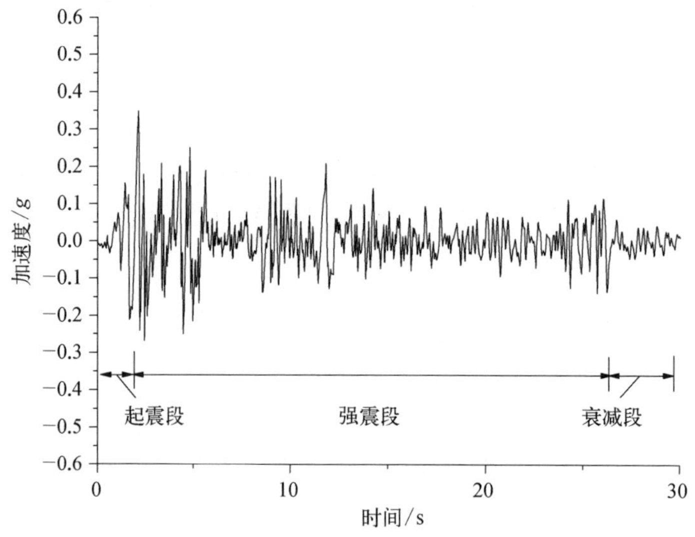

图 2.6 El-Centro 波(1940,Imperial Valley 南北分量)

① 关于连续变量随机过程的基础知识见附录 B。

1. 地震动加速度过程的谱模型

当将地震动加速度过程的强震段视为平稳过程时，可以用功率谱模型将地震动随机过程模型化，比较著名的模型是金井清(Kanai-Tajimi)模型[6,7]，它用过滤白噪声模型反映地震动加速度随机过程，即

$$S(\omega)=\frac{1+4\beta^2\left(\dfrac{\omega}{\omega_0}\right)^2}{\left[1-\left(\dfrac{\omega}{\omega_0}\right)^2\right]^2+4\beta^2\left(\dfrac{\omega}{\omega_0}\right)^2}S_0 \tag{2.10}$$

式中，ω 为圆频率；β 为场地阻尼比；ω_0 为场地卓越圆频率；S_0 为谱强度。典型工程场地的谱参数统计结果如表 2.3 所示。典型的地震动功率谱函数图形见图 2.7。

表 2.3　金井清谱中的参数

参数 \ 场地	软土	中硬土	硬土
$\omega_0/(\mathrm{rad}\cdot\mathrm{s}^{-1})$	10.9	16.5	16.9
β	0.96	0.8	0.94

金井清模型在本质上是将白噪声模型用单自由度动力模型过滤的结果。这一模型夸大了低频地震动能量，且在频率为零时不满足 $S(0)=0$ 的条件，为此，提出了双重过滤模型[8]：

$$S(\omega)=\frac{\omega^n}{\omega^n+\omega_c^2}S_{\mathrm{K-T}}(\omega) \tag{2.11}$$

式中，ω_c 为低频削减因子；$n=4\sim6$；$S_{\mathrm{K-T}}(\omega)$ 由式(2.10)表述。

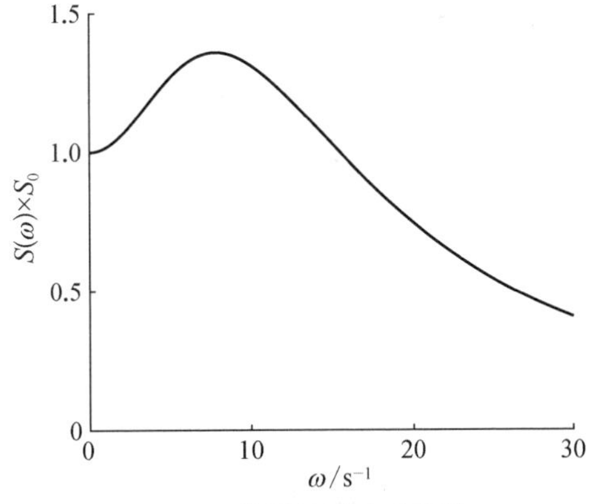

图 2.7　典型地震动功率谱

学术界对金井清模型的改进研究一直持续了 40 年之久[9]。

2. 地震动随机场

随机场是随机过程概念在空间区域上的推广①。所不同的是，对于随机过

① 关于随机场的基本知识见附录 C。

程,基本参数是时间变量 t ;对于随机场,基本参数是时空变量 (x, y, z, t) 。当仅考察地震动加速度过程的强震段,并假定这一振动过程在空间分布上具有均匀性时,可以采用下述功率谱密度矩阵表示地震动随机场:

$$S_B(\omega)=\begin{pmatrix} S_{11}(\omega) & S_{12}(\omega) & \cdots & S_{1n}(\omega) \\ S_{21}(\omega) & S_{22}(\omega) & \cdots & S_{2n}(\omega) \\ \vdots & \vdots & \ddots & \vdots \\ S_{n1}(\omega) & S_{n2}(\omega) & \cdots & S_{nn}(\omega) \end{pmatrix} \tag{2.12}$$

式中, $S_{ij}(\omega)$ 为空间 i 点与 j 点的随机过程之间的互谱密度,表示两点地震动的概率相关程度。

在地震动空间变化规律研究中,常用相干函数表示两点地震动之间的相关特性,其数学定义为

$$\gamma_{ij}(\omega)=\begin{cases} \dfrac{S_{ij}(\omega)}{\sqrt{S_{ii}(\omega)S_{jj}(\omega)}}, & S_{ii}(\omega)S_{jj}(\omega)\neq 0 \\ 0, & S_{ii}(\omega)S_{jj}(\omega)=0 \end{cases} \tag{2.13}$$

式中, $S_{ii}(\omega)$ 与 $S_{jj}(\omega)$ 分别对应于 i、j 两点的自功率谱密度。

对于小尺度工程场地,可以假定地震动自功率谱密度在各点相同,并记为 $S(\omega)$,此时,由式(2.12)知

$$\boldsymbol{S}_B(\omega)=S(\omega)\begin{pmatrix} 1 & \gamma_{12}(\omega) & \cdots & \gamma_{1n}(\omega) \\ \gamma_{21}(\omega) & 1 & \cdots & \gamma_{2n}(\omega) \\ \vdots & \vdots & \ddots & \vdots \\ \gamma_{n1}(\omega) & \gamma_{n2}(\omega) & \cdots & 1 \end{pmatrix} \tag{2.14}$$

因此,当 $S(\omega)$ 确定之后,地震动空间变化规律可以由相干函数矩阵完全描述。

$S_{ij}(\omega)$ 、$\gamma_{ij}(\omega)$ 本质上都是复函数。在工程中,常常采用相干函数的幅值,即迟滞相干函数 $|\gamma_{ij}(\omega)|$ 表示地震动随机场。这一函数去除了不同点地震动传播时的相位差异影响。

采用实际地震动场的记录,可以建立迟滞相干函数的经验统计模型,一个比较常用的模型是[10]

$$|\gamma(\omega, d_{ij})| = \exp\left(-\alpha \frac{\omega d_{ij}}{2\pi v_a}\right) \tag{2.15}$$

式中，d_{ij} 为 i、j 两点间的距离；v_a 为地震波卓越频率的相速度；α 为与频率相关的系数。

事实上，依据不同的地震动记录，将给出不同的经验统计模型[11]。在地震动场研究不够充分的背景下，将不同经验统计模型作一大体上的平均，不失为一种权宜之计。文献[12]给出了这类结果：

$$|\gamma(\omega, d_{ij})| = \exp[a(\omega) d_{ij}^{b(\omega)}] \tag{2.16}$$

其中，

$$a(\omega) = (12.19 + 0.17\omega^2) \times 10^{-4}$$

$$b(\omega) = (76.74 + 0.55\omega) \times 10^{-2}$$

2.3.2　脉动风速的统计模型

作用在结构上的风压与风速的大小有密切关系，因此，对风速的概率统计分析成为研究风对结构作用的重要基础。图 2.8 是典型的风速观测结果[13]。

1. 平均风速的统计模型

对风速观测结果的研究表明：在一定时段内，可以把风速过程分为平均风速与脉动风速两部分。前者对应风对结构的静力作用，后者对应风对结构的动力作用，即

$$v(z, t) = \bar{v}(z) + v_f(z, t) \tag{2.17}$$

式中，z 为距地表高度；$\bar{v}(z)$ 为平均风速；$v_f(z, t)$ 为脉动风速。

图 2.9 为不同地域平均风速沿高度的变化情况。从图中可见，平均风速随距地面的高度而增高，在接近梯度风高度①(距地面 200～500 m)时趋于常值。一般认为，在梯度风高度范围内，平均风速沿高度变化的规律可用指数律或对数律加以描述。若采用指数律，则有[14,15]

$$\frac{\bar{v}(z)}{\bar{v}_s} = \left(\frac{z}{z_s}\right)^{\alpha} \tag{2.18}$$

① 风的流动不再受地表地貌影响的高度，称为梯度风高度。

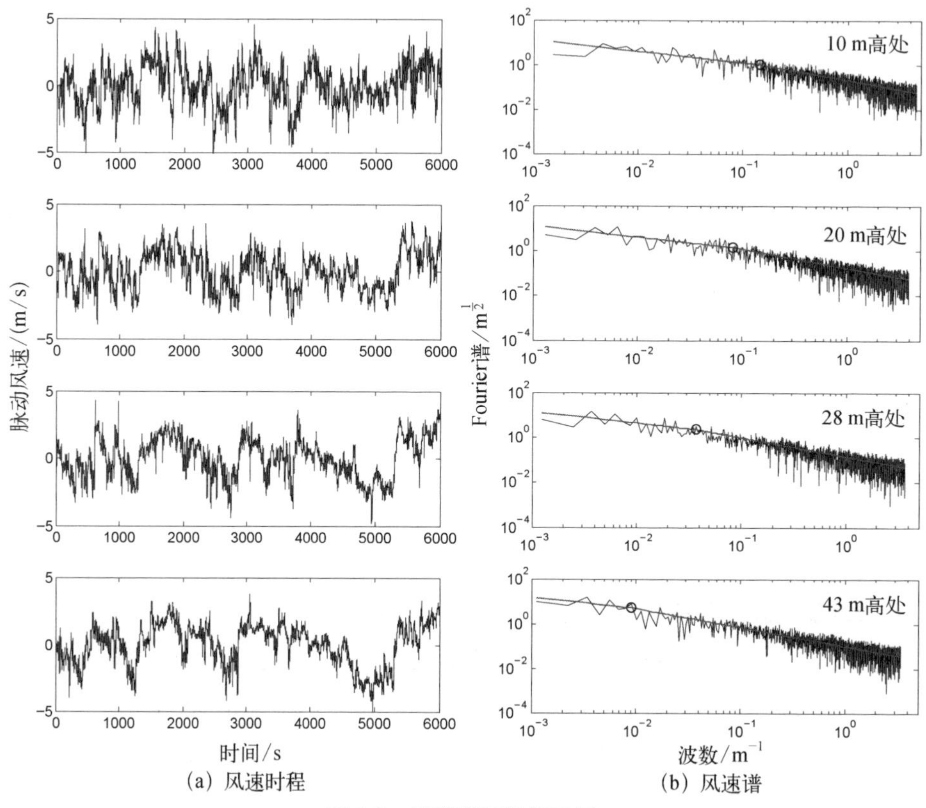

(a) 风速时程 (b) 风速谱

图 2.8 风速观测结果示例

式中，z_s 为标准高度，通常取距地表 10 m 的高度；$\bar{v}_s$ 为标准高度处的风速；α 为与地面粗糙度相关的系数（地面粗糙程度越大，α 值越大）。

对平均风速，通常以标准高度处的年最大风速为样本进行统计分析，并采用极值Ⅰ型概率分布加以描述：

$$F_s(x) = \exp\{-\exp[-\kappa(x-\mu)]\} \tag{2.19}$$

式中，κ 称为弥散参数；μ 称为位置参数，它们与样本统计均值与方差的关系为

$$\kappa = \frac{1.2825}{\sigma_v}$$

$$\mu = m_v - \frac{0.5772}{\kappa}$$

式中，m_v 为平均风速样本均值；σ_v 为样本均方差。

值得指出,采用台风危险性分析方法,也可以得到不同重现期内最大平均风速的概率分布[16]。

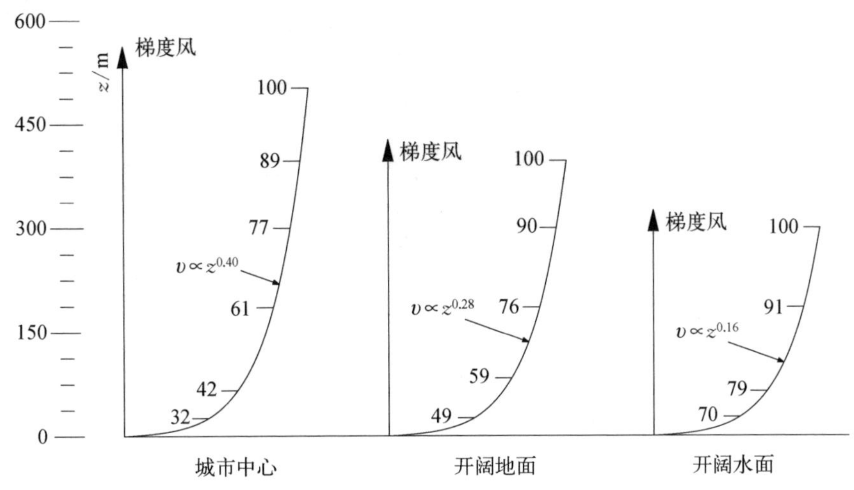

图 2.9　不同地面粗糙度下的平均风剖面

2. 脉动风速的功率谱模型

在不长的时间区段内(如 10 min),可以认为脉动风速属于平稳随机过程,并可以利用功率谱模型,由实测风速记录统计给出其概率模型。

1995 年,Tieleman 总结了国际上关于脉动风速谱的研究,提出了脉动风速谱的统一形式[17]:

$$S(z,\ \omega) = \frac{2\pi u_*^2}{\omega} \cdot \frac{Af_z^{\gamma}}{(C + Bf_z^{\alpha})^{\beta}} \tag{2.20}$$

式中,u_* 为剪切波速;A、B、C、α、β、γ 为经验参数。

$$f_z = \frac{\omega z}{2\pi \bar{v}(z)} \tag{2.20a}$$

式中,z 为距地表高度;$\bar{v}(z)$ 为高度 z 处的平均风速。

依据风速记录,Tieleman 拟合给出了不同地形处的脉动风速谱。这一基本形式统一了 von Karman 谱[18]、Davenport 谱[19]、Kaimal 谱[20]等多种经验公式,具有较广泛的适用性。

平坦地形处:

$$S(z,\ \omega) = \frac{2\pi u_*^2}{\omega} \cdot \frac{128.31f_z}{1 + 475.1f_z^{5/3}} \tag{2.21a}$$

复杂地形处：

$$S(z, \omega)=\frac{2\pi u_*^2}{\omega}\cdot\frac{252.63f_z}{(1+60.62f_z)^{5/3}} \tag{2.21b}$$

图 2.10 给出了上述两式的直观图形。

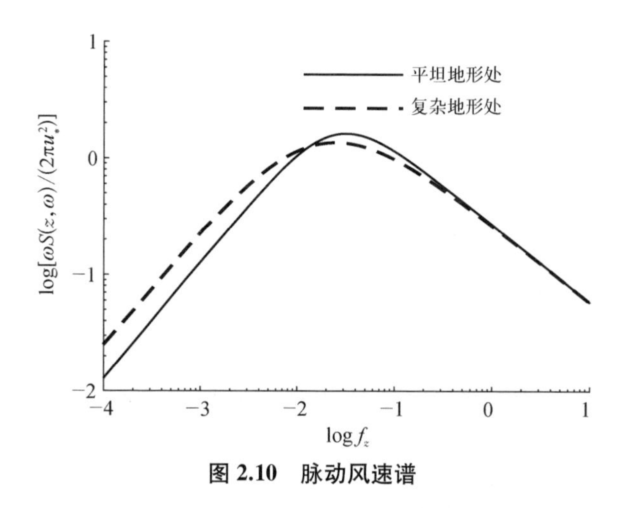

图 2.10　脉动风速谱

与一点处脉动风速的功率谱统计模型研究相比较，关于脉动风速空间随机场的研究难度更大，其统计模型的差异性也更大，此处从略。

2.4　动力作用的随机物理模型

无论是地震还是强风，在灾害性动力作用表面上的显著随机性背后，存在具体的发生物理。基于物理建立灾害性动力作用的基本物理模型，并对其中基本的随机变量进行统计建模，就构成了动力作用的随机物理模型[21]。显然，这种理性的建模方式，较之简单的现象学统计建模，对动力作用发生机制的认识更加深入。同时，与本质上属于二阶矩描述的功率谱模型相比较，随机物理模型可以反映精确的概率分布信息，是更为全面的动力作用概率模型。

2.4.1　地震动物理模型

在工程场地观测到的地震动，与地震的震源发生机制、地震动的传播衰减规律、工程场地条件密切相关。将这些要素引入地震动加速度过程的建模，便给出了地震动的物理模型。

固体力学中的波动方程是研究地震波在地球介质中传播的基本方程。采用积分变换法求解这一方程,并考虑物理背景,将所得解答写成振幅与相位相分离的形式,将有如下形式的地震动物理模型[22]:

$$a_R(t) = -\frac{1}{2\pi}\int_{-\infty}^{\infty} \omega^2 A_s(\xi_\alpha, \omega) H_{Ap}(\xi_\beta, \omega, R) H_{As}(\xi_\gamma, \omega) \cdot \cos[\omega t + \Phi_s(\xi_\alpha, \omega) + H_{\Phi p}(\xi_\beta, \omega, R) + H_{\Phi s}(\xi_\gamma, \omega)]d\omega \tag{2.22}$$

式中,A_s 为震源位移谱幅值;H_{Ap} 为反映传播途径影响的幅值谱传递系数;H_{As} 为反映工程场地影响的幅值谱传递函数;Φ_s 为震源位移相位谱;$H_{\Phi p}$ 为反映传播途径影响的相位谱传递函数;$H_{\Phi s}$ 为工程场地的相位谱传递系数;ξ_α、ξ_β、ξ_γ 分别为震源、传播途径和工程场地模型中的物理参数;R 为震源到工程场地的距离。

依据物理背景,可以建立上述模型中的震源谱、传播途径传递谱和工程场地传递谱的基本模型[22,23]。

1. 震源谱

采用震源物理学中的 Brune 运动学模型[24],震源位移幅值谱与相位谱分别为

$$A_s(\omega) = \frac{A_0}{\omega\sqrt{\omega^2 + \left(\frac{1}{\tau}\right)^2}} \tag{2.23}$$

$$\Phi_s(\omega) = \arctan\frac{1}{\tau\omega} \tag{2.24}$$

式中,A_0 为震源幅值参数;τ 为 Brune 震源参数。

2. 传播途径传递谱

地震波在地球介质中传播时,其幅值与相位的改变主要受扩散效应、反射与折射效应及阻尼衰减效应的影响。采用物理模型建立幅值传递关系、采用经验的波数-频率关系建立相位传递谱关系,可以给出反映地震动传播途径影响的传递谱模型[23]:

$$H_{Ap}(\omega) = \exp(-\kappa\omega R) \tag{2.25}$$

$$H_{\Phi p}(\omega) = -R\ln[a\omega + 1\,000b + c\cos(d\omega) + 0.13\sin(3.78\omega)] \tag{2.26}$$

式中，κ 为反映介质衰减效应的参数；a、b、c、d 为相位谱传递的经验参数。

3. 工程场地传递谱

工程场地的岩土介质都会对经过场地传播的地震波产生显著的滤波作用。将局部场地等效为一个单自由度体系，可以得到反映工程场地过滤效应的幅值谱传递函数：

$$H_{As}(\omega) = \sqrt{\frac{1 + 4\xi_g^2\left(\dfrac{\omega}{\omega_g}\right)^2}{\left[1 - \left(\dfrac{\omega}{\omega_g}\right)^2\right]^2 + 4\xi_g^2\left(\dfrac{\omega}{\omega_g}\right)^2}} \tag{2.27}$$

式中，ξ_g 为场地等效阻尼比；ω_g 为场地卓越圆频率。

一般来说，工程场地几何尺度较小，不足以对地震动的相位变化产生显著影响，因此可取 $H_{\Phi s}(\omega) = 0$。

综合上述结果，工程地震动加速度的物理模型可以表示为[22]

$$a_R(t) = \frac{1}{2\pi}\int_{-\infty}^{+\infty} A_R(\xi, \omega)\cos[\omega t + \Phi_R(\xi, \omega)]\mathrm{d}\omega \tag{2.28}$$

其中，

$$A_R(\xi, \omega) = \frac{A_0\omega e^{-\kappa\omega R}}{\sqrt{\omega^2 + \left(\dfrac{1}{\tau}\right)^2}}\sqrt{\frac{1 + 4\xi_g^2\left(\dfrac{\omega}{\omega_g}\right)^2}{\left[1 - \left(\dfrac{\omega}{\omega_g}\right)^2\right]^2 + 4\xi_g^2\left(\dfrac{\omega}{\omega_g}\right)^2}} \tag{2.29}$$

$$\Phi_R(\xi, \omega) = \arctan\frac{1}{\tau\omega} - R\ln[a\omega + 1\,000b + c\cos(d\omega) + 0.13\sin(3.78\omega)] \tag{2.30}$$

式中，ξ 综合了 A_0、τ、R、ξ_g、ω_g、a、b、c、d 等基本参数。显然，由于地震动发生与传播过程中存在诸多不可控制的因素，这些基本参数本质上是随机变量。利用实际发生地震的强震记录数据，可以依据上述模型识别确立这些基本参数的概率分布。表 2.4 是利用 7 700 余条强震记录的识别结果[23]。利用这些概率分布，可以由式(2.28)通过样本取样的方式直接产生随机地震动，也可以利用概率空间剖分①的方法产生完备的随机地震动集合。

① 概率空间剖分的概念与方法见 6.3 节。

表 2.4　地震动随机物理模型基本随机变量的概率分布

模型参数	分布类型	分布及其取值				
		分布参数	聚类分组			
			第 1 组	第 2 组	第 3 组	
A_0	对数正态	μ	−1.487 22	−1.109 02	−0.715 47	
		σ	0.863 947	0.790 648	0.694 374	
τ	对数正态	μ	−2.714 13	−2.285 3	−1.439 73	
		σ	1.425 71	1.956 98	1.804 77	
模型参数	分布类型	分布参数	场地类别			
			Ⅰ	Ⅱ	Ⅲ	Ⅳ
ξ_g	伽马	α	3.155 70	3.997 86	3.811 34	3.328 13
		$1/\beta$	0.122 321	0.093 827	0.098 457	0.092 387
ω_g	对数正态	μ	2.210 68	2.399 84	2.241 69	2.017 76
		σ	1.311 11	0.998 597	0.823 294	0.505 793
模型参数	分布类型	分布参数	聚类分组			
			第 1 组	第 2 组	第 3 组	
a	对数正态	μ	−0.342 34	−0.250 54	−0.337 34	
		σ	0.387 071	0.440 009	0.346 322	
b	对数正态	μ	0.204 871	0.267 873	0.058 471	
		σ	0.874 423	0.876 630	0.489 333	
c	对数正态	μ	−1.126 22	−1.161 32	−1.914 19	
		σ	1.151 46	1.248 74	1.471 61	
d	对数正态	μ	−1.004 04	−1.031 05	−1.802 57	
		σ	0.934 947	1.147 27	1.237 61	
R	对数正态	μ	2.958 79	3.662 53	5.324 98	
		σ	1.173	1.009 7	0.261 931	

值得指出，利用概率分析方法，不仅可由式(2.28)计算地震动的数值功率谱，也可以由之计算地震动各时点的概率分布密度及统计特征值。这为验证上述地震动随机物理模型的正确性提供了可能。图 2.11 即为一组关于地震动典型时刻的概率分布密度的理论分析结果与实测地震动统计结果的对

比[25]。图 2.12 则为实测地震动集合统计值与按随机地震动物理模型计算的统计值的对比结果。

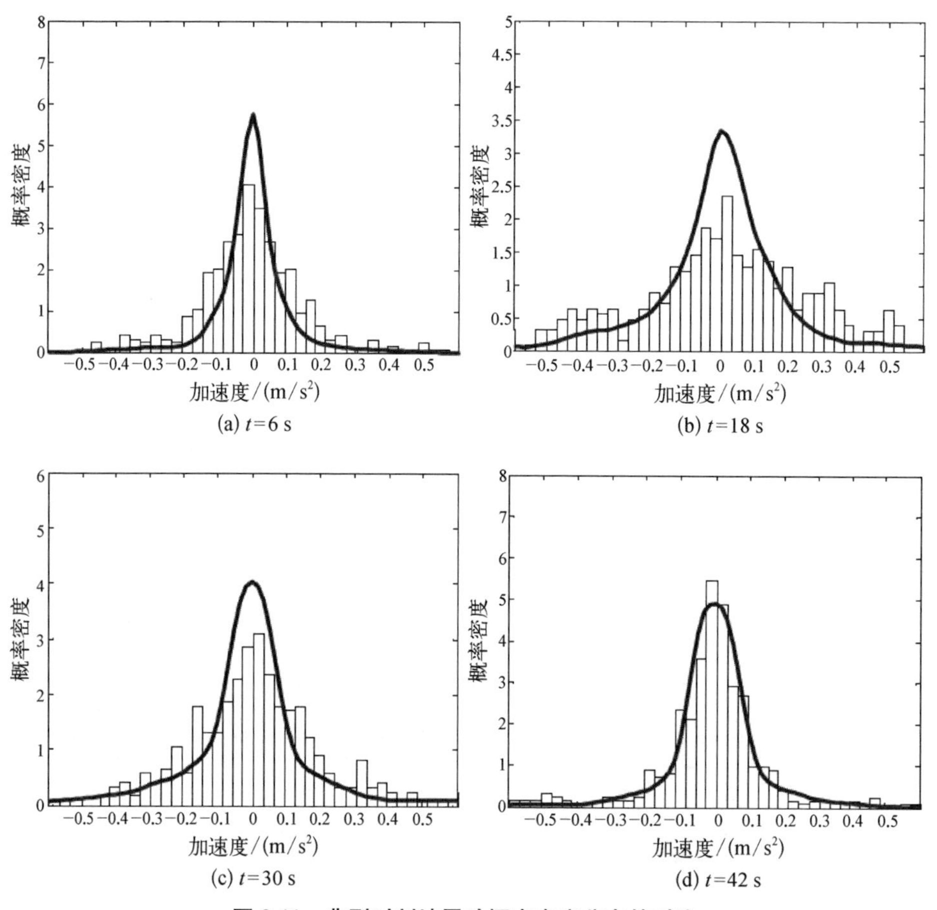

图 2.11 典型时刻地震动概率密度分布的对比

（统计直方图：实测地震动；概率密度图：理论分析结果）

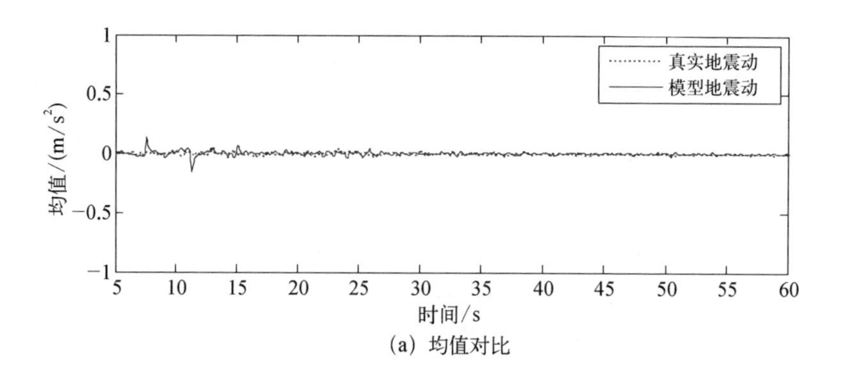

(a) 均值对比

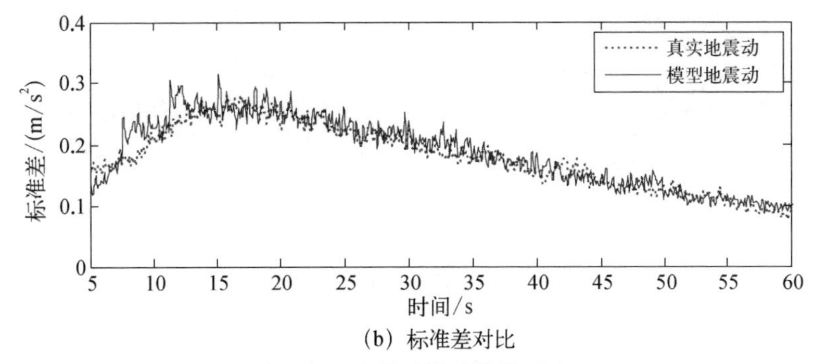

(b) 标准差对比

图 2.12　地震动统计值的对比

2.4.2　脉动风速物理模型

风速的脉动过程,在本质上源于大气湍流中各种尺度的涡旋的变化。在结构工程所关注的频率范围内,湍流的能量分布可分为三部分: 低频区、剪切(含能)子区和惯性子区。对于大多数工程结构,一般应该关心后两个子区的能量分布。

均匀剪切湍流是大气边界层中空气流动的主导性表现形式。对均匀剪切湍流运动规律的研究表明: 在剪切子区,能量谱分布服从关于波数 k 的"-1"幂次规律;在惯性子区,能量谱分布服从关于 k 的"-5/3"幂次规律[26]。据此,可建立脉动风速的随机 Fourier 幅值谱为[27,28]

$$F(k) = \begin{cases} \dfrac{0.74u_{\mathrm{s}}}{(0.4zk_{\mathrm{c}})^{1/3}}k^{-1/2}, & k < k_{\mathrm{c}} \\ \dfrac{0.74u_{\mathrm{s}}}{(0.4z)^{1/3}}k^{-5/6}, & k \geqslant k_{\mathrm{c}} \end{cases} \tag{2.31}$$

式中, u_{s} 为剪切波速; k_{c} 为剪切子区的分界波数。

在另一方面,可以将真实脉动风速视为是一簇具有相同初始相位的谐波经过时间 T_{e} 演化后叠加而成的(图 2.13)[29]。换句话说,记录到的某一段风速时程,可以看作是具有初始零相位的涡旋经过相位零点演化时间 T_{e} 演化而来。依据这一背景,并注意到不同频率涡旋的相位演化速度为

$$\Delta\dot{\varphi}(f) = v(f)k(f) \tag{2.32}$$

式中, $v(f) = \sqrt{F^2(f)\Delta f}$,为涡旋的特征速度; f 为频率; k 为波数。

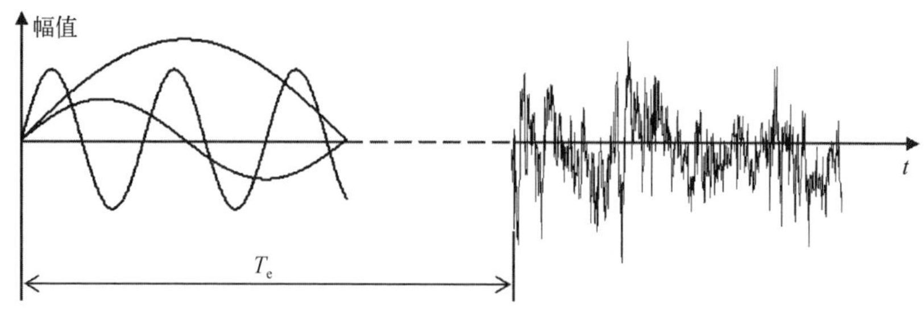

图 2.13　相位演化时间 T_e 的示意图

根据上述假定,风速时程的 Fourier 相位谱可表达为[29]

$$\Phi(f)=v(f)k(f)T_e \tag{2.33}$$

注意到波数 k 与频率的关系为

$$k=\frac{2\pi f}{\bar{V}(z)}=\frac{\omega}{\bar{V}(z)} \tag{2.34}$$

可以将前述 Fourier 波数谱 $F(k)$ 转换为 Fourier 频率谱,即

$$F(f)=\sqrt{\frac{2\pi}{\bar{V}(z)}}F(k) \tag{2.35}$$

引用平均风速沿高度分布的对数分布律:

$$\bar{V}(z)=\frac{u_s}{\kappa}\ln\frac{z}{z_0} \tag{2.36}$$

式中,κ 为 von Karman 常数,一般取 0.4;z_0 为地面粗糙度系数。

综合 Fourier 幅值谱 $F(f)$ 与 Fourier 相位谱 $\Phi(f)$,应用 Fourier 逆变换,即可得到脉动风速物理模型的基本表达式:

$$v(t)=\sqrt{T}\int_{f_1}^{f_2}F(f)\cos[2\pi ft+\Phi(f)]\mathrm{d}f \tag{2.37}$$

式中,f_1 与 f_2 为上、下限截止频率。

在上述模型中,基本的随机变量是剪切波速 u_s 、地面粗糙度系数 z_0、分界波数 k_c 和零点演化时间 T_e 。依据实测风速记录,可以利用式(2.37)识别这些随机变量的分布。对不同场地的风速记录的识别结果证实[27-30], u_s 服从 Gamma 分布、z_0 服从对数正态分布、k_c 服从参数沿高度变化的对数正态分布、T_e 服从 Gamma 分布。对于不同工程场地,具体的分布参数可能是不同的。以下是一组具体的实测结果[30]。

剪切波速 u_s：

$$p_{u_s}(x)=\frac{1}{b^a\Gamma(a)}x^{a-1}\exp\left(-\frac{x}{b}\right),\ a=4.23,\ b=0.12\ \mathrm{m/s} \tag{2.38}$$

地面粗糙度系数 z_0：

$$p_{z_0}(x)=\frac{1}{\sqrt{2\pi}\eta x}\exp\left[-\frac{1}{2}\left(\frac{\ln x-\lambda}{\eta}\right)^2\right],\ \lambda=-0.32,\ \eta=0.54 \tag{2.39}$$

分界波数 k_c：

$$p_{k_c}(x)=\frac{1}{\sqrt{2\pi}\eta(z)x}\exp\left[-\frac{1}{2}\left(\frac{\ln x-\lambda(z)}{\eta(z)}\right)^2\right] \tag{2.40}$$

其中，

$$\lambda(z)=-0.016z-0.81 \tag{2.41}$$

$$\eta(z)=0.0036z+0.19 \tag{2.42}$$

零点演化时间 T_e：

$$p_{T_e}(x)=\frac{1}{\theta^\beta\Gamma(\beta)}x^{\beta-1}\exp\left(-\frac{x}{\theta}\right),\ \beta=1.1,\ \theta=8.2\times10^8\ \mathrm{s} \tag{2.43}$$

应用式(2.36)，可以得到脉动风速的均值、方差、功率谱和各时点概率分布。图2.14给出了一组关于功率谱的理论分析与实测结果的对比结果。

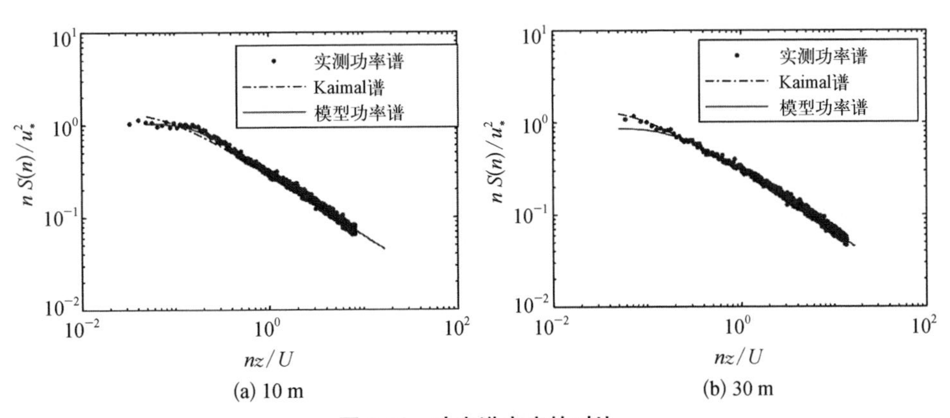

图2.14　功率谱密度的对比

参考文献

[1] 李继华,林忠民,李明顺,等.建筑结构概率极限状态设计[M].北京：中国建筑工业出版社,1990.

[2] NOWAK A S, COLINS K R. Reliability of structures[M]. Boston：McGraw Hill, 2000.

[3] 李国强,黄宏伟,郑步全.工程结构荷载与可靠度设计原理[M].北京：中国建筑工业出版社,1999.

[4] 中华人民共和国住房和城乡建设部.建筑结构可靠度设计统一标准(GB 50068－2018)[S].中国建筑工业出版社,2018.

[5] 陈基发,沙治国.建筑结构荷载设计手册[M].第2版.北京：中国建筑工业出版社,2004.

[6] KANAI K. Semi-empirical formula for the seismic characteristics of the ground[J]. Bulletin of earthquake Research Institute, University of Tokyo, Japan, 1957, 35：309－325.

[7] TAJIMI H. A statistical method of determining the maximum response of a building structure during an earthquake[C]. Tokyo：2th World Conference on Earthquake Engineering, 1960, 781－797.

[8] 胡聿贤,周锡元.弹性体系在平稳和平稳化地面运动下的反应[R].北京：中国科学院土木建筑研究所,1962.

[9] 杜修力,陈厚群.地震动随机模拟及其参数确定方法[J].地震工程与工程振动,1994,14(4)：1－5.

[10] LOH C H, YEH Y T. Spatial variation and stochastic modeling of seismic differential ground movement[J]. Earthquake Engineering and Structural Dynamics, 1988, 16 (4)：583－596.

[11] ZERVA A. Spatial variation of seismic ground motions[M]. Boca Raton：CRC Press, 2009.

[12] 屈铁军,王君杰,王前信.空间变化的地震动功率谱的实用模型[J].地震学报,1996,18(1)：55－62.

[13] 阎启,李杰,谢强.风场长期观测与数据处理[J].建筑科学与工程学报,2009,26(1)：37－42.

[14] 张相庭.结构风压和风振计算[M].上海：同济大学出版社,1985.

[15] SIMIU E, SCANLAN R H. Effects on structures — foundamentals and applications[M]. New York：John Wiley & Sons, 1996.

[16] VICKERY P J, SKERLJ P F, TWISDALE L A. Simulation of hurricane risk in the US using empirical track model[J]. Journal of Structural Engineering, 2000, 126(10)：1222－1237.

[17] TIELEMAN H W. Universality of velocity spectra[J]. Journal of Wind Engineering and Industrial Aerodynamics, 1995, 56：55－69.

[18] VON KARMAN T. Progress in the statistical theory of turbulence[C]. Proceedings of the National Academy of Science of the United States of America, 1948, 34 (11)：530－539.

[19] DAVENPORT A G. The spectrum of horizontal gustiness near the ground in high winds[J]. Quarterly Journal of the Royal Meteorological Society, 1961, 87(372)：194－211.

[20] KAIMAL J C, WYNGAARD J C, IZUMI Y, et al. Spectral characteristics of surface-layer turbulence[J]. Quarterly Journal of the Royal Meteorological Society, 1972, 98(417)：563－589.

[21] 李杰.工程结构随机动力激励的物理模型//李杰,陈建兵.随机振动理论与应用新进展

[M].上海：同济大学出版社,2009.
[22] 王鼎,李杰.工程地震动的物理随机函数模型[J].中国科学：技术科学,2011,41(3)：356-364.
[23] 丁艳琼,李杰.工程随机地震动物理模型的参数识别与统计建模[J].中国科学：技术科学,2018,48(12)：168-178.
[24] BRUNE J N. Tectonic stress and the spectra of seismic shear waves from earthquake[J]. Journal of Geophysical Research, 1970, 75：4997-5009.
[25] 李杰,宋萌.随机地震动的概率密度演化[J].建筑科学与工程学报,2013,30(1)：13-18.
[26] 胡非.湍流、间歇性与大气边界层[M].北京：科学出版社,1995.
[27] 李杰,阎启.结构随机动力激励的物理模型：以脉动风速为例[J].工程力学,2009, 26(Sup. II)：175-183, 224.
[28] LI J, YAN Q, CHEN J B. Stochastic modeling of engineering dynamic excitations for stochastic dynamics of structures[J]. Probabilistic Engineering Mechanics, 2012, 27 (1)：19-28.
[29] LI J, PENG Y B, YAN Q. Modeling and simulation of fluctuating wind speeds using evolutionary phase spectrum[J]. Probabilistic Engineering Mechanics, 2013, 32：48-55.
[30] HONG X, LI J. Stochastic Fourier spectrum model and probabilistic information analysis for wind speed process[J]. Journal of Wind Engineering and Industrial Aerodynamics, 2018, 174：424-436.

第三章

作用随机性在结构中的传播

3.1 统计矩及其传播

在绪论中已经指出,本书将从随机性在工程系统中的传播这一视角切入,考察工程结构可靠性分析与设计的基本原理。在一般意义上,考察随机性在工程系统中的传播规律,可以有两种途径:统计矩的传播与概率密度的演化。我们先从统计矩的传播这一较简单形式入手展开论述。

最简单的统计矩是随机变量的均值与方差,对于一维连续随机变量 X ,其定义为①

$$\mu_X = \int_{-\infty}^{\infty} x p_X(x)\,\mathrm{d}x \tag{3.1}$$

$$\sigma_X^2 = \int_{-\infty}^{\infty} (x - \mu_X)^2 p_X(x)\,\mathrm{d}x \tag{3.2}$$

式中,μ_X 为 X 的均值;σ_X^2 为 X 的方差;$p_X(x)$ 是 X 的概率分布密度函数。

设变量 Y 是一组独立随机变量 $X_i(i=1,\ 2,\ \cdots,\ n)$ 的和,则根据概率论基本知识,Y 的均值与方差分别为

$$\mu_Y = \sum_{i=1}^{n} \mu_{X_i} \tag{3.3}$$

$$\sigma_Y^2 = \sum_{i=1}^{n} \sigma_{X_i}^2 \tag{3.4}$$

---

① 对于同类变量,本书一般采用大写字母表示随机变量,小写字母表示相应的确定性变量。

一般地,设变量 Y 是一组独立随机变量 $X_i(i = 1, 2, \cdots, n)$ 的函数,即

$$Y = f(X_1, X_2, \cdots, X_n) \tag{3.5}$$

若函数 $f(\cdot)$ 具有连续、可导性质,则可将 Y 在各随机变量 X_i 的均值 μ_{X_i} 处展开为幂级数:

$$\begin{aligned} Y = & f(\mu_{X_1}, \mu_{X_2}, \cdots, \mu_{X_n}) + \sum_{i=1}^{n} \frac{\partial f}{\partial X_i}\bigg|_{X=\mu_X} (X_i - \mu_{X_i}) \\ & + \frac{1}{2}\sum_{i=1}^{n}\sum_{j=1}^{n} \frac{\partial^2 f}{\partial X_i \partial X_j}\bigg|_{X=\mu_X} (X_i - \mu_{X_i})(X_j - \mu_{X_j}) \\ & + \frac{1}{3!}\sum_{i=1}^{n}\sum_{j=1}^{n}\sum_{k=1}^{n} \frac{\partial^3 f}{\partial X_i \partial X_j \partial X_k}\bigg|_{X=\mu_X} (X_i - \mu_{X_i})(X_j - \mu_{X_j})(X_k - \mu_{X_k}) + \cdots \end{aligned} \tag{3.6}$$

若仅取上述级数的线性项近似表达 Y ,随机函数 Y 的均值与方差分别为

$$\mu_Y = f(\mu_{X_1}, \mu_{X_2}, \cdots, \mu_{X_n}) \tag{3.7}$$

$$\sigma_Y^2 = \sum_{i=1}^{n} \left(\frac{\partial f}{\partial X_i}\bigg|_{X=\mu_X} \right)^2 \sigma_{X_i}^2 \tag{3.8}$$

如果我们将函数 $f(\cdot)$ 视为工程系统的一种描述,则 X_i 可以视为这一系统的输入, Y 可以视为这一系统的输出,如图 3.1 所示。式(3.7)与式(3.8)表明,关于系统输入的统计矩 μ_{X_i} 与 σ_{X_i} 经过系统 $S = f(\cdot)$ 的作用,可以转化为系统输出(响应)的统计矩。换句话说,系统输入的统计特征经由系统传播,转化为系统输出的统计特征。这就形象而具体地说明了随机性在工程系统中传播的基本含义。

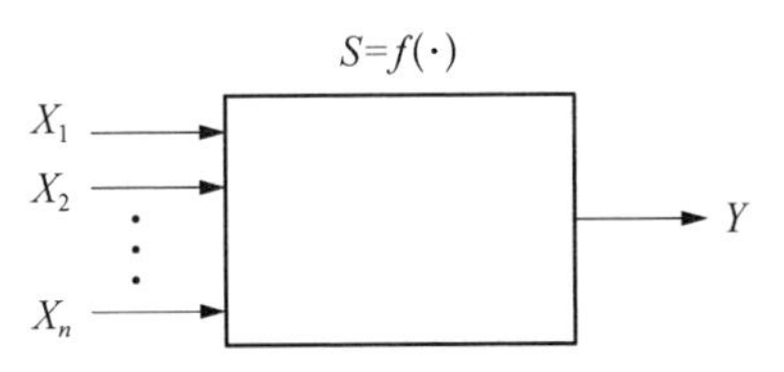

图 3.1　随机性在工程系统中的传播

显然,在工程结构中,这种统计矩意义上的随机性传播,既可以表现为结构作用随机性到结构响应随机性意义上的传播,也可以表现为材料力学性质随机性到结构构件抗力随机性意义上的传播。本章具体论述第一层意义上的随机性传播,下一章则论述第二层意义上的随机性传播。同时,本章将这种传播关系的研究限定在线弹性结构分析的范围内。

3.2 静力作用分析

在线弹性结构分析范围内,结构静力作用的随机性在结构内部的矩传播机理是相当简单的。但为了阐明这一传播过程的物理背景,同时,也是为了本书后面章节中统一应用的方便,我们先从弹性力学的基本理论开始展开论述。

3.2.1 弹性力学基本方程

在自身和外部作用下,结构内部将产生应力和应变。分析、求解这种应力、应变状态的基本方程有三类:应力基本方程——平衡方程;应变基本方程——变形协调方程;应力-应变关系方程——本构方程。在均匀、连续介质假定下,直角坐标系中关于应力微元体的应力基本方程为(静力作用下)[1,2]

$$\left.\begin{aligned}
\frac{\partial \sigma_x}{\partial x}+\frac{\partial \tau_{xy}}{\partial y}+\frac{\partial \tau_{xz}}{\partial z}+\rho b_x=0\\
\frac{\partial \tau_{yx}}{\partial x}+\frac{\partial \sigma_y}{\partial y}+\frac{\partial \tau_{yz}}{\partial z}+\rho b_y=0\\
\frac{\partial \tau_{zx}}{\partial x}+\frac{\partial \tau_{zy}}{\partial y}+\frac{\partial \sigma_z}{\partial z}+\rho b_z=0
\end{aligned}\right\} \tag{3.9}$$

式中,x、y、z 为空间坐标;σ_x、σ_y、σ_z 为正应力分量;τ_{xy}、τ_{xz}、τ_{yx}、τ_{yz}、τ_{zx}、τ_{zy} 为剪应力分量;ρ 为材料密度;b_x、b_y、b_z 为单位质量的体力分量。

在小变形条件下,单元应变与位移分量之间的关系(应变基本方程)为

$$\left.\begin{aligned}
\varepsilon_x&=\frac{\partial u_x}{\partial x}\\
\varepsilon_y&=\frac{\partial u_y}{\partial y}\\
\varepsilon_z&=\frac{\partial u_z}{\partial z}\\
\gamma_{xy}&=\frac{1}{2}\left(\frac{\partial u_x}{\partial y}+\frac{\partial u_y}{\partial x}\right)\\
\gamma_{yz}&=\frac{1}{2}\left(\frac{\partial u_y}{\partial z}+\frac{\partial u_z}{\partial y}\right)\\
\gamma_{zx}&=\frac{1}{2}\left(\frac{\partial u_z}{\partial x}+\frac{\partial u_x}{\partial z}\right)
\end{aligned}\right\} \tag{3.10}$$

式中，ε_x、ε_y、ε_z 为正应变；γ_{xy}、γ_{yz}、γ_{zx} 为剪应变；u_x、u_y、u_z 为坐标轴方向上的单元变形。

对于具有各向同性性质的线弹性固体，应力-应变关系或本构方程一般表示为

$$\left.\begin{aligned}\varepsilon_x &= \frac{1}{E}[\sigma_x - \mu(\sigma_y + \sigma_z)] \\ \varepsilon_y &= \frac{1}{E}[\sigma_y - \mu(\sigma_x + \sigma_z)] \\ \varepsilon_z &= \frac{1}{E}[\sigma_z - \mu(\sigma_x + \sigma_y)] \\ \gamma_{xy} &= \frac{1}{G}\tau_{xy} \\ \gamma_{yz} &= \frac{1}{G}\tau_{yz} \\ \gamma_{zx} &= \frac{1}{G}\tau_{zx}\end{aligned}\right\} \tag{3.11}$$

对于具体问题，为了求解上述基本方程，还需要知道具体结构所处的边界条件。一般来说，固体结构的边界条件可以分为力边界条件和位移边界条件。设作用在边界 S_p 上的应力分别为 p_x、p_y、p_z，则力边界条件可表示为

$$\left.\begin{aligned}\sigma_x n_x + \tau_{xy} n_y + \tau_{xz} n_z &= p_x \\ \tau_{yx} n_x + \sigma_y n_y + \tau_{yz} n_z &= p_y \\ \tau_{zx} n_x + \tau_{zy} n_y + \sigma_z n_z &= p_z\end{aligned}\right\} \tag{3.12}$$

式中，n_x、n_y、n_z 为边界面的外法线矢量。

设作用在边界 S_u 上的变形分别为 $\bar{u}_x$、$\bar{u}_y$、$\bar{u}_z$，则位移边界条件可表示为

$$\left.\begin{aligned}u_x &= \bar{u}_x \\ u_y &= \bar{u}_y \\ u_z &= \bar{u}_z\end{aligned}\right\} \tag{3.13}$$

若采用张量表述，则上述基本方程与边界条件可以综合列出为

$$\left.\begin{array}{l}\operatorname{div}\boldsymbol{\sigma}+\rho\boldsymbol{b}=\boldsymbol{0}\\ \boldsymbol{\varepsilon}=\dfrac{1}{2}(\nabla\boldsymbol{u}+\nabla^{\mathrm{T}}\boldsymbol{u})\\ \boldsymbol{\sigma}=\boldsymbol{E}:\boldsymbol{\varepsilon}\\ \boldsymbol{\sigma}\cdot\boldsymbol{n}=\boldsymbol{p},\ \boldsymbol{x}\in\boldsymbol{S}_p\\ \boldsymbol{u}=\bar{\boldsymbol{u}},\ \boldsymbol{x}\in\boldsymbol{S}_u\end{array}\right\}\tag{3.14}$$

式中，div(·) 为散度算子；∇(·) 为空间梯度算子；$(\cdot)^{\mathrm{T}}$ 为矩阵的转置；· 为张量的单点积；: 为张量的双点积；$\boldsymbol{x}=(x,\ y,\ z)$ 为应力微元体中心点的坐标。

将式(3.14)与式(3.9)~式(3.13)做对比，自不难理解各类算子和张量运算的含义。

3.2.2 线弹性静力分析有限元基本方程

式(3.14)所述的微分方程组，虽然给出了固体结构在自身与外部静力作用下结构应力、应变分析的基本方程，然而，对具体工程结构，直接求解这一组微分方程是相当困难的。可行的办法是利用变分原理给出与上述“强形式”的微分方程相对应的积分方程，然后，通过划分基本单元将结构加以离散，并在各单元上假定合适的位移插值函数使得在各单元内上述积分方程近似得到满足，进而求得各单元应力、应变的解答。这类方法就是有限单元法。

有限单元法的基本分析方程可以依据下述基本路线推导给出[3,4]。

含有三类变量 $(\boldsymbol{\sigma},\ \boldsymbol{\varepsilon},\ \boldsymbol{u})$ 的广义势能为

$$\begin{aligned}\Pi_3=&\int_{\Omega}[\boldsymbol{\sigma}:\nabla^s\boldsymbol{u}-\boldsymbol{b}\cdot\boldsymbol{u}-\boldsymbol{\sigma}:(\boldsymbol{\varepsilon}-\nabla^s\boldsymbol{u})]\mathrm{d}\Omega\\ &-\int_{S_p}\boldsymbol{p}\cdot\boldsymbol{u}\mathrm{d}A-\int_{S_u}\boldsymbol{\sigma}\cdot\boldsymbol{n}\cdot(\boldsymbol{u}-\bar{\boldsymbol{u}})\mathrm{d}A\end{aligned}\tag{3.15}$$

式中，$\nabla^s(\cdot)=\dfrac{1}{2}[\nabla(\cdot)+\nabla^{\mathrm{T}}(\cdot)]$；$\Omega$ 为弹性体所占据的空间区域；S_p 为力边界；S_u 为位移边界。

根据三类变量的广义变分原理(Hu-Washizu 原理)，在所有可能位移中，真实位移场应使广义势能取极值，极值条件为

$$\delta\Pi_3=0\tag{3.16}$$

由这一极值条件，结合式(3.15)，可以导出如式(3.14)所示的所有平衡方程、变形协调方程、本构方程及边界条件[3]。由于只要求在一定的积分区域 Ω

内满足上述方程,而不是如式(3.14)那样要求在所有“点”满足上述方程,故式(3.15)又称为弹性力学基本方程的弱形式。

对计算域Ω进行空间离散(与此同时,也给出了边界的离散形式),使之成为有限个基本单元(有限元)。对各个基本单元,采用统一的函数形式(形函数)通过节点位移表述单元各点位移,则有

$$\boldsymbol{u}=\boldsymbol{N}\cdot\boldsymbol{\Delta} \tag{3.17}$$

式中,$\boldsymbol{N}=(N_1, N_2, \cdots, N_p)$为形函数(插值函数)①;$\boldsymbol{\Delta}$为节点位移向量。

与之相适应,单元应变场可以表述为

$$\boldsymbol{\varepsilon}=\boldsymbol{B}\cdot\boldsymbol{\Delta} \tag{3.18}$$

式中,$\boldsymbol{B}$称为几何矩阵(或应变矩阵),其元素为形函数$\boldsymbol{N}$关于空间几何坐标的导数,即$\boldsymbol{B}=\nabla\boldsymbol{N}$,这里$\nabla$为梯度算子。

将上述单元位移插值格式(3.17)及单元应变插值格式(3.18)代入广义势能表达式(3.15),并利用广义变分原理(3.16),即可导出弹性力学问题的有限元控制方程及边界条件。静力分析的基本有限元方程为

$$\boldsymbol{Kx}=\boldsymbol{F} \tag{3.19}$$

式中,$\boldsymbol{K}$为整体结构刚度矩阵;$\boldsymbol{x}$为整体结构的节点位移向量;$\boldsymbol{F}$为整体结构的节点作用力向量。在集成上述整体结构的矩阵和向量时,应考虑实际存在的力边界条件和位移边界条件的约束。

3.2.3　静力分析中的二阶矩传递

依据上述有限元分析方法,由式(3.19)容易解出整体结构的节点位移向量$\boldsymbol{X}$,即

$$\boldsymbol{x}=\boldsymbol{K}^{-1}\boldsymbol{F} \tag{3.20}$$

由于整体结构的节点位移向量$\boldsymbol{x}$是各单元位移向量$\boldsymbol{\Delta}$的简单集成,因此,各单元位移向量自然也由式(3.20)解出。如此,利用式(3.18),不难给出各有限单元内的应变状态解答。而单元内任意一点处的应力状态,则可以由本构方程给出,即

① 各类具体的插值函数可参见文献[4]和[5]。

$$\boldsymbol{\sigma} = \boldsymbol{E} : (\boldsymbol{B} \cdot \boldsymbol{\Delta}) \tag{3.21}$$

若各节点荷载具有随机性,且已知各节点荷载的均值与标准差,则结构响应将为随机向量。注意到式(3.20)、式(3.18)、式(3.21)的线性性质,不难由式(3.7)、式(3.8)给出结构静力响应的均值与方差。

(1) 位移响应:

$$\mu_X = \boldsymbol{K}^{-1}\mu_F \tag{3.22}$$

$$\sigma_X^2 = \boldsymbol{K}^{-1}\sigma_F^2(\boldsymbol{K}^{-1})^{\mathrm{T}} \tag{3.23}$$

(2) 单元应变响应:

$$\mu_\varepsilon = \boldsymbol{B}\mu_{\boldsymbol{\Delta}} \tag{3.24}$$

$$\sigma_\varepsilon^2 = \boldsymbol{B}\sigma_{\boldsymbol{\Delta}}^2\boldsymbol{B}^{\mathrm{T}} \tag{3.25}$$

(3) 单元应力响应①:

$$\mu_{\boldsymbol{\sigma}} = \boldsymbol{E}\mu_\varepsilon \tag{3.26}$$

$$\sigma_{\boldsymbol{\sigma}}^2 = \boldsymbol{E}\sigma_\varepsilon^2\boldsymbol{E}^{\mathrm{T}} \tag{3.27}$$

显然,在上述各表达式中,结构作用的随机性经由结构系统的物理关系,转化为各类结构响应的随机性。进而,注意到各类结构构件中的截面内力是应力的积分(代数和),上述结构作用的均值与方差也自然可以类似地转化为结构内力响应的均值与方差,兹不赘述。

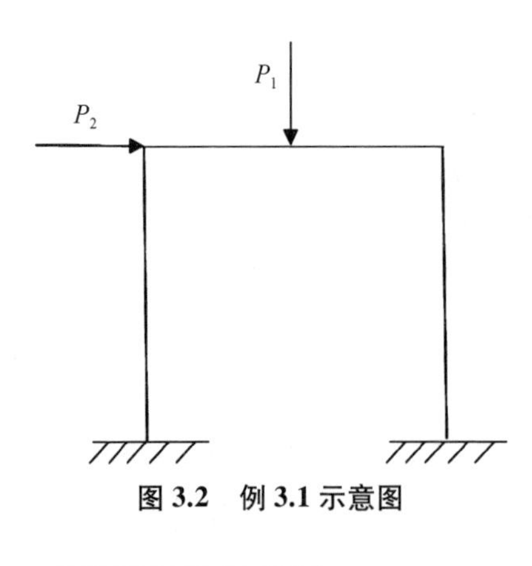

图 3.2　例 3.1 示意图

【例 3.1】 如图 3.2 所示的均质线弹性材料平面框架,其柱高为 H 、抗弯刚度为 EI_1;梁长为 L 、抗弯刚度为 EI_2。该框架承受如图所示的随机荷载 P_1、P_2 的作用。若已知随机荷载 P_1、P_2 的均值与方差,求框架梁跨中截面弯矩和轴力的均值与方差。

【解】 结构内力可以直接根据结构力学知识求得。梁跨中截面弯矩与轴力为

① 本书规定:σ 表示均方差,$\boldsymbol{\sigma}$ 表示应力,在不致引起混淆处,亦用 σ_i 表示应力,但加角标。

$$M = aP_1 \tag{a}$$

$$F = bP_1 + cP_2 \tag{b}$$

其中，

$$a = \frac{L(HI_2 + LI_1)}{4(HI_2 + 2LI_1)},\ b = \frac{3L^2 I_1}{8H(HI_2 + 2LI_1)},\ c = \frac{1}{2} \tag{c}$$

根据式(3.7)和式(3.8)，梁跨中截面弯矩和轴力的均值与标准差分别为

$$\mu_M = a\mu_{P_1} \tag{d}$$

$$\sigma_M = a\sigma_{P_1} \tag{e}$$

$$\mu_F = b\mu_{P_1} + c\mu_{P_2} \tag{f}$$

$$\sigma_F = \sqrt{b^2\sigma_{P_1}^2 + c^2\sigma_{P_2}^2} \tag{g}$$

式(d)~式(g)中，μ、σ 分别为对应物理量的均值与标准差。

【解毕】

3.3　动力作用分析——随机振动

在动力作用下，结构的响应与静力作用下的响应有很大的不同。这主要表现为惯性力和时间效应的影响[6]。由于惯性力，结构中的动力作用不仅可以表现为作用在结构外部的直接荷载（如风荷载），也可以表现为在结构内部的间接作用——惯性力。由于时间效应的影响，结构的响应不仅表现为时间的函数，也会因动力作用在极小时间内的变化（脉冲），导致结构动力响应的明显变化（脉冲响应）。由此，导致结构响应与结构的自身振动特征（自振周期与频率）密切相关。在线弹性响应状态范围内，这将由时域响应分析导向频域响应分析（谱分析）。当结构动力作用具有随机性时，则有所谓的随机振动分析问题[7-9]。

3.3.1　动力方程及其解

在线弹性结构分析范围内，固体结构的弹性动力学基本方程为

$$
\left.\begin{aligned}
&\operatorname{div}\boldsymbol{\sigma} + \rho\boldsymbol{b} = \rho\ddot{\boldsymbol{u}} + \eta\dot{\boldsymbol{u}} \\
&\boldsymbol{\varepsilon} = \frac{1}{2}(\nabla\boldsymbol{u} + \nabla^{\mathrm{T}}\boldsymbol{u}) \\
&\boldsymbol{\sigma} = \boldsymbol{E}:\varepsilon \\
&\boldsymbol{\sigma}\cdot\boldsymbol{n} = \boldsymbol{p},\ \boldsymbol{x}\in S_p \\
&\boldsymbol{u} = \bar{\boldsymbol{u}},\ \boldsymbol{x}\in S_u
\end{aligned}\right\} \tag{3.28}
$$

可见,与静力作用下的弹性力学基本方程(3.14)相比较,仅仅第一个方程发生了变化,即从静力平衡方程变为了动力平衡方程。在这个动力平衡方程中,$\ddot{\boldsymbol{u}}$、$\dot{\boldsymbol{u}}$ 分别为加速度向量与速度向量,η 为阻尼系数,反映了材料内部因运动产生摩擦效应的影响。

应用广义变分原理与有限元方法,可以给出动力分析的有限元基本方程为

$$
\boldsymbol{M}\ddot{\boldsymbol{x}} + \boldsymbol{C}\dot{\boldsymbol{x}} + \boldsymbol{K}\boldsymbol{x} = \boldsymbol{F}(t) \tag{3.29}
$$

式中,$\boldsymbol{M}$ 为整体结构的质量矩阵;$\ddot{\boldsymbol{x}}$、$\dot{\boldsymbol{x}}$ 与 $\boldsymbol{x}$ 分别为整体结构的节点加速度向量、速度向量与位移向量;$\boldsymbol{C}$ 为整体结构的阻尼矩阵。其余符号同式(3.19)。

当仅考虑单自由度系统时,式(3.29)退化为

$$
m\ddot{x} + c\dot{x} + kx = f(t) \tag{3.30}
$$

当系统的初始条件为零时,由结构动力学知识可知,上述系统的响应为[6]

$$
x(t) = \int_0^t h(t-\tau)f(\tau)\,\mathrm{d}\tau \tag{3.31}
$$

其中,

$$
h(t-\tau) = \frac{1}{m\omega_{\mathrm{D}}}\mathrm{e}^{-\xi\omega_{\mathrm{D}}(t-\tau)}\sin\omega_{\mathrm{D}}(t-\tau),\ t>\tau \tag{3.32}
$$

式中,ω_{D} 为有阻尼自振频率,$\omega_{\mathrm{D}} = \omega\sqrt{1-\xi^2}$;$\xi$ 为阻尼比。

在式(3.32)中,若取 $\tau = 0$,则有

$$
h(t) = \frac{1}{m\omega_{\mathrm{D}}}\mathrm{e}^{-\xi\omega_{\mathrm{D}}t}\sin\omega_{\mathrm{D}}t \tag{3.33}
$$

上式事实上是初始处于静止状态的单自由度系统受单位脉冲作用 $\delta(t)$ 后的反应(单位脉冲响应函数)。它与系统受到频率为 ω 的谐和激励时的响应(频率响应函数) $H(\omega)$ 的关系可由傅里叶积分给出,即

$$H(\omega)=\int_{-\infty}^{\infty}h(t)\mathrm{e}^{-i\omega t}\mathrm{d}t \tag{3.34}$$

对于多自由度系统,式(3.29)在零初始条件下的响应为

$$\boldsymbol{x}(t)=\int_{0}^{t}\boldsymbol{h}(t-\tau)\boldsymbol{F}(\tau)\mathrm{d}\tau \tag{3.35}$$

式中,$\boldsymbol{h}(\cdot)$ 为脉冲响应矩阵,$\boldsymbol{h}(t)=[h_{ij}(t)]$,其中 $h_{ij}(t)$ 为 $\boldsymbol{F}(t)$ 中第 j 个分量为单位脉冲而其余分量均为零时的系统的第 i 个响应分量,可参照式(3.33)计算。

3.3.2　统计特征的传递

当系统激励 $f(t)$ 为随机激励且为二阶随机过程 $F(t)$ 时,系统响应的均方解具有与确定性激励下系统响应相同的形式,即

$$X(t)=\int_{0}^{t}h(t-\tau)F(\tau)\mathrm{d}\tau \tag{3.36}$$

事实上,由于 $t<0$ 时,$F(t)=0$;$t<\tau$ 时,$h(t-\tau)=0$,因此上式可以等价表示为[7,8]

$$X(t)=\int_{-\infty}^{+\infty}h(t-\tau)F(\tau)\mathrm{d}\tau \tag{3.37}$$

对式(3.37)两边取期望,并注意到期望算子与积分算子的可交换性质,可得系统随机反应 $X(t)$ 的均值,即

$$\mu_X(t)=E[X(t)]=\int_{-\infty}^{\infty}h(t-\tau)\mu_F(\tau)\mathrm{d}\tau \tag{3.38}$$

类似地,两个不同时刻 t_1 和 t_2 之间的相关函数可以由如下均方积分过程给出:

$$\begin{aligned}R_X(t_1,t_2)&=E[X(t_1)X(t_2)]\\&=\int_{-\infty}^{\infty}\int_{-\infty}^{\infty}h(t_1-\tau_1)R_F(\tau_1,\tau_2)h(t_2-\tau_2)\mathrm{d}\tau_1\mathrm{d}\tau_2\end{aligned} \tag{3.39}$$

式中,$R_F(\cdot)$ 为激励过程的相关函数。

引入变换 $t_1-\tau_1=u$,$t_2-\tau_2=v$,则上式转化为

$$R_X(t_1,t_2)=\int_{-\infty}^{\infty}\int_{-\infty}^{\infty}h(u)R_F(t_1-u,t_2-v)h(v)\mathrm{d}u\mathrm{d}v \tag{3.40}$$

当输入为零均值二阶平稳过程时,相关函数仅仅是时间间隔为 $\tau = t_1 - t_2$ 的函数,此时有

$$R_X(\tau) = \int_{-\infty}^{\infty}\int_{-\infty}^{\infty} h(u)R_F(t_1 + u - v)h(v)\mathrm{d}u\mathrm{d}v \tag{3.41}$$

利用相关函数与功率谱密度函数之间的关系(见附录 B)以及脉冲响应函数与频率响应函数之间的关系式(3.34),可导出单自由度系统受平稳激励时的响应功率谱密度函数为

$$S_X(\omega) = |H(\omega)|^2 S_F(\omega) \tag{3.42}$$

式中, $S_F(\cdot)$ 为激励过程的功率谱密度函数。

式(3.38)~式(3.42)清楚地表明,对于动力情形,结构作用的随机性同样可以经由系统的物理关系(在这里表现为系统的脉冲响应函数与频率响应函数)转化为结构响应的随机性。换句话说,系统输入的统计特征,经由系统物理关系的传播,转化为系统输出的统计特征。

对于多自由度系统,上述传播关系依然存在。事实上,对于一般的多自由度线性系统[式(3.29)],若输入 $F(t)$ 为二阶随机过程,则系统响应的各类统计特征如下。

均值:

$$\boldsymbol{\mu}_X = \int_{-\infty}^{\infty} \boldsymbol{h}(t-\tau)\boldsymbol{\mu}_F(\tau)\mathrm{d}\tau \tag{3.43}$$

相关函数:

$$\boldsymbol{R}_X(t_1, t_2) = \int_{-\infty}^{\infty}\int_{-\infty}^{\infty} \boldsymbol{h}(t_1 - \tau_1)\boldsymbol{R}_F(\tau_1, \tau_2)\boldsymbol{h}^{\mathrm{T}}(t_2 - \tau_2)\mathrm{d}\tau_1\mathrm{d}\tau_2 \tag{3.44}$$

式(3.43)和式(3.44)中, $\boldsymbol{h}(\cdot)$ 为多自由度线性体系的脉冲响应矩阵。

当输入为零均值二阶平稳过程时,则有相关函数:

$$\boldsymbol{R}_X(\tau) = \int_{-\infty}^{\infty}\int_{-\infty}^{\infty} \boldsymbol{h}(u)\boldsymbol{R}_F(\tau + u - v)\boldsymbol{h}^{\mathrm{T}}(v)\mathrm{d}u\mathrm{d}v \tag{3.45}$$

功率谱密度函数:

$$\boldsymbol{S}_X(\omega) = \boldsymbol{H}(\omega)\boldsymbol{S}_F(\omega)\boldsymbol{H}^*(\omega) \tag{3.46}$$

式中, $\boldsymbol{H}^*(\omega)$ 是频率响应函数矩阵 $\boldsymbol{H}(\omega)$ 的共轭转置矩阵。

系统响应方差:

$$\boldsymbol{\sigma}_X^2=\boldsymbol{R}_X(0)=\frac{1}{2\pi}\int_{-\infty}^{\infty}\boldsymbol{S}_X(\omega)\,\mathrm{d}\omega \tag{3.47}$$

【例 3.2】 如图 3.3 所示单自由度结构，结构自振频率为 ω_0，阻尼比为 ζ，荷载 P 为分布范围 $[-\omega_u,\omega_u]$ 的白噪声过程，均方差为 σ_0。试求结构位移响应的方差。

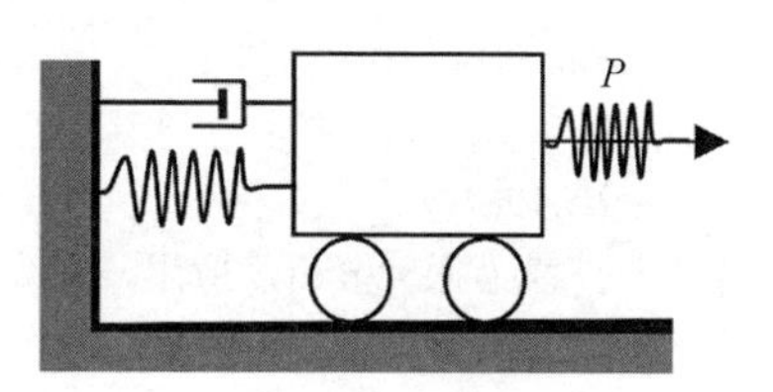

图 3.3　单自由度结构体系受白噪声激励

【解】 单自由度体系的单位脉冲响应函数如式(3.33)所示，应用式(3.34)，可给出单自由度体系的频率响应函数：

$$H(\omega)=\frac{1}{\omega_0^2-\omega^2+2\xi\omega_0\omega i} \tag{a}$$

据此，可以求得

$$|H(\omega)|^2=\frac{1}{(\omega_0^2-\omega^2)^2+4\xi^2\omega_0^2\omega^2} \tag{b}$$

由式(3.42)有结构位移响应的功率谱函数为

$$S_X(\omega)=\frac{S_0}{(\omega_0^2-\omega^2)^2+4\xi^2\omega_0^2\omega^2} \tag{c}$$

应用式(3.47)有结构位移响应的方差为

$$\sigma_X^2=\frac{S_0}{4\xi\omega_0^3} \tag{d}$$

注意到题设条件：S_0分布范围为 $[-\omega_u,\omega_u]$，故

$$S_0=\frac{\pi\sigma_0^2}{\omega_u} \tag{e}$$

将式(e)代入式(d)，有

$$\sigma_X^2=\frac{\pi\sigma_0^2}{4\xi\omega_0^3\omega_u} \tag{f}$$

【解毕】

参考文献

[1] 徐芝纶.弹性力学[M].北京：高等教育出版社,1978.
[2] TIMOSHENKO S P, GOODIER J N. Theory of elasticity[M]. New York: McGraw-Hill Education, 1970.
[3] 鹫津久一郎.弹性与塑性力学中的变分法[M].老亮,赫松林,译.北京：科学出版社,1984.
[4] 曾攀.有限元分析及应用[M].北京：清华大学出版社,2004.
[5] ZIENKIEWICZ O C, TAYLOR R L, ZHU J J Z. Finite element method: its basic & fundamentals[M]. Barcelona: Elsevier, 2005.
[6] CLOUGH R W. PENZIEN J. Dynamics of structures [M]. Berkely: Computers and Structures, Inc., 2003.
[7] 朱位秋.随机振动[M].北京：科学出版社,1992.
[8] 欧进萍,王光远.结构随机振动[M].北京：高等教育出版社,1998.
[9] LI J, CHEN J B. Stochastic dynamics of structure[M]. Singapore: John Wiley & Sons (Asia) Pte. Ltd., 2009.

第四章

材料性质随机性在结构中的传播——构件抗力统计矩分析

4.1 引言

第三章从统计矩传播的角度说明了结构作用(荷载)的随机性是如何在结构受力过程中得到传播的。与作用的随机性相对应,结构材料的基本力学性质也具有一定程度的随机性。这种随机性,是如何在结构中传播、从而形成结构构件抗力(强度)的随机性乃至结构整体承载能力的随机性呢?本章开始具体论述这一问题。

与结构构件层次的问题相比较,材料性质随机性在结构层次的传播是更为复杂的问题。为了清晰地、循序渐进地表述问题,本章仅讨论结构构件层次的随机性传播问题,并且仅从统计矩传播的角度进行这类分析。

从统计矩传播的角度考察结构材料基本力学性质的随机性经由结构受力物理关系转化为结构构件抗力的随机性,基本的统计矩传播公式仍然是3.1节中的式(3.7)与式(3.8)①。即在结构构件抗力分析公式可以表述为如式(3.5)所示的一般函数关系时,材料基本力学性质的均值与方差可以通过下式转化为结构构件抗力的均值与方差:

$$\mu_R = f(\mu_{\xi_1}, \mu_{\xi_2}, \cdots, \mu_{\xi_n}) \tag{4.1}$$

$$\sigma_R^2 = \sum_{i=1}^{n} \left(\frac{\partial f}{\partial \xi_i} \bigg|_{\xi = \mu_\xi} \right)^2 \sigma_{\xi_i}^2 \tag{4.2}$$

---

① 假定基本随机变量彼此独立,且$f(\cdot)$为其中随机变量的线性函数。

式中,下标 R 表示构件抗力;下标 ξ 表示材料力学参数。

顺便指出,当结构构件尺寸也具有不可忽略的随机性时,可以将构件几何尺寸作为基本随机变量,引入上述分析中。

4.2 材料性质的随机性及其统计分布

工程材料(如钢材、混凝土、木材等)在制造或者形成过程中,通常具有某种程度的不可控制性。如混凝土,在制造过程中,人们很难统一确定骨料的大小和排放位置,更难以控制混凝土各构成部分的强度或者弹性模量。类似的不可控制性在各类工程材料制造或形成过程中普遍存在。正是这种不可控制性,造成了材料力学性质的随机性。当这些随机性可能造成对结构性能不可忽略的影响时,就必须考虑它们的统计建模与传播问题了。

材料力学性质的随机性主要通过统计建模的方式加以反映。在工程中,这一过程一般分为两个基本步骤: ① 通过实测,给出目标变量的均值、方差与频率分布直方图[图 4.1(a)];② 依据目标变量的频率分布直方图,估计目标变量的概率分布[图 4.1(b)],并利用分布检验的数学工具确立这一分布的正确性。现代大数据分析技术的出现,为工程材料力学性质的统计建模提供了更大的发展空间。

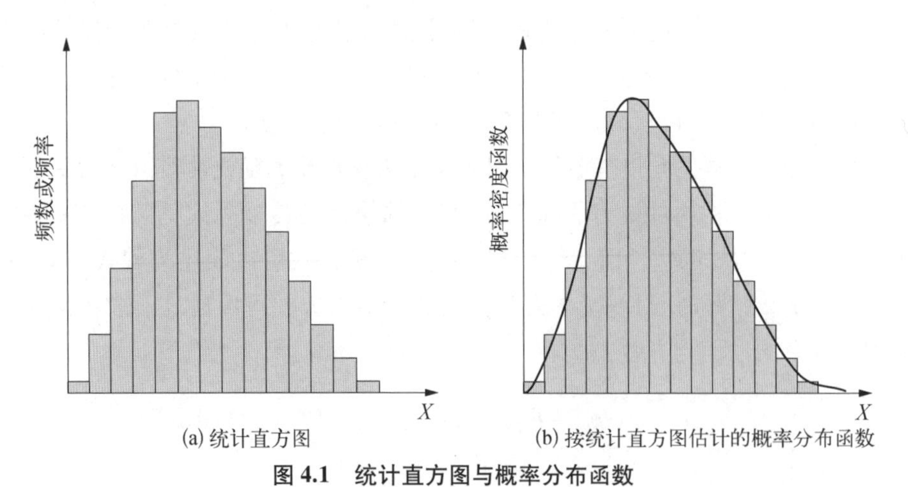

图 4.1　统计直方图与概率分布函数

4.2.1　钢材强度的统计矩与概率分布

由于材质均匀、制造过程机械化程度较高,钢材强度的变异性并不高。

表4.1给出了我国在20世纪80年代的统计结果[1]；表4.2给出了美国的统计结果[2]。可见，钢材单轴受力强度的变异性一般在6%～8%。

表4.1　钢材强度的统计参数（中国）[1]

结构材料种类	受力状况	材料品种	μ	δ
型钢	受拉	Q235钢	1.08	0.08
		16Mn钢	1.09	0.07
薄壁型钢	受拉	Q235F钢	1.12	0.1
		Q235钢	1.27	0.08
		20Mn钢	1.05	0.08
钢筋	受拉	Q235F钢	1.02	0.08
		20MnSi	1.14	0.07
		25MnSi	1.09	0.06

注：表中均值μ是指实测材料强度与名义强度比值的均值，表4.2、表4.3同此。

表4.2　钢材强度的统计参数（美国）[2]

类　型	μ	δ
受拉屈服强度	1.05	0.10
受拉极限强度	1.10	0.10
压弯构件	1.05	0.10

钢材强度的概率分布，一般认为服从对数正态分布或者接近正态分布。对于钢材的弹性模量，通常认为其变异性不大，可以作为确定性变量。

4.2.2　混凝土力学性质的统计矩与概率分布

混凝土力学性质的变异性与其制造水平密切相关[3]。但即使对于标准的施工制造过程，混凝土强度的变异性也高达15%～18%，一般说来，混凝土强度的变异性随着强度等级的提高而降低。表4.3给出了我国在20世纪80年代的统计结果[1]；表4.4给出了美国的统计结果[2]；表4.5给出了本书作者指导研究生所获得的立方体抗压强度统计结果[3]。可见，混凝土强度的变异性具有统计稳定性。

表 4.3 混凝土轴心受压强度统计参数(中国)[1]

受力状况	强度等级	μ	δ
轴心受压	C20	1.66	0.23
	C30	1.41	0.19
	C40	1.35	0.16

表 4.4 混凝土单轴受力强度统计值(美国)[2]

受力状况	强度等级	μ	δ
轴心受压	$f'_c = 3\,000$ psi	2 760 psi	0.18
	$f'_c = 4\,000$ psi	3 390 psi	0.18
	$f'_c = 5\,000$ psi	4 028 psi	0.15
轴心受拉	$f'_c = 3\,000$ psi	306 psi	0.18
	$f'_c = 4\,000$ psi	339 psi	0.18
	$f'_c = 5\,000$ psi	366 psi	0.18

注：1 psi = 6 894.757 Pa。

表 4.5 混凝土立方体抗压强度统计值[3]

强度等级	μ /(N/mm^2)	δ
C20	31.2	0.22
C25	34.3	0.18
C30	38.7	0.17
C35	42.7	0.15
C40	48.0	0.15

一般认为,混凝土强度的概率分布服从对数正态分布。

混凝土弹性模量的概率分布实测统计较少。文献[4]研究了混凝土弹性模量与强度的联合概率分布问题,据此,可以由混凝土强度的概率分布推断弹性模量的概率分布。

值得指出,上述表格中的统计结果都是针对大范围采样给出的,对于具体工程,可以将这些结果作为先验分布,依据具体工程的实测数据、采用贝叶斯估计[5]的方式给出工程材料力学性能的后验概率分布。

4.3　典型钢结构构件抗力的统计矩分析

一般说来，结构构件的抗力由材料强度、几何尺寸和受力形式共同确定。对于具体的受力形式（如轴压、受弯、受剪等），结构构件抗力是材料强度与几何尺寸的函数。对于钢结构构件，由于制造过程比较容易控制，因此通常可以不考虑构件几何尺寸随机性的影响。

4.3.1　钢柱轴心受压

由于钢材强度较高，钢结构轴心受压构件的稳定承载力一般远远低于截面材料屈服时的承载力。因此，轴心受压构件的抗力分析一般以失稳承载力为对象加以研究。

大量研究表明，钢柱轴心受压的失稳承载力不仅与构件几何尺寸与材料力学性能有关，还与材料的残余应力、构件的初始弯曲、荷载作用点的初始偏心、支撑对柱的约束程度等因素有关。显然，除了构件几何尺寸，其余要素均是工程中难以准确控制的要素，原则上应该用随机变量加以反映。但依据物理随机系统的基本思想[6]，可以选取对失稳承载力影响最大的变量作为基本随机变量，而对其他次要因素的影响实施随机覆盖，以获得可供工程应用的分析结果。例如，若以荷载作用点的初始偏心与材料屈服强度为基本随机变量，则考虑弹性失稳，钢构件轴心受压的抗力（失稳极限承载力）分析公式为[7]

$$N_{\mathrm{cr}} = A\left\{\frac{f_{\mathrm{y}} + (1 + e_0)\sigma_{\mathrm{E}}}{2} - \sqrt{\left[\frac{f_{\mathrm{y}} + (1 + e_0)\sigma_{\mathrm{E}}}{2}\right]^2 - f_{\mathrm{y}}\sigma_{\mathrm{E}}}\right\} \tag{4.3}$$

式中，f_{y} 为材料屈服强度；e_0 为荷载作用点的偏心率；σ_{E} 为欧拉临界力，表示为

$$\sigma_{\mathrm{E}} = \frac{\pi^2 E}{\lambda^2} \tag{4.4}$$

其中，E 为材料弹性模量；λ 为压杆的长细比。

因此，应用统计矩传播公式(4.1)与式(4.2)，可得钢轴心受压构件失稳承载力的均值与方差分别为

$$\mu_{N_{\mathrm{cr}}} = A\left(\mu_{f_{\mathrm{yd}}} - \sqrt{\mu_{f_{\mathrm{yd}}}^2 - \mu_{f_{\mathrm{y}}}\sigma_{\mathrm{E}}}\right) \tag{4.5}$$

其中，

$$\mu_{f_{yd}} = \frac{\mu_{f_y} + (1 + \mu_{e_0})\sigma_E}{2} \tag{4.5a}$$

$$\sigma_{N_{cr}}^2 = \left(\frac{\partial N_{cr}}{\partial f_y}\bigg|_{\substack{f_y = \mu_{f_y} \\ e_0 = \mu_{e_0}}}\right)^2 \sigma_{f_y}^2 + \left(\frac{\partial N_{cr}}{\partial e_0}\bigg|_{\substack{f_y = \mu_{f_y} \\ e_0 = \mu_{e_0}}}\right)^2 \sigma_{e_0}^2 \tag{4.6}$$

其中，

$$\frac{\partial N_{cr}}{\partial f_y} = \frac{A}{2}\left(1 - \frac{f_{yd} - \sigma_E}{\sqrt{f_{yd}^2 - f_y\sigma_E}}\right) \tag{4.6a}$$

$$\frac{\partial N_{cr}}{\partial e_0} = \frac{A\sigma_E}{2}\left(1 - \frac{f_{yd}}{\sqrt{f_{yd}^2 - f_y\sigma_E}}\right) \tag{4.6b}$$

$$f_{yd} = \frac{f_y + (1 + e_0)\sigma_E}{2} \tag{4.6c}$$

图 4.2 给出了冷弯薄壁型钢轴心受压柱(方钢管)试验资料与上述分析结果的对比。

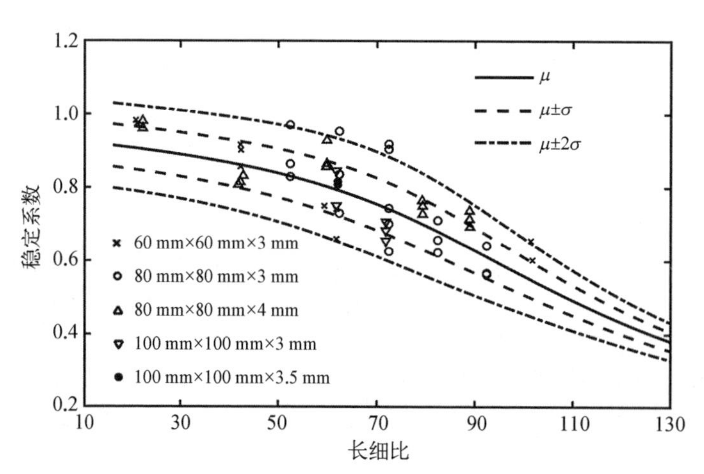

图 4.2 轴心受压柱的抗力统计矩分析与实验资料的对比

4.3.2 钢梁受弯

钢梁受弯时，若不考虑构件失稳，则其抗力可以由梁正截面抗弯强度决定。一般说来，钢梁正截面强度可按三种准则确定：① 边缘屈服准则；② 全截面屈服准则；③ 有限截面屈服准则[8]。无论按哪一种准则，当不考虑梁几何尺寸的变异性时，钢梁正截面受弯强度分析中的基本随机变量都只有一个：钢材屈服强度。因此，其抗力统计矩分析相对简单。以截面边缘屈服准则为例，截面抗力（抗弯强度）分析公式为

$$M_{\mathrm{eu}} = W_x f_{\mathrm{y}} \tag{4.7}$$

式中，W_x 为关于 x 轴的截面模量。对于矩形截面，$W_x = bh^2/6$。

因此，截面抗力的均值与方差分别为

$$\mu_{M_{\mathrm{eu}}} = W_x \mu_{f_{\mathrm{y}}} \tag{4.8}$$

$$\sigma_{M_{\mathrm{eu}}}^2 = W_x^2 \sigma_{f_{\mathrm{y}}}^2 \tag{4.9}$$

依据上述两式可知：若不考虑几何尺寸的变异性，钢梁受弯强度的变异性等于材料屈服强度的变异性。图 4.3 给出了一个典型钢梁受弯全过程的均值与加、减一倍标准差的计算结果。

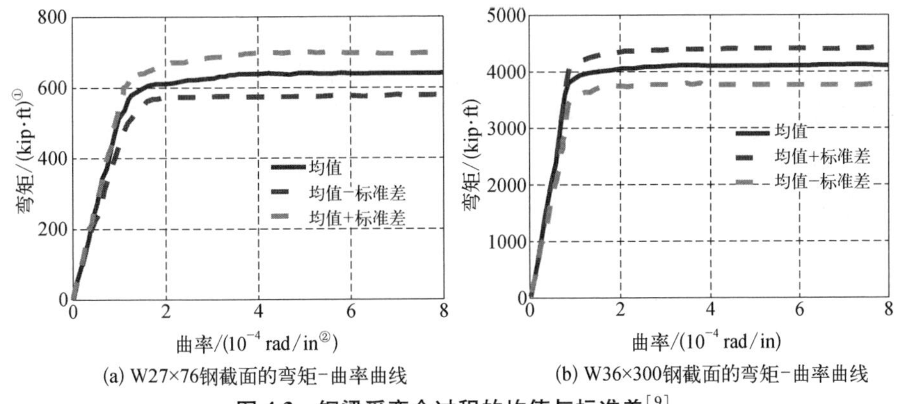

(a) W27×76钢截面的弯矩-曲率曲线　(b) W36×300钢截面的弯矩-曲率曲线

图 4.3　钢梁受弯全过程的均值与标准差[9]

4.4　典型钢筋混凝土构件抗力的统计矩分析

钢筋混凝土构件由两种材料——钢筋和混凝土共同组成。由于钢筋摆放位置不易精确控制，因此除了混凝土强度与钢材强度应作为基本随机变量外，钢筋保护层厚度也应作为基本的随机变量。同时，由于混凝土性质的复杂性，使得对

① 1 kip≈453.6 kg，1 ft=30.48 cm。

② 1 in=2.54 cm。

一些破坏形式(如受扭破坏)的抗力分析公式带有经验性。所有这些,使得基于材料力学的钢筋混凝土构件抗力的统计矩分析远较钢结构构件复杂,但基本的统计矩传播公式,仍是式(4.1)与式(4.2)。

4.4.1 钢筋混凝土梁正截面抗弯强度

钢筋混凝土梁承受均布或集中荷载时,可能发生正截面受弯破坏或斜截面受剪破坏。因此,在严格意义上考察,钢筋混凝土梁的构件抗力(极限承载力)由正截面抗弯强度与斜截面抗剪强度共同决定。在斜截面抗剪强度具有保障时,钢筋混凝土梁的抗力才可以由正截面抗弯强度决定。一般说来,为保证构件具有适当的延性,通常按照预期适筋破坏的原则进行设计,此时,梁正截面抗弯强度分析公式为(以单筋梁为例)[10]

$$M_{\mathrm{u}} = A_{\mathrm{s}} f_{\mathrm{y}}\left(1 - 0.516\rho \frac{f_{\mathrm{y}}}{f_{\mathrm{c}}}\right)(h - d) \tag{4.10}$$

式中,A_{s} 为钢筋面积;f_{y} 为钢筋屈服强度;ρ 为配筋率;f_{c} 为混凝土强度;h 为梁截面高度;d 为钢筋保护层厚度。

当取 f_{y}、f_{c}、d 为基本随机变量时,应用统计矩传播式(4.1)与式(4.2),可得钢筋混凝土梁正截面抗弯强度的均值与方差分别为

$$\mu_{M_{\mathrm{u}}} = A_{\mathrm{s}} \mu_{f_{\mathrm{y}}}\left(1 - 0.516\rho \frac{\mu_{f_{\mathrm{y}}}}{\mu_{f_{\mathrm{c}}}}\right)(h - \mu_d) \tag{4.11}$$

$$\sigma_{M_{\mathrm{u}}}^2 = \left(\left.\frac{\partial M_{\mathrm{u}}}{\partial f_{\mathrm{y}}}\right|_{\substack{f_{\mathrm{y}}=\mu_{f_{\mathrm{y}}}\\ f_{\mathrm{c}}=\mu_{f_{\mathrm{c}}}\\ d=\mu_d}}\right)^2 \sigma_{f_{\mathrm{y}}}^2 + \left(\left.\frac{\partial M_{\mathrm{u}}}{\partial f_{\mathrm{c}}}\right|_{\substack{f_{\mathrm{y}}=\mu_{f_{\mathrm{y}}}\\ f_{\mathrm{c}}=\mu_{f_{\mathrm{c}}}\\ d=\mu_d}}\right)^2 \sigma_{f_{\mathrm{c}}}^2 + \left(\left.\frac{\partial M_{\mathrm{u}}}{\partial d}\right|_{\substack{f_{\mathrm{y}}=\mu_{f_{\mathrm{y}}}\\ f_{\mathrm{c}}=\mu_{f_{\mathrm{c}}}\\ d=\mu_d}}\right)^2 \sigma_d^2 \tag{4.12}$$

图 4.4 给出了钢筋混凝土单筋矩形梁试验资料[11]与上述分析结果的对比。

图 4.5 则给出单筋 T 形梁正截面受弯全过程的均值与加、减一倍标准差的计算结果[2]。

4.4.2 钢筋混凝土梁斜截面抗剪强度

由于混凝土材料具有抗拉强度远小于抗压强度的特点,混凝土梁承受荷载时,可能发生先于正截面受弯破坏的斜截面受剪破坏。对于混凝土梁斜截面抗

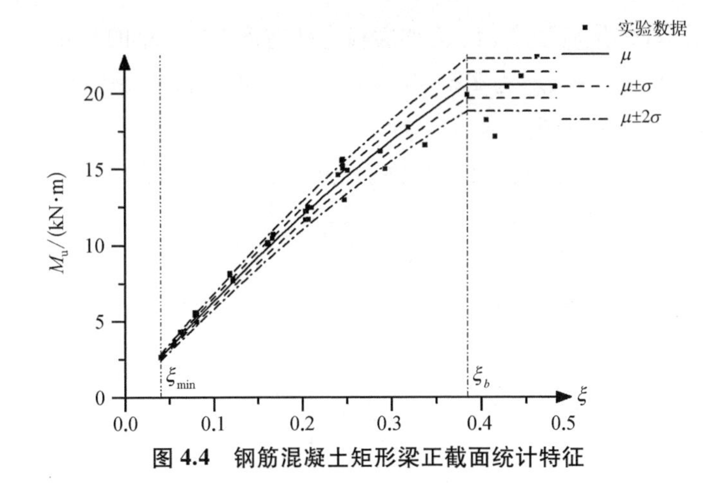

图 4.4　钢筋混凝土矩形梁正截面统计特征

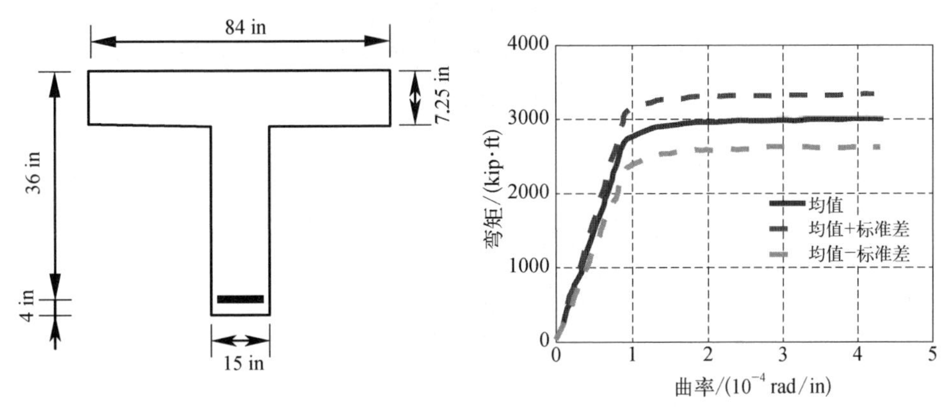

图 4.5　单筋 T 形梁正截面受弯全过程均值与标准差

剪强度分析理论的研究已经持续了 120 年,但迄今仍无定论。目前,较为普遍接受的理论是修正斜压场理论[12]和定角软化桁架理论[13]。前者分析结果具有比较简明的解析表达形式。按照修正斜压场理论,钢筋混凝土斜截面抗剪强度可以表示为[14]①

$$V=\beta\sqrt{f_c'}\,b_w d_v\cot\theta+\frac{A_v f_y}{s}d_v\cot\theta \tag{4.13}$$

式中,

$$\beta=\frac{0.33}{1+\sqrt{500\varepsilon_1}} \tag{4.13a}$$

① 此处为防止混淆,符号均采用所引用文献原文形式。

f'_c 为混凝土圆柱体抗压强度；b_w 为梁腹板有效宽度；d_v 为梁的有效高度；θ 为斜裂缝与梁轴线夹角，一般取为 23°~42°；A_v 为箍筋面积；s 为箍筋间距；f_v 为钢材屈服强度；ε_1 为主拉应变。

若以 f'_c、f_y 为基本随机变量，则钢筋混凝土梁斜截面强度的均值与方差分别为

$$\mu_V = \beta\sqrt{\mu_{f'_c}}\, b_w d_v \cot\theta + \frac{A_s}{s}\mu_{f_y} d_v \cot\theta \tag{4.14}$$

$$\sigma_V^2 = \left(\left.\frac{\partial V}{\partial f'_c}\right|_{\substack{f'_c=\mu_{f'_c}\\ f_y=\mu_{f_y}}}\right)^2 \sigma_{f'_c}^2 + \left(\left.\frac{\partial V}{\partial f_y}\right|_{\substack{f'_c=\mu_{f'_c}\\ f_y=\mu_{f_y}}}\right)^2 \sigma_{f_y}^2 \tag{4.15}$$

图 4.6 给出了按照修正斜压场理论和 Monte Carlo 模拟计算的典型钢筋混凝土 T 形梁斜截面受剪全过程的均值与加、减一倍标准差的计算结果[2]。

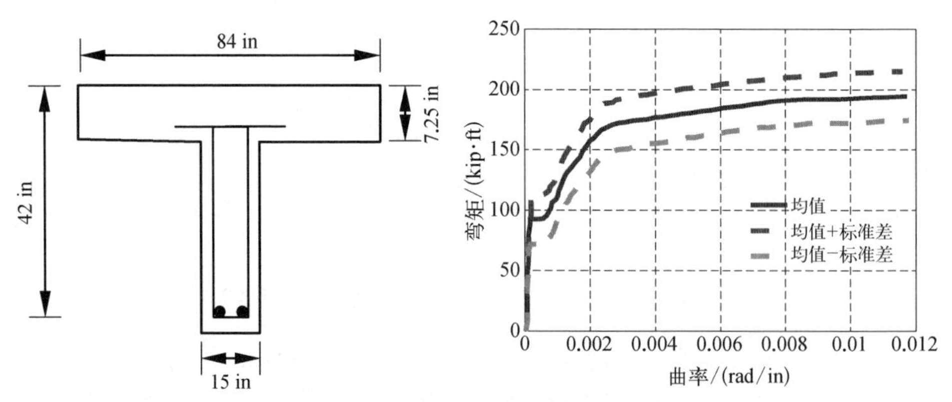

图 4.6　T 形梁抗剪强度全过程均值与均方差

图 4.7 给出了钢筋混凝土有腹筋梁试验资料[11]与按照中国规范抗剪强度计算公式进行分析的结果的对比。图中，λ 为梁的剪跨比，且

$$V_1 = \frac{V}{b_w d_v} - 1.64\frac{A_u f_y}{b_w s} \tag{4.16}$$

式中，V 按中国规范抗剪强度公式计算[10]。

4.4.3　混凝土构件抗力随环境作用的变化

上述分析都是在假定钢筋与混凝土受力力学性质不随时间发生变化的条件

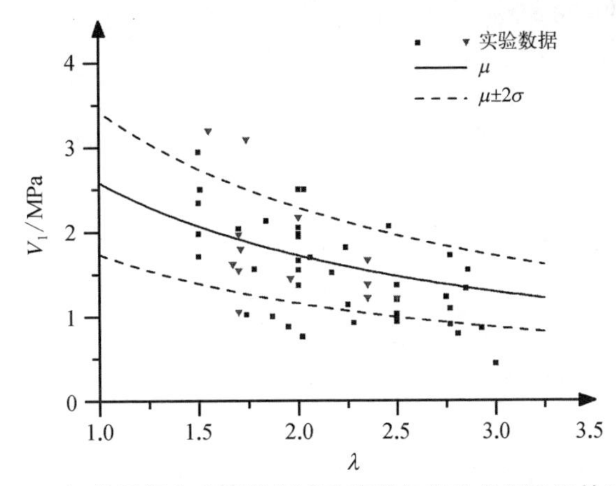

图 4.7　钢筋混凝土有腹筋梁试验资料与理论分析结果的对比

下给出的。而在实际工程中,由于大气环境作用尤其是侵蚀性环境作用,会使钢筋与混凝土受力力学性质发生显著变化。图 4.8 为钢筋锈蚀后的应力-应变曲线变化情况[15]。图 4.9 为受硫酸盐侵蚀的混凝土应力-应变曲线变化情况[16]。可见,由于环境侵蚀影响,材料本构关系发生明显变化。

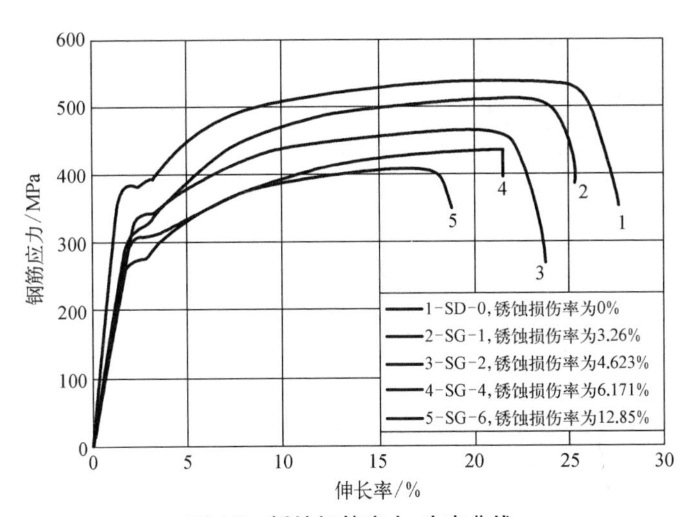

图 4.8　锈蚀钢筋应力-应变曲线

令人遗憾的是,由于环境影响因素复杂,关于材料本构关系的经时变化规律的研究迄今并无定论,且非常缺乏对于基本参数随机性的统计研究。一个被普遍接受的假定是:锈蚀钢筋与侵蚀后混凝土均保持未受损伤时的材料本构关系的基本形式,仅材料强度发生变化。在此假设下,可供参考的强度经时变化统计结果如下[17]。

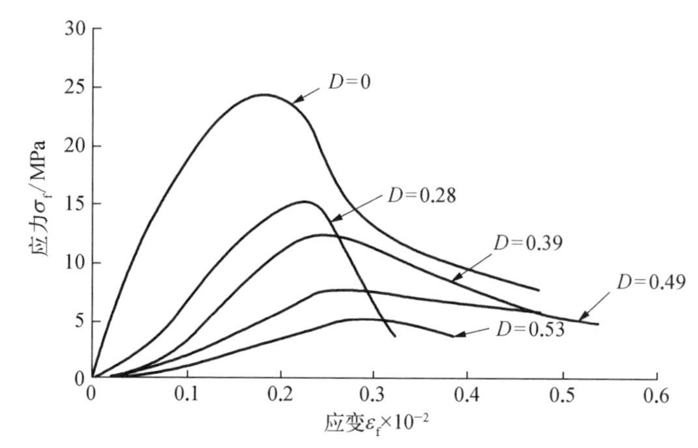

图 4.9 腐蚀混凝土应力-应变曲线(*D* 为腐蚀层面积与试件总面积之比)

(1) 钢筋屈服强度的均值与标准差。

$$\mu_{f_y}(t)=[1-1.08\mu_{\eta_s}(t)]\mu_{f_{y0}} \tag{4.17}$$

$$\sigma_{f_y}(t)=\mu_{f_{y0}}\sqrt{\delta_{f_{y0}}^2+\left[\frac{1.08\sigma_{\eta_s}(t)}{1-1.08\sigma_{\eta_s}(t)}\right]^2} \tag{4.18}$$

式中,$\mu_{f_{y0}}$ 为未锈蚀钢筋的屈服强度;$\delta_{f_{y0}}$ 为未锈蚀钢筋的变异系数;μ_{η_s} 为钢筋截面平均锈蚀率;$\sigma_{\eta_s}(t)$ 为钢筋截面平均锈蚀律的均方差;一般说来,后面这两个基本参数可以由钢筋锈蚀深度的平均值与标准差近似计算。一个可用的统计结果是

$$\mu_{\eta_s}(t)=\mu_{\eta_s}(t_0)\mathrm{e}^{0.0004t^2} \tag{4.19}$$

$$\sigma_{\eta_s}(t)=\sigma_{\eta_s}(t_0)(1+0.025t) \tag{4.20}$$

式中,$\mu_{\eta_s}(t_0)$、$\sigma_{\eta_s}(t_0)$ 为服役 t_0 年时的钢筋实测锈蚀深度的均值与标准差;t 为以年计的时间。

(2) 混凝土峰值强度的均值与标准差。

大气环境:

$$\mu_{f_c}(t)=1.45\mathrm{e}^{-0.025(\ln t-1.72)^2}\mu_{f_{c0}} \tag{4.21}$$

$$\sigma_{f_c}(t)=(0.031t+1.24)\sigma_{f_{c0}} \tag{4.22}$$

海洋环境:

$$\mu_{f_c}(t)=1.25\mathrm{e}^{-0.035(\ln t-0.35)^2}\mu_{f_{c0}} \tag{4.23}$$

$$\sigma_{f_c}(t) = (0.014t + 1.062)\sigma_{f_{c0}} \tag{4.24}$$

上述四个式子中，$\mu_{f_{c0}}$、$\sigma_{f_{c0}}$ 为混凝土28天立方体抗压强度的平均值与标准差，t 为以年计的时间参数。

在上述背景下，在钢筋锈蚀未使纵筋保护层脱落的条件下，原则上可以沿用未受侵蚀混凝土构件的受力分析模式，并考虑上述侵蚀环境下的材料统计参数计算钢筋混凝土基本构件的抗力均值与方差。而在纵筋保护层脱离的场合，则应用基于实际的物理分析模式（如拱模型[17,18]），并考虑上述性能退化材料参数分析构件抗力的均值与方差。

值得指出，本章仅讨论材料力学性质随机性到构件抗力随机性的传递问题，并且仅从统计矩的角度来进行这类分析。事实上，材料力学性质随机性（如弹性模量、材料强度）也可以通过结构系统传播为结构响应的随机性。在统计矩意义上、关于线性系统的这种随机性传播，可以参见文献[19]；而在概率密度意义上、关于一般系统（包含线性系统与非线性系统）的随机性传播，将在本书第六章详述。

参考文献

[1] 李继华，林忠民，李明顺，等.建筑结构概率极限状态设计[M].北京：中国建筑工业出版社，1990.

[2] NOWAK A S, COLINS K R . Reliability of structures[M]. Boston: McGraw Hill, 2000.

[3] 王华琪.混凝土工程质量抽样检验技术研究[D].上海：同济大学，2006.

[4] 陈建兵，万志强，宋鹏彦.相依随机变量的随机函数模型[J].中国科学：物理学 力学 天文学，2018，48(01)：103－112.

[5] 言茂松.贝叶斯风险决策工程[M]. 北京：清华大学出版社，1989

[6] 李杰.物理随机系统研究的若干基本观点（同济大学科学研究报告，2006）//求是集（第二卷）[M].上海：同济大学出版社，2016.

[7] 吕烈武，沈世钊，沈祖炎，等.钢结构构件稳定理论[M].北京：中国建筑工业出版社，1983.

[8] 沈祖炎，陈以一，陈扬骥，等.钢结构基本原理[M].北京：中国建筑工业出版社，2005.

[9] TABSH S W, NOWAK A S. Reliability of highway girder bridges[J]. Journal of Structural Engineering, 1991, 117(8): 2372－2388.

[10] 顾祥林.混凝土结构基本原理[M].第2版.上海：同济大学出版社，2011.

[11] 中国建筑科学研究院.钢筋混凝土构件试验数据集[M].北京：中国建筑工业出版社，1986.

[12] COLLINS M P, MITCHELL D, ADEBAR P, et al. A general shear design method[J]. ACI Structural Journal, 1996, 93(1): 36－45.

[13] HSU T T C, MO Y L. Unified theory of concrete structures[M]. Chichester: John Wiley & Sons, 2010.
[14] 江见鲸,李杰,金伟良.高等混凝土结构[M].北京：中国建筑工业出版社,2007.
[15] 姬永生.钢筋混凝土的全寿命过程与预计[M].北京：中国铁道出版社,2011.
[16] 杜健民,梁咏宁,张风杰.地下结构混凝土硫酸盐腐蚀机理及性能退化[M].北京：中国铁道出版社,2011.
[17] 张誉,蒋利学,张伟平,等.混凝土结构耐久性概论[M].上海：上海科学技术出版社,2003.
[18] 耿欧.混凝土构件的钢筋锈蚀与退化速率[M].北京：中国铁道出版社,2010.
[19] 李杰.随机结构系统——分析与建模[M].北京：科学出版社,1996.

第五章

结构构件可靠度分析——矩法

5.1 基本概念

采用第三章所述方法,可以得到结构构件在结构外部作用下的效应均值与方差;采用第四章的方法,可以得到结构构件抵抗外部作用的截面抗力均值与方差。自然可以想到:如何据此分析与评价结构构件的可靠度呢?为此,需要首先引入功能函数与极限状态的概念。

本书第一章就开宗明义地指出:工程结构可靠度是指结构在规定的条件下、规定的时间内完成预定功能的概率。所谓预定功能,无非是结构承受外部荷载的能力、结构正常使用过程中所要满足的工作性能,以及在结构服役期限内的各项耐久性要求。可以用两个综合的状态变量①反映这些功能:结构荷载效应(记为 S)和结构抗力(记为 R)。结构荷载效应,是指由结构自身重力作用和各类外部作用综合引起的结构构件的内力、位移等。结构抗力,则指结构构件抵抗破坏或变形的能力,如各类构件的截面极限强度、允许的裂缝宽度和结构变形限值等。这里值得指出的是,和结构变形相关的各类功能限值,在严格意义上不能称为结构"抗"力,而应称为某类限值。但为统一概念起见,也约定俗成地将其归类为结构抗力。

用上述状态变量反映结构功能状态的函数称为结构功能函数,在一般意义上,可以定义为

$$Z = g(R,\ S) \tag{5.1}$$

---

① 一些文献中称为综合变量。

式中，Z 为结构功能状态变量；$g(\cdot)$ 为一般的函数关系。

在工程意义上，$g(\cdot)$ 有两种定义方式：

$$Z = g(R, S) = R - S \tag{5.2}$$

或

$$Z = g(R, S) = \frac{R}{S} - 1 \tag{5.3}$$

两者都可以从 R 是否大于 S 的意义上定义结构所处的功能状态，但以式(5.2)较为通用。事实上，若 $R > S$，则结构处于可靠状态，若 $R < S$，则结构处于不可靠状态。在两类状态之间，有一个界限状态，称为极限状态，即 $R = S$。通常，取式(5.2)列写结构的极限状态方程：

$$Z = R - S = 0 \tag{5.4}$$

因此，结构的极限状态是区分结构处于可靠状态或不可靠状态的界限。依据前述功能划分，结构的极限状态一般可以分为以下两种。

(1) 承载能力极限状态：对应于结构整体或者结构构件达到最大承载能力或达到不适于继续承载的变形。

(2) 正常使用极限状态：对应于结构或结构构件达到正常使用功能规定的各项限值。

显然，无论针对哪一类功能及其极限状态，均可用下式表述结构或结构构件所处的功能状态：

$$Z = R - S\begin{cases} > 0 & \text{可靠状态} \\ = 0 & \text{极限状态} \\ < 0 & \text{不可靠状态} \end{cases} \tag{5.5}$$

当结构荷载与结构性质具有随机性时，应该用概率来表述结构的可靠性。因此，结构可靠度定义为结构处于可靠状态的概率，即

$$P_{\mathrm{r}} = \Pr\{Z > 0\} = \Pr\{R > S\} \tag{5.6}$$

而结构的失效概率，即结构处于不可靠状态的概率为①

$$P_{\mathrm{f}} = \Pr\{Z \leqslant 0\} = \Pr\{R \leqslant S\} \tag{5.7}$$

① 此处，将极限状态视为不可靠状态。

显然,有

$$P_r = 1 - P_f \tag{5.8}$$

原则上,如果已知 R 与 S 的联合概率分布密度函数 $f_{RS}(r, s)$,则结构可靠概率(结构可靠度)可由下述积分给出:

$$P_r = \iint_{Z>0} f_{RS}(r, s)\,\mathrm{d}r\mathrm{d}s \tag{5.9}$$

但是,在实际问题中是很难获取 R 与 S 的联合概率分布函数的。因此,在早期的结构可靠度理论研究中,发展了一系列近似计算结构可靠度的方法[1,2]。这些方法的核心思想是利用随机变量的统计矩计算结构可靠度,故可统称为矩法。

5.2　基于状态变量的分析

基于状态变量 R 与 S 、采用矩法分析计算结构构件的可靠度,是结构可靠度矩法研究的发端。这类分析奠定了结构可靠度研究的一系列基本概念。

5.2.1　结构可靠指标与失效概率

依据随机性传播的思想,由结构功能函数表达式(5.2)及概率论基本知识易知,结构功能状态变量 Z 的均值与方差分别为

$$\mu_Z = \mu_R - \mu_S \tag{5.10}$$

$$\sigma_Z^2 = \sigma_R^2 + \sigma_S^2 \tag{5.11}$$

如果 R 与 S 均服从正态分布,则 Z 也服从正态分布。将这一分布绘于图 5.1 容易看到,由 Z 的均值点 $Z = \mu_z$ 到失效边界(极限状态) $Z = 0$ 的点的距离,可视为 Z 的均方差的一个倍数,即

$$\mu_Z = \beta\sigma_Z \tag{5.12}$$

显然,β 值的大小与图中阴影面积(对应结构失效概率)相关联,因此,β 可以视为衡量结构可靠度的一个指标,通常称为结构可靠指标[3]。

由式(5.10)~式(5.12),易知

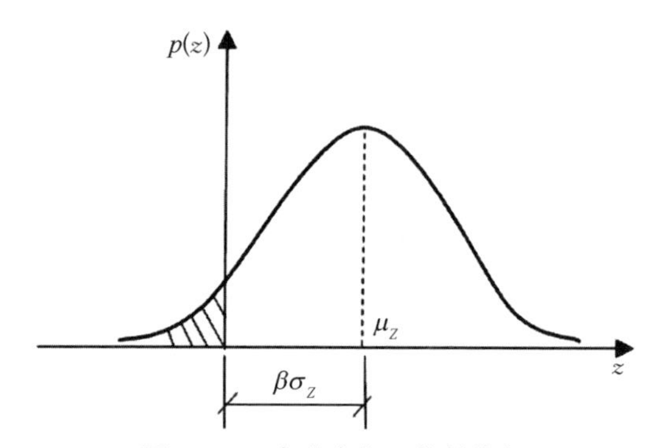

图 5.1 正态分布与可靠性指标

$$\beta = \frac{\mu_R - \mu_S}{\sqrt{\sigma_R^2 + \sigma_S^2}} \tag{5.13}$$

上式清楚地说明,基本变量的随机性,经由结构作用—效应层次的传播和结构构件材性—抗力的传播,最后可以归结为一个清晰的结构处于何种可靠状态的度量标准:β。在严格意义上,由于研究对象是结构构件,如此定义的可靠指标实为针对某一具体功能的结构构件可靠性的度量指标。

非常有意义的是,当结构功能状态变量 Z 服从正态分布时,结构可靠指标与结构可靠度有直接的定量联系:

$$P_r = \Phi(\beta) \tag{5.14}$$

式中,$\Phi(\cdot)$ 为标准正态分布函数,即

$$\Phi(x) = \frac{1}{\sqrt{2\pi}}\int_{-\infty}^{x} e^{-\frac{x^2}{2}} dx \tag{5.15}$$

将一般正态分布变量 Z 转换为标准正态分布的关系式:

$$X = \frac{Z - \mu_Z}{\sigma_Z} \tag{5.16}$$

依据式(5.8)及以上三式,可知结构失效概率的计算公式为

$$P_f = 1 - \Phi(\beta) = \int_{-\infty}^{0} \frac{1}{\sqrt{2\pi}\sigma_Z} \exp\left[-\frac{1}{2}\left(\frac{z-\mu_Z}{\sigma_Z}\right)^2\right] dz \tag{5.17}$$

显然,P_f 对应图 5.1 中的阴影面积。

表 5.1 给出了不同量级失效概率所对应的 β 值。

表 5.1　结构失效概率与对应结构可靠指标值

P_f	10^{-1}	10^{-2}	10^{-3}	10^{-4}	10^{-5}	10^{-6}	10^{-7}	10^{-8}	10^{-9}
β	1.28	2.33	3.09	3.71	4.26	4.75	5.19	5.62	5.99

如果分别以其均方差将变量 R 与 S 标准化,即取

$$R' = \frac{R - \mu_R}{\sigma_R} \tag{5.18}$$

$$S' = \frac{S - \mu_S}{\sigma_S} \tag{5.19}$$

并分别以 R' 与 S' 作为横坐标与纵坐标画出状态空间中的极限状态方程(图 5.2),则不难发现:可靠指标 β 事实上是标准化状态空间中坐标原点(均值点)到极限状态直线的最短距离。

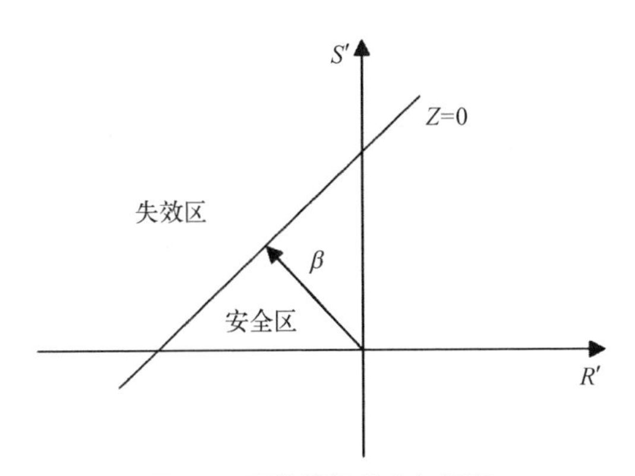

图 5.2　可靠指标的几何解释

上述几何学解释,最早是由 Hasofer 与 Lind 于 1974 年给出的[4]。值得注意的是,这一几何解释并不以 R 与 S 服从正态分布为前提,因此具有普遍意义。换句话说,无论 R、S 服从何种分布,可靠指标 β 都可以解释为一类反映结构可靠性的失效边界到原点的最短距离度量。

在具体工程设计中,一般区分结构破坏的类型和结构的重要性对可靠指标的设计限值做出规定。表 5.2 是中国《建筑结构可靠性设计统一标准》所给出的规定[5]。表 5.3 和表 5.4 则给出了美国相关设计规定的建议值[6]。

表 5.2　中国《建筑结构可靠性设计统一标准》规定的 β 值

破坏类型	安全等级		
	Ⅰ(重要)	Ⅱ(一般)	Ⅲ(次要)
延性破坏	3.7	3.2	2.7
脆性破坏	4.2	3.7	3.2

表 5.3　美国 LRFD 规范的 $\boldsymbol{\beta}$ 值

临时结构	$\beta = 2.5$
普通建筑物	$\beta = 3.0$
非常重要建筑物	$\beta = 4.5$

表 5.4　美国国家标准局对钢筋混凝土结构构件规定的 β 值

抗弯	$\beta = 3.0$
压弯	$\beta = 3.5$
抗剪	$\beta = 4.0$

【例 5.1】如图 5.3 所示的简支钢梁。梁长 $L = 6.15\ \text{m}$，截面塑性模量为 $W_1 = 4 \times 10^{-4}\ \text{m}^3$，梁材料的屈服强度为 f_y，梁上作用均布荷载 q。f_y 和 q 均为服从正态分布的随机变量，且 $\mu_{f_y} = 3.9 \times 10^8 \text{N/m}^2$，$\delta_{f_y} = 0.08$；$\mu_q = 2.2 \times 10^4\ \text{N/m}$，$\delta_q = 0.1$。求梁跨中正截面抗弯可靠度指标。

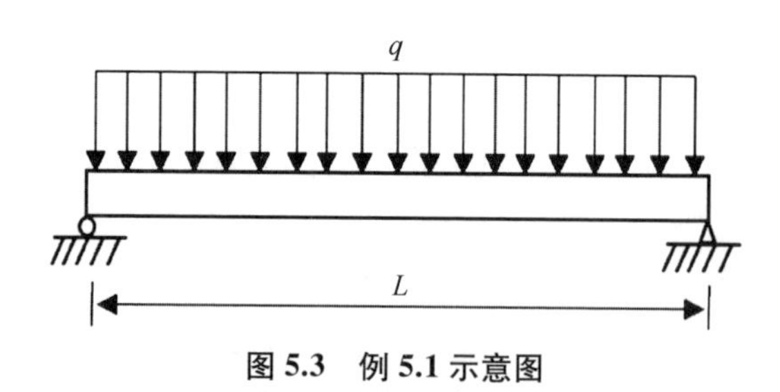

图 5.3　例 5.1 示意图

【解】梁跨中正截面的抗弯承载力为：$R = Wf_y$，故 $\mu_R = W\mu_{f_y}$，$\sigma_R = W\sigma_{f_y}$；梁跨中正截面的荷载效应为：$S = \dfrac{l^2}{8}q$，故 $\mu_S = \dfrac{l^2}{8}\mu_q$，$\sigma_S = \dfrac{l^2}{8}\sigma_q$。

根据式(5.13)，有

$$\beta = \frac{\mu_R - \mu_S}{\sqrt{\sigma_R^2 + \sigma_S^2}} = \frac{W\mu_{f_y} - \dfrac{l^2}{8}\mu_q}{\sqrt{(W\sigma_{f_y})^2 + \left(\dfrac{l^2}{8}\sigma_q\right)^2}}$$

代入题设数值可得：$\beta = 3.2$。

【解毕】

5.2.2　可靠指标与安全系数的关系

经典意义上的结构安全系数，定义为结构抗力与结构荷载效应的比值，即

$$K = \frac{R}{S} \tag{5.20}$$

引入安全系数的目的，在早期，是基于对结构可能超载的担忧；在近代，则是对结构建造与使用过程中各种不确定性要素加以经验性的综合考量后的安全性储备。在现代意义上，若从客观随机性角度反映工程中的不确定性影响，则上述安全系数在本质上是结构抗力均值与结构效应均值的比值，即

$$K = \frac{\mu_R}{\mu_S} \tag{5.21}$$

显然，如此定义的安全系数没有反映结构抗力 R 与结构荷载效应 S 的变异性影响，也自然不能反映结构的真实安全状况。例如，图 5.4 中的(a)与(b)分别对应两组均值相同（$\mu_{S_1} = \mu_{S_2}$，$\mu_{R_1} = \mu_{R_2}$）而方差不同的设计工况。显然，按式(5.21)衡量，两组工况的设计安全性相同，但事实上，图 5.4(b)的失效概率要大于图 5.4(a)。因为后者方差更大，故荷载效应超过结构抗力的机会(与图中阴

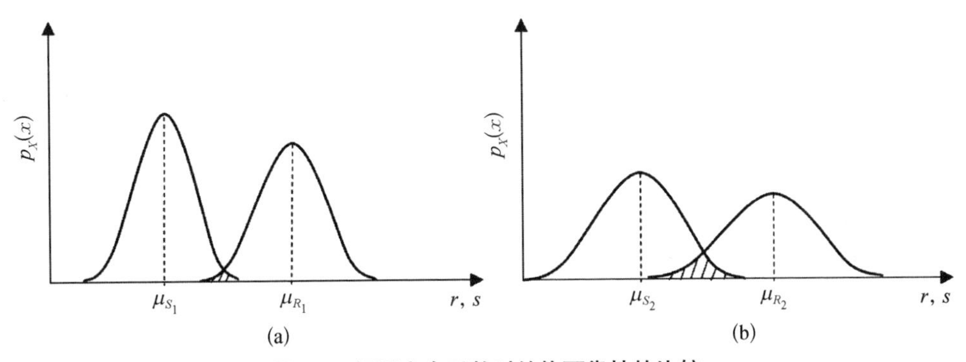

图 5.4　相同安全系数时结构可靠性的比较

影面积有关)更多。

采用可靠指标反映结构可靠性[式(5.13)],既反映了均值的影响,也反映了方差的影响。不难证明,结构可靠指标 β 与按式(5.21)定义的平均安全系数之间具有下述关系:

$$\beta = \frac{K - 1}{\sqrt{K^2\delta_R^2 + \delta_S^2}} \tag{5.22}$$

式中,δ_R 与 δ_S 分别为结构抗力与荷载效应的变异系数,分别定义为各自均方差与均值的比值,即 $\delta = \sigma/\mu$。

5.3 基于基本随机变量的分析

5.3.1 基本随机变量、功能函数与一次二阶矩方法

沿着随机性传播的思路,利用线性结构随机响应分析获取结构效应的一、二阶矩,利用非线性材料力学获取结构构件抗力的一、二阶矩,然后,在结构构件层次依据5.2节的方法分析与评价结构构件在结构外部作用和自身抗力条件下的可靠性。原则上,结构构件可靠性分析问题已经基本解决。但是,在结构可靠性研究的早期,人们还刚刚开始摸索结构层次的随机响应分析方法。因此,关于随机结构分析的研究成果还不敷实用。缘于这一背景,致力于结构可靠性研究的学者们更倾向于关注在结构构件层次研究可靠度的分析方法。沿着这一方向研究,人们很快发现,构件层次的 R 与 S 并非"基本的"随机变量,即:由于受结构尺寸的影响,很难通过统计分析的方法直接获得 R 与 S 的概率分布函数(甚至统计参数)。由此,发展了基于基本随机变量的构件可靠度分析方法。这里的基本随机变量,是指其概率分布或统计特征值可以直接通过统计分析获得。因此,也可以称基本随机变量为本源随机变量。在文献中,常将关于基本随机变量的分析归类为多个随机变量的分析,而将前述关于状态变量的分析称为两个随机变量的分析。然而,从本书基本观点——随机性的传播——出发考察,这两类分析在基本概念与分析思想上是有所差别的。

在基本概念上,结构构件的状态变量是基本随机变量的函数。从第三章与第四章的分析可知,结构荷载效应 S 是作用于结构上的各种荷载、结构几何尺寸、结构材料性质等基本随机变量的函数,即

$$S = S(\zeta_1, \zeta_2, \cdots, \zeta_l) \tag{5.23}$$

式中，$\zeta_j(j = 1, 2, \cdots, l)$ 为与荷载效应相关的基本随机变量。

结构抗力 R 是结构构件几何尺寸、边界条件、材料性质等基本随机变量的函数，即

$$R = R(\xi_1, \xi_2, \cdots, \xi_m) \tag{5.24}$$

式中，$\xi_k(k = 1, 2, \cdots, m)$ 为与抗力相关的基本随机变量。

显然，ζ_j 与 ξ_k 集合中的部分变量是概率相关的甚至重合的。

因此，结构的功能状态变量 Z 即结构功能函数可统一用基本随机变量 $X_i(i = 1, 2, \cdots, n)$ 表述为

$$Z = R - S = g(X_1, X_2, \cdots, X_n) \tag{5.25}$$

式中，$g(\cdot)$ 为一般意义上的功能函数，其形式依据具体问题确定，基本随机变量 $X_i(i = 1, 2, \cdots, n)$ 则是上述荷载效应相关随机变量 $\zeta_j(j = 1, 2, \cdots, l)$ 与结构构件抗力相关随机变量 $\xi_k(k = 1, 2, \cdots, m)$ 的综合结果。

由于继续采用结构功能函数的 $R-S$ 定义，因此，$Z > 0$，结构构件处于可靠状态；$Z < 0$，结构处于不可靠状态；$Z = 0$，结构构件处于极限状态。

在分析思想上，虽然仍可以从随机性的传播的角度来理解基于基本随机变量的构件可靠度分析，但这类分析把关注重点放在了结构构件层次的统计矩传播上、而完全放弃了在结构层次的统计矩传播的考量①。

若功能函数是基本随机变量的线性函数，即

$$Z = a_0 + \sum_{i=1}^{n} a_i X_i \tag{5.26}$$

则依据统计矩的传播原理，有

$$\mu_Z = a_0 + \sum_{i=1}^{n} a_i \mu_{X_i} \tag{5.27}$$

$$\sigma_Z^2 = \sum_{i=1}^{n} (a_i \sigma_{X_i})^2 \tag{5.28}$$

当各基本随机变量服从正态分布时，Z 服从正态分布。此时，可依次给出下述基本表达式(图 5.1)：

$$\mu_Z = \beta \sigma_Z \tag{5.29}$$

① 关于这一点，在 5.6 节有更进一步的评论。

$$\beta=\frac{a_0+\sum_{i=1}^{n}a_i\mu_{X_i}}{\sqrt{\sum_{i=1}^{n}(a_i\sigma_{X_i})^2}} \tag{5.30}$$

$$P_{\mathrm{r}}=\Phi(\beta) \tag{5.31}$$

$$P_{\mathrm{f}}=1-\Phi(\beta) \tag{5.32}$$

这样,当已知各基本变量的一、二阶统计矩时,可以非常方便地计算结构构件的可靠指标 β 与结构可靠度。

【例 5.2】 考虑图 5.5 中的简支钢梁。该梁承受集中活荷载 P 与均匀分布的恒载 q 。荷载 P、w 与梁材料的屈服应力F_{y} 均为正态分布的随机变量。其中,$\mu_q=20\mathrm{N/mm}$, $\delta_q=10\%$; $\mu_P=99\,450\ \mathrm{N}$, $\delta_P=11\%$; $\mu_{F_{\mathrm{y}}}=275.79\ \mathrm{MPa}$, $\delta_{F_{\mathrm{y}}}=11.5\%$。梁长度 L 与截面塑性模量 W 为精确的物理量,且 $L=5\,486\ \mathrm{mm}$, $W=1\,310\,965\ \mathrm{mm}^3$。计算梁跨中截面的可靠指标。

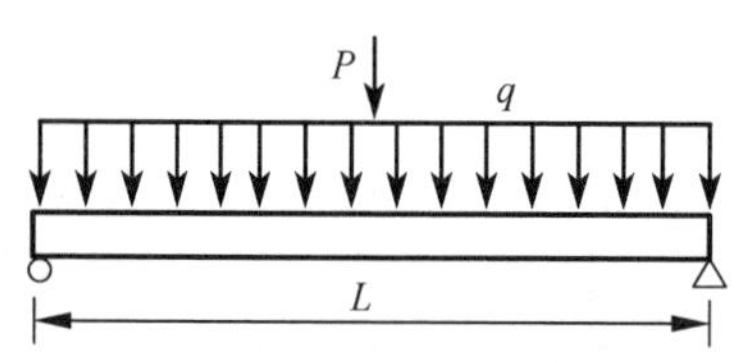

图 5.5 例 5.3 中所考虑的简支梁

【解】 梁的极限状态函数表述为

$$g(P,\ q,\ F_{\mathrm{y}})=F_{\mathrm{y}}W-\frac{PL}{4}-\frac{qL^2}{8}$$

将 L 和 W 代入上述极限状态函数中,可以得到

$$g(P,\ q,\ F_{\mathrm{y}})=1\,310\,965F_{\mathrm{y}}-1\,371.5P-3\,762\,025q$$

功能函数是基本随机变量的线性函数,故采用式(5.30)计算可靠度指标 β :

$$\begin{aligned}\beta&=\frac{a_0+\sum_{i=1}^{n}a_i\mu_{X_i}}{\sqrt{\sum_{i=1}^{n}(a_i\sigma_{X_i})^2}}\\&=\frac{1\,310\,965\times275.79-1\,371.5\times99\,450-3\,762\,025\times20}{\sqrt{(1\,310\,965\times275.79\times0.115)^2+(-1\,371.5\times99\,450\times0.11)^2+(-3\,762\,025\times20\times0.1)^2}}\\&=3.34\end{aligned}$$

【解毕】

然而,在实际问题中,结构功能函数 $g(\cdot)$ 大多数不是线性函数。对于一般的非线性功能函数,研究者们自然想到可以使用 Taylor 级数展开获得 $g(\cdot)$ 的线性近似表达式,然后,设法利用低阶统计矩的传播获得结构构件可靠指标与结构构件可靠度。这种思想,导致一次二阶矩方法的诞生。

不失一般性,将功能函数 $g(\cdot)$ 在点 $x_{0i}(i=1, 2, \cdots, n)$ 展开为 Taylor 级数并取一阶近似,可得

$$Z \approx g(x_{01}, x_{02}, \cdots, x_{0n}) + \sum_{i=1}^{n}(X_i - x_{0i})\left.\frac{\partial g}{\partial X_i}\right|_{X_i=x_{0i}} \tag{5.33}$$

据此,可以给出可靠性指标:

$$\beta = \frac{\mu_Z}{\sigma_Z} \tag{5.34}$$

对具体展开点 $x_{0i}(i=1, 2, \cdots, n)$ 的不同选取方式,导致了不同的一次二阶矩方法。

5.3.2　均值一次二阶矩方法

最直接的功能函数近似方式是将展开点选取在各随机变量的均值处,这导致均值一次二阶矩方法[3]。由于大多数随机变量的均值位于其概率分布区间的中心处,因此又将这类方法称为中心点法。按照均值展开,有

$$Z \approx g(\mu_{X_1}, \mu_{X_2}, \cdots, \mu_{X_n}) + \sum_{i=1}^{n}(X_i - \mu_{X_i})\left.\frac{\partial g}{\partial X_i}\right|_{X_i=\mu_{X_i}} \tag{5.35}$$

对于线性功能函数,Hasofer 与 Lind 证明:可靠指标 β 是状态空间中均值点到极限状态超平面的最短距离[4],因此,可据式(5.34)定义可靠指标 β:

$$\beta = \frac{g(\mu_{X_1}, \mu_{X_2}, \cdots, \mu_{X_n})}{\sqrt{\sum_{i=1}^{n}\left(\left.\frac{\partial g}{\partial X_i}\right|_{X_i=\mu_{X_i}}\right)^2 \sigma_{X_i}^2}} \tag{5.36}$$

【例 5.3】 钢筋混凝土梁的正截面抗弯可靠度计算。

某钢筋混凝土梁的截面如图 5.6 所示。截面抗弯承载能力可由下式计算:

$$M = A_s f_y\left(d - 0.59\frac{A_s f_y}{f'_c b}\right) = A_s f_y d - 0.59\frac{(A_s f_y)^2}{f'_c b}$$

式中，A_s 为钢筋的截面积；f_y 是钢筋的屈服强度；f'_c 为混凝土的抗压强度；b 为梁截面宽度；d 为梁的截面高度，d 和 b 均为确定性变量。

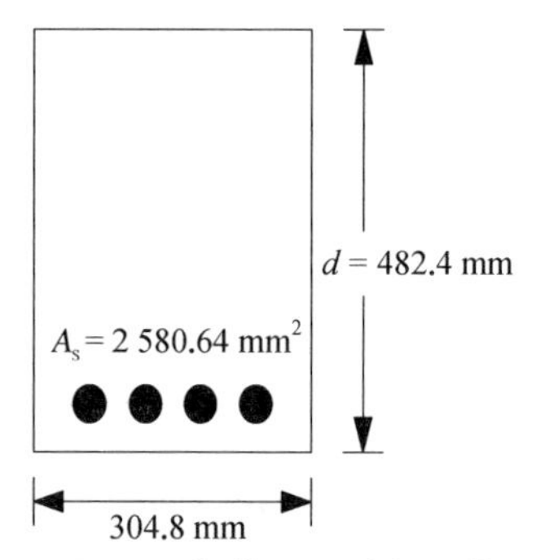

图 5.6 梁截面尺寸与配筋图

梁上荷载作用在所示截面处产生的弯矩效应为 M_s，且 M_s、f_y、f'_c、A_s 为互不相关的随机变量，各变量均值与标准差如表 5.5 所示。计算该截面抗弯可靠度指标 β。

表 5.5 随机变量基本参数

	μ	σ	δ
f_y	303.38 MPa	31.86 MPa	0.105
A_s	2 632.25 mm^2	51.61 mm^2	0.02
f'_c	21.51 MPa	3.03 MPa	0.14
M_s	231.88 kN·m	27.80 kN·m	0.12

【解】抗弯极限状态的极限状态方程为

$$g(A_s, f_y, f'_c, M_s) = A_s f_y d - 0.59\frac{(A_s f_y)^2}{f'_c b} - M_s$$

将结构功能函数在随机变量均值处进行 Taylor 展开、并取线性近似，有

$$g(A_s, f_y, f'_c, M_s) \approx \left[\mu_{A_s}\mu_{f_y} d - 0.59\frac{(\mu_{A_s}\mu_{f_y})^2}{\mu_{f'_c} b} - \mu_{M_s}\right] + (A_s - \mu_{A_s})\left.\frac{\partial g}{\partial A_s}\right|_{\text{按均值计算}}$$

$$+ (f_y - \mu_{f_y})\left.\frac{\partial g}{\partial f_y}\right|_{\text{按均值计算}} + (f'_c - \mu_{f'_c})\left.\frac{\partial g}{\partial f'_c}\right|_{\text{按均值计算}}$$

$$+ (M_S - \mu_{M_S}) \frac{\partial g}{\partial M_s}\bigg|_{\text{按均值计算}}$$

功能函数的均值：

$$g(\mu_{A_s}, \mu_{f_y}, \mu_{f'_c}, \mu_{M_s}) = \mu_{A_s}\mu_{f_y} d - 0.59 \frac{(\mu_{A_s}\mu_{f_y})^2}{\mu_{f'_c} b} - \mu_{M_s} = 95.96 \, \text{kN} \cdot \text{m}$$

各偏导数在随机变量均值处的值：

$$a_1 = \frac{\partial g}{\partial A_s}\bigg|_{\text{均值}} = \left(f_y d - 0.59 \frac{2A_s f_y^2}{f'_c b}\right)\bigg|_{\text{均值}} = 102\,746 \, \text{kN/m}$$

$$a_2 = \frac{\partial g}{\partial f_y}\bigg|_{\text{均值}} = \left(A_s d - 0.59 \frac{2A_s^2 f_y}{f'_c b}\right)\bigg|_{\text{均值}} = 891\,470 \, \text{mm}^3$$

$$a_3 = \frac{\partial g}{\partial f'_c}\bigg|_{\text{均值}} = \left[0.59 \frac{(A_s f_y)^2}{f'^2_c b}\right]\bigg|_{\text{均值}} = 2\,667\,991 \, \text{mm}^3$$

$$a_4 = \frac{\partial g}{\partial M_s}\bigg|_{\text{均值}} = -1$$

将上述计算结果代入式(5.36)，即得

$$\beta = \frac{g(\mu_{A_s}, \mu_{f_y}, \mu_{f'_c}, \mu_{M_s})}{\sqrt{(a_1\sigma_{A_s})^2 + (a_2\sigma_{f_y})^2 + (a_3\sigma_{f'_c})^2 + (a_4\sigma_{M_s})^2}}$$

$$= \frac{95.96 \times 10^6}{\sqrt{(102\,746 \times 51.61)^2 + (891\,470 \times 31.86)^2 + (2\,667\,991 \times 3.03)^2 + [(-1) \times 27.80 \times 10^6]^2}}$$

$$= \frac{95.96 \times 10^6}{40\,902\,286.24} = 2.35$$

【解毕】

均值一次二阶矩方法，是结构可靠度研究走向实用化的第一个突破口。然而，随着研究的深入，人们也发现其中存在着重要问题。

考虑图 5.7 所示钢梁跨中截面的抗弯可靠度。

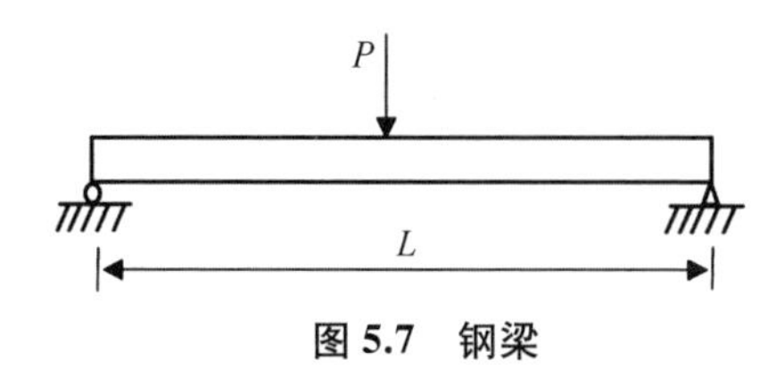

图 5.7　钢梁

该问题涉及四个随机变量：P、L、W、F_y，其中，W 为截面塑性模量，F_y 为材料屈服应力。各随机变量互不相关，各变量均值与标准差如表 5.6 所示。

表 5.6　随机变量基本参数

变量	μ	σ	δ
P	13 kN	2.6 kN	0.20
L	8 m	0.1 m	0.012 5
W	10^{-4} m^3	5×10^{-6} m^3	0.05
F_y	4.8×10^5 kN/m^2	3.84×10^4 kN/m^2	0.08

首先，考虑关于内力（弯矩）的功能函数：

$$g_1(W,\ F_y,\ P,\ L) = WF_y - \frac{PL}{4}$$

在另一方面，可以定义应力层次的功能函数：

$$g_2(W,\ F_y,\ P,\ L) = F_y - \frac{PL}{4W}$$

采用上述两个功能函数分别计算可靠度指标。

对于函数 g_1，由于功能函数关于随机变量为非线性函数，因此应将功能函数在均值意义上线性化，即

$$g_1 \approx \left(\mu_W\mu_{F_y} - \frac{\mu_P\mu_L}{4}\right) + \mu_{F_y}(W - \mu_W) + \mu_W(F_y - \mu_{F_y})$$

$$-\frac{\mu_L}{4}(P - \mu_P) - \frac{\mu_P}{4}(L - \mu_L)$$

采用式(5.36)计算可靠度指标，有

$$\beta = \frac{\mu_W\mu_{F_y} - \mu_P\mu_L/4}{\sqrt{\mu_{F_y}^2\sigma_W^2 + \mu_W^2\sigma_{F_y}^2 + \mu_L^2\sigma_P^2/16 + \mu_P^2\sigma_L^2/16}}$$

$$= \frac{48 - 26}{\sqrt{2.4^2 + 3.84^2 + 20.8^2/16 + 1.3^2/16}}$$

$$= 3.19$$

功能函数 g_2 也是一非线性函数。在均值处进行 Taylor 展开并线性化，有

$$g_2 \approx \left(\mu_{F_y} - \frac{\mu_P\mu_L}{4\mu_W}\right) + \frac{\mu_P\mu_L}{4{\mu_W}^2}(W - \mu_W) + (1)(F_y - \mu_{F_y})$$

$$- \frac{\mu_L}{4\mu_W}(P - \mu_P) - \frac{\mu_P}{4\mu_W}(L - \mu_L)$$

采用式(5.36)计算可靠度指标，有

$$\beta = \frac{\mu_{F_y} - \mu_P\mu_L/(4\mu_W)}{\sqrt{\frac{\mu_P^2\mu_L^2}{16\mu_W^4}\sigma_W^2 + \sigma_{F_y}^2 + \frac{\mu_L^2}{16\mu_W^2}\sigma_P^2 + \frac{\mu_P^2}{16\mu_W^2}\sigma_L^2}}$$

$$= \frac{4.8 \times 10^5 - 2.6 \times 10^5}{\sqrt{1.69 \times 10^8 + 1.474\,56 \times 10^9 + 2.704 \times 10^9 + 1.056\,25 \times 10^7}}$$

$$= 3.33$$

上述分析结果清楚地说明：对于同一个问题，分别采用内力(弯矩)建立功能函数与采用应力建立功能函数，将导致不同的可靠度指标计算结果。因此，对于非线性功能函数，在均值点展开存在显著问题。这种背景推动了对一次二阶矩方法的研究，催生了设计验算点方法。

5.3.3　设计验算点法

均值一次二阶矩方法之所以会对力学意义等效的不同非线性极限状态方程给出差别明显的可靠指标分析结果，是因为所展开的均值点不在失效边界上，因此对不同的等效非线性极限状态方程，会给出完全不同的 β 值。正确的 Taylor 级数展开点应该在失效边界上选取，且这样的展开点应该是标准化变量所构成的状态空间原点到极限状态曲面(失效边界)具有最小距离的点。1974 年，Hasofer 与 Lind 首先发现了这一秘密[4]，其后，1983 年 Shinozuka 进一步证明这样的点是最大可能失效点[7]。为利于工程界理解与应用，这样的点被称为设计验算点。

设位于极限状态曲面上的设计验算点为 $x_i^*(i = 1, 2, \cdots, n)$，依据式

(5.33)有

$$Z \approx g(x_1^*, x_2^*, \cdots, x_n^*) + \sum_{i=1}^{n} (X_i - x_i^*) \left.\frac{\partial g}{\partial X_i}\right|_{X=x^*} \tag{5.37}$$

注意到设计验算点在极限状态曲面上,故有

$$g(x_1^*, x_2^*, \cdots, x_n^*) = 0 \tag{5.38}$$

因此,结构功能状态变量的均值与方差分别为

$$\mu_Z = \sum_{i=1}^{n} (\mu_{X_i} - x_i^*) \left.\frac{\partial g}{\partial X_i}\right|_{X=x^*} \tag{5.39}$$

$$\sigma_Z^2 = \sum_{i=1}^{n} \left(\left.\frac{\partial g}{\partial X_i}\right|_{X=x^*} \right)^2 \sigma_{X_i}^2 \tag{5.40}$$

依据上述两式,可以按式(5.34)给出结构可靠性指标。但是,由于设计验算点事先并不能确定,直接由式(5.39)、式(5.40)代入式(5.34),并不能计算出 β 值。为此,将式(5.34)中的均方差作根式线性化处理,即引入根式线性化系数:

$$\alpha_i = \frac{a_i \sigma_{X_i}}{\sqrt{\sum_{i=1}^{n} (a_i \sigma_{X_i})^2}} \tag{5.41}$$

其中,

$$a_i = \left.\frac{\partial g}{\partial X_i}\right|_{X=x^*} \tag{5.42}$$

据此,有

$$\sigma_Z = \sqrt{\sum_{i=1}^{n} (a_i \sigma_{X_i})^2} = \frac{\sum_{i=1}^{n} (a_i \sigma_{X_i})^2}{\sqrt{\sum_{i=1}^{n} (a_i \sigma_{X_i})^2}} = \sum_{i=1}^{n} \alpha_i a_i \sigma_{X_i} \tag{5.43}$$

将式(5.43)与式(5.39)代入式(5.34),给出

$$\beta = \frac{\sum_{i=1}^{n} a_i (\mu_{X_i} - x_i^*)}{\sum_{i=1}^{n} \alpha_i a_i \sigma_{X_i}} \tag{5.44}$$

此时,由于设计验算点 $x_i^*(i=1, 2, \cdots, n)$ 未知,按式(5.44)依然不能直接计算 β。为求解可靠指标 β,可以将式(5.44)改写为

$$\sum_{i=1}^{n} a_i(\mu_{X_i} - x_i^* - \beta\alpha_i\sigma_{X_i}) = 0 \tag{5.45}$$

显然, a_i 不恒等于 0,故有

$$\mu_{X_i} - x_i^* - \beta\alpha_i\sigma_{X_i} = 0,\ i = 1, 2, \cdots, n \tag{5.46}$$

将式(5.46)与式(5.38)联立,将形成一组由 $n+1$ 个方程构成的非线性方程组。在 μ_{X_i} 与 σ_{X_i} 已知的前提下,可以采用迭代法求这一组非线性方程。由文献[8]最早建议并经改进的迭代算法步骤如下:

(1) 依据经验假定一个 β 值;

(2) 以均值为设计验算点初值,即取 $x_i^* = \mu_{X_i}(i=1, 2, \cdots, n)$;

(3) 按式(5.41)与式(5.42)分别计算 a_i 与 α_i;

(4) 由式(5.46)计算新的验算点值 $x_i^* = \mu_{X_i} - \beta\alpha_i\sigma_{X_i}$;

(5) 重复步骤(3)和(4),直至关于 x_i^* 的前后两次差值在指定误差范围内(此时,可用关于向量的范数定义误差);

(6) 将上述迭代(设为第 k 次)给出的 x_i^* 代入式(5.38),考虑是否满足功能函数近似等于 0 的条件,若不满足,则取

$$\beta_k = \frac{g(x_{k_1}^*, x_{k_2}^*, \cdots, x_{k_n}^*) + \sum_{i=1}^{n} a_{k_i}(\mu_{X_i} - x_{k_i}^*)}{\sqrt{\sum_{i=1}^{n}(a_{k_i}\sigma_{X_i})^2}} \tag{5.47}$$

$$\beta_{k+1} = \beta_k - g_k \frac{\beta_k - \beta_{k-1}}{g_k - g_{k-1}} \tag{5.48}$$

并继续重复步骤(3)~步骤(6),直至满足 $g \approx 0$。

在上述迭代过程中,也可以取消步骤(5),直接以 β、x_i^* 进行综合迭代。

【例 5.4】受均布恒载作用的薄壁型钢梁,梁跨中极限状态方程为

$$Z = g(W, f, M) = Wf - M = 0$$

已知弯矩 M 服从正态分布,$\mu_M = 1\,300\,000\ \mathrm{N \cdot cm}$, $\delta_M = 0.07$;截面抵抗矩 W 为正态分布,$\mu_W = 54.72\ \mathrm{cm}^3$, $\delta_W = 0.05$;钢材强度 f 为正态分布,$\mu_f =$

38 000 N/cm^2, $\delta_f = 0.08$。求构件失效概率 P_f。

【解】 根据已知基本变量的统计参数求得

$$\sigma_M = \mu_M \delta_M = 1\,300\,000 \times 0.07 = 91\,000 \text{ N} \cdot \text{cm}$$

$$\sigma_W = \mu_W \delta_W = 54.72 \times 0.05 = 2.74 \text{ cm}^3$$

$$\sigma_f = \mu_f \delta_f = 38\,000 \times 0.08 = 3\,040 \text{ N/cm}^2$$

先求各偏导数:

$$\left.\frac{\partial g}{\partial W}\right|_{\text{按假设验算点计算}} \sigma_W = 2.74 f^*$$

$$\left.\frac{\partial g}{\partial f}\right|_{\text{按假设验算点计算}} \sigma_f = 3\,040 W^*$$

$$\left.\frac{\partial g}{\partial M}\right|_{\text{按假设验算点计算}} \sigma_M = -91\,000$$

代入公式(5.41)有

$$\left.\begin{aligned} \alpha_W &= \frac{2.74 f^*}{\sqrt{(2.74 f^*)^2 + (3\,040 W^*)^2 + 91\,000^2}} \\ \alpha_f &= \frac{3\,040 W^*}{\sqrt{(2.74 f^*)^2 + (3\,040 W^*)^2 + 91\,000^2}} \\ \alpha_M &= \frac{-91\,000}{\sqrt{(2.74 f^*)^2 + (3\,040 W^*)^2 + 91\,000^2}} \end{aligned}\right\} \tag{a}$$

由公式(5.46)有

$$\left.\begin{aligned} W^* &= \mu_W - \beta \alpha_W \sigma_W = 54.72 - \beta \alpha_W \times 2.74 \\ f^* &= \mu_f - \beta \alpha_f \sigma_f = 38\,000 - \beta \alpha_f \times 3\,040 \\ M^* &= \mu_M - \beta \alpha_M \sigma_M = 1\,300\,000 - \beta \alpha_M \times 91\,000 \end{aligned}\right\} \tag{b}$$

将式(b)中的 W^*、f^*、M^* 代入极限状态方程:

$$W^* f^* - M^* = 0 \tag{c}$$

假定 W^*、f^* 的初值 $W^* = 54.72 \text{ cm}^3$、$f^* = 38\,000 \text{ N/cm}^2$,代入式(a)~式

(c),经若干次迭代后,解得验算点坐标及安全指标分别为

$$W^* = 50.50\ \mathrm{cm}^3,\ f^* = 28\,930.08\ \mathrm{N/cm}^2,\ M^* = 1\,460\,937.43\ \mathrm{N \cdot cm}$$

$$\beta_{验算点} = 3.8$$

与之相应的失效概率为

$$P_\mathrm{f} = 7.23 \times 10^{-5}$$

作为比较,用“中心点法”作近似计算,有

$$Z = g(W, f, M) = Wf - M$$

$$\sigma_Z = \sqrt{(2.74 \times 38\,000)^2 + (3\,040 \times 54.72)^2 + (91\,000)^2} \doteq 216\,318.97$$

$$\mu_Z = 54.72 \times 38\,000 - 1\,300\,000 = 779\,360$$

$$\beta_{中心点} = \frac{\mu_Z}{\sigma_Z} = \frac{779\,360}{216\,318.97} \doteq 3.6$$

$$\frac{\beta_{中心点}}{\beta_{验算点}} = \frac{3.6}{3.8} = 0.947$$

$$P_\mathrm{f} = 1.59 \times 10^{-4}$$

显然,中心点法与验算点法所计算的失效概率差距明显。

图 5.8 给出了上述迭代计算的收敛过程和中心点法的计算结果。

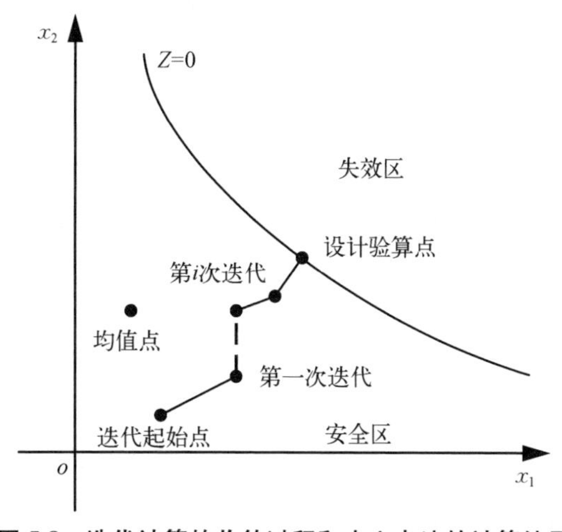

图 5.8　迭代计算的收敛过程和中心点法的计算结果

【解毕】

上例表明,按前述迭代方法计算 β 值,一般收敛较为缓慢。事实上,注意到设计验算点事实上是失效边界上到标准化变量所构成的状态空间原点距离最近的点,也可以将上述问题转化为一个约束优化问题加以求解。为此,引入标准化变量:

$$Y_i = \frac{X_i - \mu_{X_i}}{\sigma_{X_i}},\ i = 1,\ 2,\ \cdots,\ n \tag{5.49}$$

进而,采用向量表述:

$$\boldsymbol{Y}^{\mathrm{T}} = (Y_1,\ Y_2,\ \cdots,\ Y_n) \tag{5.50}$$

在标准化状态空间中求解下述约束优化问题:

$$\min\beta = \|\boldsymbol{y}\| = \sqrt{\boldsymbol{y}^{\mathrm{T}}\boldsymbol{y}} \tag{5.51}$$

$$\text{s.t. } g(\boldsymbol{y}) = 0 \tag{5.52}$$

将给出极限状态曲面 $g(\boldsymbol{y}) = 0$ 上距($y_i,\ i = 1,\ 2,\ \cdots,\ n$)所张成空间原点最近的点 $\boldsymbol{y}^*$ 。而结构可靠指标:

$$\beta = \sqrt{\boldsymbol{y}^{*\mathrm{T}}\boldsymbol{y}^*} \tag{5.53}$$

可以采用梯度法求解上述问题,关于 $\boldsymbol{y}$ 的迭代计算公式为

$$\boldsymbol{y}_{k+1} = \left[\boldsymbol{y}_k^T\alpha_k + \frac{g(\boldsymbol{y}_k)}{\|\nabla g(\boldsymbol{y}_k)\|}\right]\alpha_k \tag{5.54}$$

其中,

$$\nabla g(\boldsymbol{y}_k) = \left[\frac{\partial g(\boldsymbol{Y})}{\partial Y_1},\ \frac{\partial g(\boldsymbol{Y})}{\partial Y_2},\ \cdots,\ \frac{\partial g(\boldsymbol{Y})}{\partial Y_n}\right]^{\mathrm{T}}_{\boldsymbol{Y}=y_k} \tag{5.55}$$

为梯度向量,而

$$\boldsymbol{\alpha}_k = -\frac{\nabla g(\boldsymbol{Y})|_{\boldsymbol{Y}=\boldsymbol{y}_k}}{\|\nabla g(\boldsymbol{Y})\|_{\boldsymbol{Y}=\boldsymbol{y}_k}} \tag{5.56}$$

为沿负梯度方向的单位向量。

一般来说,由于梯度优化法选取最速下降方向搜索方式求取可靠指标,计算工作量较小。

前已指出,在标准化变量 y_i 所构成的状态空间中,设计验算点 $\boldsymbol{y}^*$ 是极限状

态曲面(失效边界)上距坐标原点具有最小距离的点,可靠指标β则可以视为这一最小距离。这构成了可靠指标β在一般意义上的几何解释。事实上,在标准化状态空间中,在设计验算点处的线性化极限状态方程是在此点与非线性极限状态方程所构成的曲面相切的超平面,这一超平面的法向方程为

$$\sum_{i=1}^{n} \cos\theta_{y_i} y_i - \beta = 0 \tag{5.57}$$

法线的方向余弦为

$$\cos\theta_{y_i} = \frac{\left.\dfrac{\partial g(\boldsymbol{Y})}{\partial Y_i}\right|_{Y_i=y_i^*}}{\sqrt{\sum_{i=1}^{n}\left[\left.\dfrac{\partial g(\boldsymbol{Y})}{\partial Y_i}\right|_{Y_i=y_i^*}\right]^2}} \tag{5.58}$$

对于两个基本随机变量的情况,图5.9给出了可靠指标的几何解释。图中分别刻画了凹向的极限状态曲面和凸向的极限状态曲面。对于实际问题,这两种情况都是可能发生的。

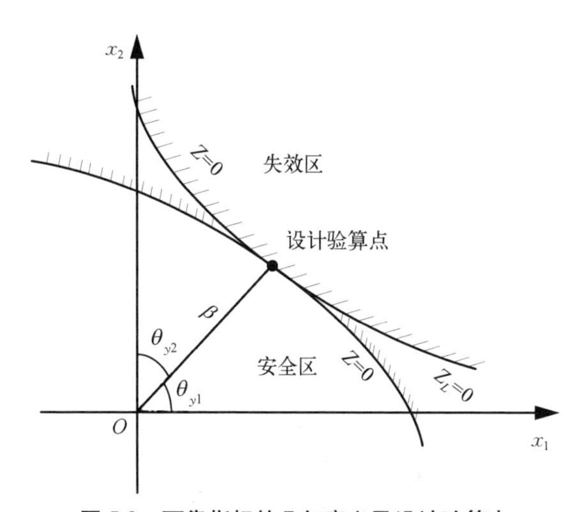

图5.9　可靠指标的几何意义及设计验算点

值得再次指出:无论是均值一次二阶矩方法还是设计验算点方法,分析基本思想在本质上都属于统计矩的传播。即:利用功能函数的线性展开表达式,将基本随机变量的统计矩传递为功能函数的统计矩,再利用功能函数的统计矩,计算结构可靠性指标、估计概率分布、给出结构可靠概率或结构失效概率。这种矩传播的分析的思想在矩法分析中具有普遍适用性。

5.3.4 相关随机变量

事实上，上述分析是建立在基本随机变量相互独立的假定之上的。对于实际工程问题，这一假定往往并不成立。为了适应相关随机变量的分析，一般要事先进行相关矩阵的分解，使相关随机变量转换为独立随机变量，然后再进行结构可靠指标的分析与计算。

设相关随机变量 $\xi_i(i=1,\ 2,\ \cdots,\ n)$ 的协方差矩阵为

$$\boldsymbol{C}_\xi=\begin{pmatrix} c_{11} & c_{12} & \cdots & c_{1n} \\ c_{21} & c_{22} & \cdots & c_{2n} \\ \vdots & \vdots & \ddots & \vdots \\ c_{n1} & c_{n2} & \cdots & c_{nn} \end{pmatrix} \tag{5.59}$$

其中，

$$c_{ij}=\mathrm{Cov}(\xi_i,\ \xi_j)=\mathrm{E}[(\xi_i-\mu_{\xi_i})(\xi_j-\mu_{\xi_j})],\ i,\ j=1,\ 2,\ \cdots,\ n \tag{5.60}$$

显然，上述协方差矩阵为对称正定矩阵。根据矩阵特征值理论，n 阶实对称正定矩阵，必存在 n 个线性无关且正交的特征向量和 n 个实特征值。设特征向量矩阵为

$$\boldsymbol{\Phi}=\begin{pmatrix} \varphi_{11} & \varphi_{12} & \cdots & \varphi_{1n} \\ \varphi_{21} & \varphi_{22} & \cdots & \varphi_{2n} \\ \vdots & \vdots & \ddots & \vdots \\ \varphi_{n1} & \varphi_{n2} & \cdots & \varphi_{nn} \end{pmatrix} \tag{5.61}$$

则存在

$$\boldsymbol{\Phi}^{\mathrm{T}}\boldsymbol{C}_\xi\boldsymbol{\Phi}=\boldsymbol{\lambda}=\begin{pmatrix} \lambda_1 & & & \\ & \lambda_2 & & \\ & & \ddots & \\ & & & \lambda_n \end{pmatrix} \tag{5.62}$$

即：相似变换 $\boldsymbol{\Phi}$ 可使原来相关的协方差矩阵 $\boldsymbol{C}_\xi$ 转化为不相关的协方差矩阵 $\boldsymbol{\lambda}$，后者的对角线元素，正是 $\boldsymbol{C}_\xi$ 的特征值。

因此，若对相关随机向量 $\boldsymbol{\xi}$ 作相似变换，即取

$$\boldsymbol{X}=\boldsymbol{\Phi}^{\mathrm{T}}\boldsymbol{\xi} \tag{5.63}$$

则 $\boldsymbol{X}$ 将为互不相关的随机向量。事实上, $\boldsymbol{X}$ 的均值为

$$\boldsymbol{\mu}_X = \boldsymbol{\Phi}^{\mathrm{T}}\boldsymbol{\mu}_\xi \tag{5.64}$$

而其方差为

$$\boldsymbol{\sigma}_X^2 = \boldsymbol{\Phi}^{\mathrm{T}}\boldsymbol{C}_\xi\boldsymbol{\Phi} = \begin{pmatrix} \sigma_{X_1}^2 & & & \\ & \sigma_{X_2}^2 & & \\ & & \ddots & \\ & & & \sigma_{X_n}^2 \end{pmatrix} \tag{5.65}$$

显然, $\sigma_{X_i}^2 = \lambda_i (i = 1, 2, \cdots, n)$。

对 $\boldsymbol{X}$ 进一步作标准化(规则化)变换,即取

$$y_i = \frac{x_i - \mu_{X_i}}{\sigma_{X_i}}, \ i = 1, 2, \cdots, n \tag{5.66}$$

则可知: $\mu_{Y_i} = 0, \sigma_{Y_i} = 1$。

将相关随机向量 $\boldsymbol{\xi}$ 转化为不相关随机向量 $\boldsymbol{X}$ 或标准化不相关随机向量 $\boldsymbol{Y}$ 后,即可按照前述一次二阶矩方法分析计算结构构件可靠度。事实上,这种相关随机变量的处理方法也可应用于第三章与第四章有关问题的分析之中。

5.4　概率分布信息的利用

利用矩法分析、计算结构可靠度的初衷,是希望在不能确定随机变量概率分布类型的前提下,仅仅利用低阶统计矩就可以实现结构可靠度的计算。由于可靠指标 β 定义了标准化状态空间原点到失效边界的最短距离,且这一指标的计算在原则上不需要引入任何概率分布的假定,这使人们倾向于认为:采用矩法进行结构可靠分析,不需要知道随机变量的概率分布性质。但很可惜,处于前沿的研究者们发现,关于随机变量的概率分布描述是不可缺少的。这不仅是因为结构可靠度本质上是结构安全概率的度量,要将可靠指标 β 转化为对结构可靠度或结构失效概率的表述,就不得不借助综合状态变量服从正态分布的假定(对于线性功能函数,这又转化为对综合状态变量或基本随机变量服从正态分布的要求),否则,结构安全概率或失效概

率就无从计算①。而且,研究者发现,若不考虑随机变量的真实分布,结构可靠度分析的精度将显著降低。为此,人们发展了一系列考虑随机变量的概率分布性质、对矩法分析理论进行改进的算法。这些算法的基本思路,是将基本随机变量的任意概率分布通过某种等效法则转化为正态分布或标准正态分布,并进而应用于基于矩法的可靠度分析。以下,按对概率分布信息利用程度的大小依次论述。

5.4.1 当量正态化——对边缘概率分布尾部信息的利用

在实际工程中,多数随机变量的概率分布并不服从正态分布。例如,荷载随机变量大多服从极值分布、反映材料性质的随机变量则往往服从对数正态分布等。这些分布往往与正态分布差异明显(图 5.10)。当量正态化方法是在基本随机变量的边缘分布已知条件下,利用非正态随机变量与正态随机变量在设计验算点附近尾部信息等效的原则,将非正态随机变量转化为当量正态化的随机变量[9,10]。

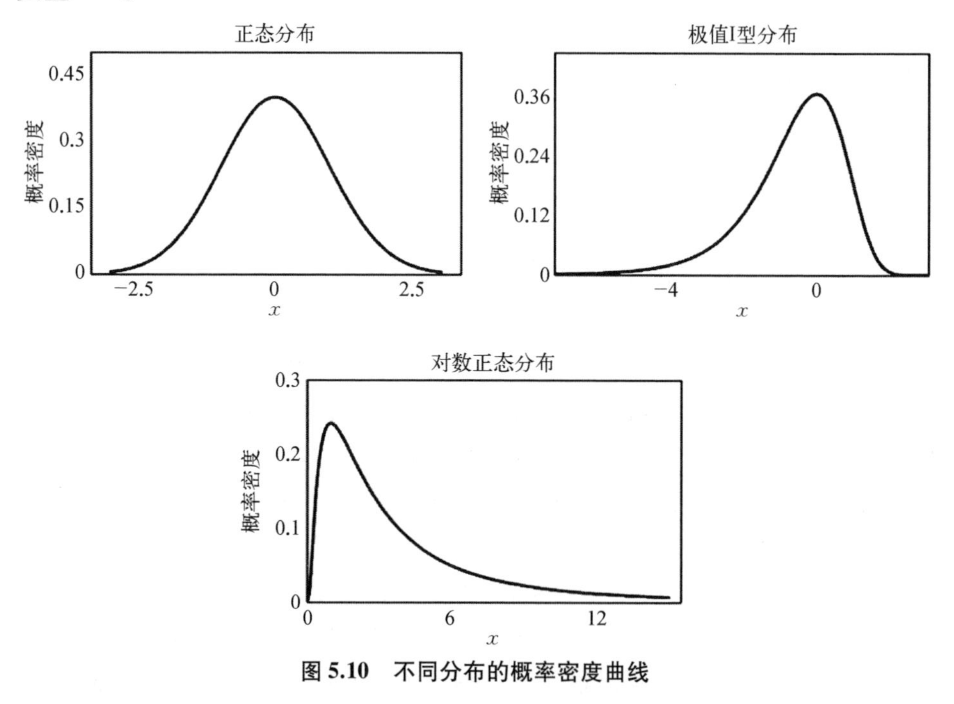

图 5.10 不同分布的概率密度曲线

① 事实上,功能函数 Z 服从正态分布时,才可以由可靠指标 β 通过式(5.14)计算结构安全概率。

设随机向量 $\boldsymbol{X}$ 中各变量 X_i 的分布函数(边缘概率分布)已知且为非正态分布,其概率密度函数为 $f_{X_i}(x_i)$,概率分布函数为 $F_{X_i}(x_i)$,均值为 μ_{X_i},标准差为 σ_{X_i};与 X_i 相应的当量正态化变量为 X'_i,其概率密度函数为 $f_{X'_i}(x'_i)$,概率分布函数为 $F_{X'_i}(x'_i)$,均值为 $\mu_{X'_i}$,标准差为 $\sigma_{X'_i}$。当量正态化的准则是:在设计验算点 x_i^* 处(图 5.11):

(1) X'_i 与 X_i 的概率分布函数值相等,即

$$F_{X'_i}(x_i^*) = F_{X_i}(x_i^*) \tag{5.67}$$

(2) X'_i 与 X_i 的概率密度函数值相等,即

$$f_{X'_i}(x_i^*) = f_{X_i}(x_i^*) \tag{5.68}$$

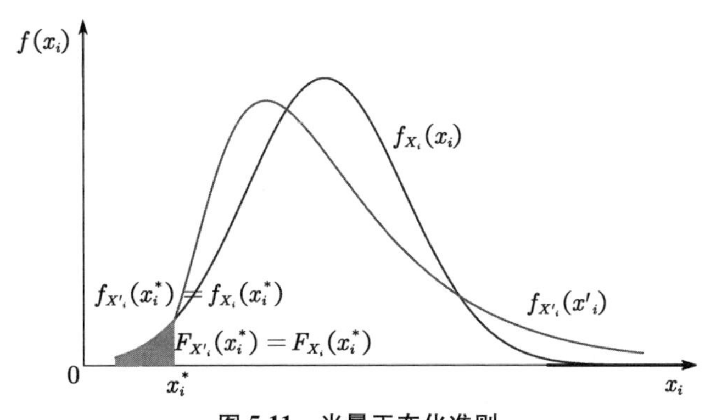

图 5.11　当量正态化准则

对于当量正态化变量,有

$$F_{X'_i}(x_i^*) = \Phi\left(\frac{x_i^* - \mu_{X'_i}}{\sigma_{X'_i}}\right) \tag{5.69}$$

由之,据式(5.67)可解出当量正态化随机变量的均值:

$$\mu_{X'_i} = x_i^* - \Phi^{-1}[F_{X_i}(x_i^*)]\sigma_{X'_i} \tag{5.70}$$

进而,注意到

$$f_{X'_i}(x_i^*) = \frac{\mathrm{d}F_{X'_i}(x_i^*)}{\mathrm{d}x_i^*} = \varphi\left(\frac{x_i^* - \mu_{X'_i}}{\sigma_{X'_i}}\right)\frac{1}{\sigma_{X'_i}} \tag{5.71}$$

则可据式(5.68)结合式(5.70)解得当量正态化随机变量的均方差:

$$\sigma_{X_i'}=\frac{\varphi\{\Phi^{-1}[F_{X_i}(x_i^*)]\}}{f_{X_i}(x_i^*)} \tag{5.72}$$

上述两式中，$\varphi(\cdot)$ 为标准正态变量的概率分布密度函数。

将各非正态变量均转化为等效的当量正态化变量后，即可按 5.3 节所述方法计算结构可靠指标及结构可靠概率与失效概率。由于这一方法与前述设计验算点方法一起为国际安全度联合委员会(JCSS)所推荐，故通常称基于当量正态化的设计验算点法为 JC 法。

【例 5.5】设梁正截面强度计算的极限状态方程为

$$Z=g(R,\ S)=R-S=0$$

已知 $\mu_R=100$，$\mu_S=50$，$\delta_R=0.12$，$\delta_S=0.15$，且 R 服从对数正态分布，S 服从正态分布。求可靠度指标 β 及设计验算点 R^*、S^* 值。

【解】抗力 R 为对数正态分布，其分布参数为

$$\lambda_R=\mu_{\ln R}=\ln\mu_R-\frac{1}{2}\sigma_{\ln R}^2$$

$$\zeta_R=\sigma_{\ln R}=\sqrt{\ln\left(1+\frac{\sigma_R^2}{\mu_R^2}\right)}$$

代入题给数值，并注意到 $\sigma=\delta\mu$，可求得：$\lambda_R=4.598\,0$，$\zeta_R=0.119\,6$。

对抗力 R 做当量正态化，要求动态求解当量正态化的设计验算点。为此，应用式(5.72)给出

$$\sigma_{R'}=\frac{\varphi\{\Phi^{-1}[F_R(R^*)]\}}{f_R(R^*)}=\frac{\varphi\left(\dfrac{\ln R^*-\lambda_R}{\zeta_R}\right)}{f_R(R^*)}$$

$$=\frac{\dfrac{1}{\sqrt{2\pi}}\exp\left[-\dfrac{\left(\dfrac{\ln R^*-\lambda_R}{\zeta_R}\right)^2}{2}\right]}{\dfrac{1}{\sqrt{2\pi}R^*\sigma_{\ln R}}\exp\left[-\dfrac{\left(\dfrac{\ln R^*-\lambda_R}{\zeta_R}\right)^2}{2}\right]}$$

$$=R^*\sigma_{\ln R}=0.119\,6R^*$$

代入式(5.70)得

$$\mu_{R'} = R^* - \Phi^{-1}[F_R(R^*)]\sigma_{R'} = R^* - \frac{\ln R^* - \mu_{\ln R}}{\sigma_{\ln R}} R^* \sigma_{\ln R}$$

$$= R^*(1 - \ln R^* + \mu_{\ln R}) = R^*(5.598\,0 - \ln R^*)$$

由于$\mu_{R'}$和$\sigma_{R'}$是R的函数,因此需要迭代更新$\mu_{R'}$和$\sigma_{R'}$。取$\beta = 5$为迭代起点,根据式(5.46)进行迭代,迭代终止条件为$|g| < 10^{-4}$。经8次迭代后,满足迭代终止条件,此时$\beta = 3.957$, $R^* = 69.830\,2$, $S^* = 69.830\,2$。具体计算过程如表5.7所示。

表 5.7　各迭代步计算结果

迭代次数	R^*	S^*	$\|g\|$
1	58.767 5	65.940 9	7.173 4
2	73.117 5	68.761 9	4.355 7
3	68.866 3	69.591 3	0.725 0
4	70.075 5	69.898 0	0.177 5
5	69.775 6	69.803 5	0.027 9
6	69.840 8	69.836 5	0.004 3
7	69.827 9	69.828 4	0.000 5
8	69.830 2	69.830 2	6.2×10^{-5}

而若不考虑变量概率分布影响,直接以题给抗力与荷载效应的均值和标准差计算可靠度指标,将有

$$\beta = \frac{\mu_R - \mu_S}{\sqrt{\sigma_R^2 + \sigma_S^2}} = \frac{100 - 50}{\sqrt{12^2 + 7.5^2}} = 3.533$$

可见,简单以均值和标准差计算得到的可靠度指标与按照迭代计算验算点所得可靠度指标相差10.7%,误差较大。

【解毕】

5.4.2　反函数变换——对边缘概率分布信息的利用

当量正态化仅仅利用了设计验算点附近的真实概率信息。若要利用非正态分布的全部概率信息、并将其变换为正态分布随机变量,就要利用反函数变换。这一变换,本质上是使两类变量在各个样本点处累积分布函数值均相等的一类

变换。换句话说：是将非正态随机变量的概率分布映射为标准化正态分布，因此，又称映射变换法。

设随机变量 $\boldsymbol{X}$ 中的各变量 X_i 的分布函数（边缘概率分布）已知，且为非正态分布，$X_i(i=1, 2, \cdots, n)$ 的概率密度函数为 $f_{X_i}(x_i)$ 、概率分布函数为 $F_{X_i}(x_i)$ 。将上述各变量 X_i 映射为标准化正态变量 Y_i ，只要取（图 5.12）

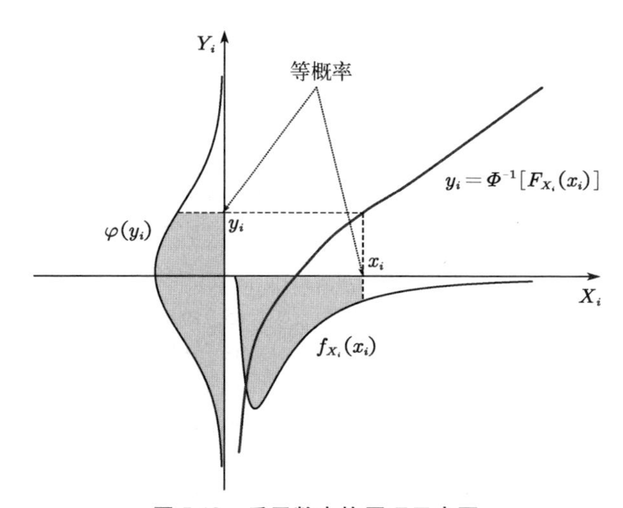

图 5.12 反函数变换原理示意图

$$F_{X_i}(x_i) = \Phi(y_i), \ i = 1, 2, \cdots, n \tag{5.73}$$

即可。式中，$\Phi(\cdot)$ 为标准化正态变量的概率分布函数。

据式（5.73）有

$$y_i = \Phi^{-1}[F_{X_i}(x_i)], \ i = 1, 2, \cdots, n \tag{5.74a}$$

显然，y_i 的均值皆为 0，而均方差均为 1。

式（5.74a）是将非正态随机变量变换为标准化正态分布变量，即用变量 X 表示 Y，若要用 Y 表示 X，则有

$$x_i = F_{X_i}^{-1}[\Phi(y_i)], \ i = 1, 2, \cdots, n \tag{5.74b}$$

功能函数中的非正态随机变量经过这一变换，所有变量转化为标准正态变量，可靠度分析问题也被转化到标准正态空间中求解。

反函数变换是精确的非线性变换。由于式（5.74）的非线性算子本质，经此变换后，必然会增加功能函数的非线性程度。而当量正态化方法仅在随机变量的尾部进行近似，并不改变功能函数的形式与性质。事实上，将反函数变换式

(5.74a)在设计验算点处展开成 Taylor 级数并保留至线性项,将有

$$
\begin{aligned}
y_i &\approx y_i^* + \left.\frac{\partial y_i}{\partial x_i}\right|_{x_i = x_i^*}(x_i - x_i^*) \\
&= \Phi^{-1}[F_{X_i}(x_i^*)] + \frac{f_{X_i}(x_i^*)}{\varphi\{\Phi^{-1}[F_{X_i}(x_i^*)]\}}(x_i - x_i^*)
\end{aligned}
\tag{5.75}
$$

进而,注意到式(5.70)与式(5.72),将有

$$
y_i = \frac{x_i - \mu_{X_i'}}{\sigma_{X_i'}} \tag{5.76}
$$

上式右端正是当量正态化随机变量 X_i' 的标准化正态随机变量。因此,当量正态化条件式(5.67)与式(5.68)给出的结果与按反变换法给出的正态变量在设计验算点处的线性近似是等价的。由于当量正态化不改变功能函数的形式,在可靠度问题分析中,这一方法得到较广泛的应用。

值得指出,形如式(5.73)的变换是一类等概率变换,即函数变换前后不仅概率分布相等,而且概率微分也相等。事实上,对式(5.73)两端微分,有

$$
f_{X_i}(x_i)\,\mathrm{d}x_i = \varphi(y_i)\,\mathrm{d}y_i \tag{5.77}
$$

由式(5.77)可给出式(5.75)右端第二项中的导数。

5.4.3　Nataf 变换——对边缘分布信息与变量相关信息的综合利用

如果除了知道随机向量 $\boldsymbol{X}$ 各边缘分布的信息,还知道 $\boldsymbol{X}$ 中各变量的相关矩阵,则可以利用 Nataf 变换将非正态随机向量 $\boldsymbol{X}$ 转化为标准化正态随机变量 $\boldsymbol{Y}$[11],然后在标准正态空间中进行结构可靠度分析。

设随机向量 $\boldsymbol{X}$ 的边缘概率密度函数为 $f_{X_i}(x_i)$,边缘概率分布函数为 $F_{X_i}(x_i)$,各边缘分布的协方差矩阵为

$$
\boldsymbol{C}_X = \begin{pmatrix}
C_{X_1X_1} & C_{X_1X_2} & \cdots & C_{X_1X_n} \\
C_{X_2X_1} & C_{X_2X_2} & \cdots & C_{X_2X_n} \\
\vdots & \vdots & \ddots & \vdots \\
C_{X_nX_1} & C_{X_nX_2} & \cdots & C_{X_nX_n}
\end{pmatrix} \tag{5.78}
$$

其中,

$$C_{X_iX_j} = \int_{-\infty}^{+\infty}\int_{-\infty}^{+\infty}(x_i - \mu_{X_i})(x_j - \mu_{X_j})f_{X_iX_j}(x_i, x_j)\mathrm{d}x_i\mathrm{d}x_j \tag{5.79}$$

式中，$f_{X_iX_j}(x_i, x_j)$ 为两变量 X_i、X_j 的联合概率分布密度函数。当这一联合分布函数未知时，$C_{X_iX_j}$ 可由实际观测数据统计给出。

对于一般的非正态多元联合分布函数 F_X，依据概率论的知识，可以将其等概率地变换（映射）为正态分布函数 $\boldsymbol{\Phi}_Z$，两者的概率密度函数之间的关系为

$$f_X(x_1, x_2, \cdots, x_n) = |\boldsymbol{J}|\ \varphi(\boldsymbol{Z}, \boldsymbol{C}_Z) \tag{5.80}$$

式中，$\boldsymbol{J}$ 为雅可比矩阵，即

$$\boldsymbol{J} = \frac{\partial \boldsymbol{Z}}{\partial \boldsymbol{X}} = \begin{pmatrix} \dfrac{\partial Z_1}{\partial X_1} & \dfrac{\partial Z_1}{\partial X_2} & \cdots & \dfrac{\partial Z_1}{\partial X_n} \\ \dfrac{\partial Z_2}{\partial X_1} & \dfrac{\partial Z_2}{\partial X_2} & \cdots & \dfrac{\partial Z_2}{\partial X_n} \\ \vdots & \vdots & \ddots & \vdots \\ \dfrac{\partial Z_n}{\partial X_1} & \dfrac{\partial Z_n}{\partial X_2} & \cdots & \dfrac{\partial Z_n}{\partial X_n} \end{pmatrix} \tag{5.81}$$

φ 为多元标准化正态分布密度函数：

$$\varphi(\boldsymbol{Z}, \boldsymbol{C}_Z) = \frac{1}{\sqrt{(2\pi)^n |\boldsymbol{C}_Z|}}\exp\left(-\frac{1}{2}\boldsymbol{Z}^{\mathrm{T}}\boldsymbol{C}_Z\boldsymbol{Z}\right) \tag{5.82}$$

当仅仅知道 $\boldsymbol{X}$ 的边缘分布 X_i 时，可利用等概率的边缘分布变换式(5.73)给出正态分布变量 $\boldsymbol{Z}$ 的边缘分布函数：

$$Z_i = \boldsymbol{\Phi}^{-1}[F_{X_i}(x_i)],\ i = 1, 2, \cdots, n \tag{5.83}$$

此时，依据等概率变换原理，有

$$f_{X_i}(x_i)\mathrm{d}x_i = \varphi(z_i)\mathrm{d}z_i \tag{5.84}$$

Nataf 认为，依据式(5.84)，可以按雅可比矩阵主对角线之积计算雅克比行列式的值，而忽略其他非对角线元素的影响，即

$$|\boldsymbol{J}| = \prod_{i=1}^{n}\frac{\mathrm{d}Z_i}{\mathrm{d}X_i} = \prod_{i=1}^{n}\frac{f_{X_i}(x_i)}{\varphi(Z_i)} \tag{5.85}$$

据此，可给出非正态随机向量 $\boldsymbol{X}$ 到正态分布 $\boldsymbol{Z}$ 的 Nataf 变换：

$$f_X(x_1,\ x_2,\ \cdots,\ x_n)=\prod_{i=1}^{n}\frac{f_{X_i}(x_i)}{\varphi(z_i)}\varphi(\boldsymbol{Z},\ \boldsymbol{C}_Z) \tag{5.86}$$

为了实现上述变换,需要由 $\boldsymbol{X}$ 的协方差矩阵计算联合正态分布函数的协方差矩阵 $\boldsymbol{C}_Z$ 。由式(5.83)可知

$$x_i=F_{X_i}^{-1}[\Phi(z_i)],\ i=1,\ 2,\ \cdots,\ n \tag{5.87}$$

代入式(5.79)有

$$C_{X_iX_j}=\int_{-\infty}^{+\infty}\int_{-\infty}^{+\infty}\{F_{X_i}^{-1}[\Phi(z_i)]-\mu_{X_i}\}\{F_{X_j}^{-1}[\Phi(z_j)]-\mu_{X_j}\}\varphi(z_i,\ z_j,C_{Z_iZ_j})\mathrm{d}z_i\mathrm{d}z_j$$
$$i,\ j=1,\ 2,\ \cdots,\ n \tag{5.88}$$

显然,为了求得 $C_{Z_iZ_j}(i,\ j=1,\ 2,\ \cdots,\ n)$,需要求解上述积分方程。这一般是比较困难的。

将正态随机变量的协方差矩阵 $\boldsymbol{C}_Z$ 转化为相关系数矩阵 $\boldsymbol{\rho}_Z$,其中,

$$\rho_{Z_iZ_j}=\frac{C_{Z_iZ_j}}{\sigma_{Z_i}\sigma_{Z_j}},\ i,\ j=1,\ 2,\ \cdots,\ n \tag{5.89}$$

式中, σ_{Z_i} 为 Z_i 的均方差。

1986 年,Liu 和 der Kiureghian 给出了相关系数的近似简化表达式[12]:

$$\rho_{Z_iZ_j}=F\rho_{X_iX_j},\ i,\ j=1,\ 2,\ \cdots,\ n \tag{5.90}$$

式中,F 是 $\boldsymbol{X}$ 的相关系数的函数。

这大大缓解了求解协方差矩阵 $\boldsymbol{C}_Z$ 的难度。对于常见的概率分布,表 5.7 给出了 F 的近似表达式[12]。更多的 F 表达式可参见文献[12]。

表 5.8　典型分布的 F 表达式(X_i为均匀分布)

X_j 分布类型	F 表达式
均匀分布	$1.047-0.047\rho_{ij}^2$
极大值 I 型分布	$1.055+0.015\rho_{ij}^2$
极小值 I 型分布	$1.055+0.015\rho_{ij}^2$
对数正态分布	$1.019+0.014V_j+0.010\rho_{ij}^2+0.249V_j^2$

注: V_j 为 X_j 的变异系数,其取值范围为 0.1~0.5。

对相关系数矩阵$\boldsymbol{\rho}_Z$做Cholesky分解,有

$$\boldsymbol{\rho}_Z = \boldsymbol{L}_0\boldsymbol{L}_0^{\mathrm{T}} \tag{5.91}$$

式中,$\boldsymbol{L}_0$为对$\boldsymbol{C}_Z$做Cholesky分解后的下三角矩阵。

则标准化正态变量$\boldsymbol{Y}$可由下式给出:

$$\boldsymbol{Y} = \boldsymbol{L}_0^{-1}\boldsymbol{Z} \tag{5.92a}$$

显然,$\boldsymbol{L}_0^{-1}$反映了各分量z_i[式(5.83)]之间的相关性。而

$$\boldsymbol{Z} = \boldsymbol{L}_0\boldsymbol{Y} \tag{5.92b}$$

将$\boldsymbol{Z}$的分量代入式(5.87),则可实现标准正态变量Y到非正态变量X的转换。所以,式(5.92)是将功能函数转换到标准正态空间中加以表达的基础。

5.4.4 Rosenblatt变换——对联合概率分布函数的全息反映

事实上,反函数变换与Nataf变换都是映射变换,即利用概率分布相等的原则(注意,这有别于概率密度函数相等!),将非正态分布函数转换为标准正态分布函数。对于多维随机变量,最一般的映射变换是Rosenblatt变换[13]。在这一变换中,要求已知随机变量$\boldsymbol{X}$的联合概率分布函数。

设已知非正态分布随机向量$\boldsymbol{X}$的联合概率分布函数$F_X(\cdot)$,则利用下述分布函数相等的原则,可将$\boldsymbol{X}$转化为一组相互独立的标准正态变量$\boldsymbol{Y}=(Y_1, Y_2, \cdots, Y_n)^{\mathrm{T}}$。这一原则是

$$\begin{cases} \Phi(y_1) = F_{X_1}(x_1) \\ \Phi(y_2) = F_{X_2|X_1}(x_2 \mid x_1) \\ \vdots \\ \Phi(y_n) = F_{X_n|X_1, X_2, \cdots, X_{n-1}}(x_n \mid x_1, x_2, \cdots, x_{n-1}) \end{cases} \tag{5.93}$$

对式(5.93)求逆,就可得到一组独立的标准正态随机变量:

$$\begin{cases} y_1 = \Phi^{-1}[F_{X_1}(x_1)] \\ y_2 = \Phi^{-1}[F_{X_2|X_1}(x_2 \mid x_1)] \\ \vdots \\ y_n = \Phi^{-1}[F_{X_n|X_1, X_2, \cdots, X_{n-1}}(x_n \mid x_1, x_2, \cdots, x_{n-1})] \end{cases} \tag{5.94}$$

式(5.94)被称为 Rosenblatt 变换。显然,这一变换利用了可由联合概率分布决定的条件概率分布函数。一般地,条件概率分布密度函数为

$$f_{X_i|X_1, X_2, \cdots, X_{i-1}}(x_i \mid x_1, x_2, \cdots, x_{i-1}) = \frac{f_{X_1, X_2, \cdots, X_i}(x_1, x_2, \cdots, x_i)}{f_{X_1, X_2, \cdots, X_{i-1}}(x_1, x_2, \cdots, x_{i-1})} \tag{5.95}$$

而条件概率分布函数可由下述一维积分给出:

$$F_{X_i|X_1, X_2, \cdots, X_{i-1}}(x_1, x_2, \cdots, x_n) = \frac{\int_{-\infty}^{x_i} f_{X_1, X_2, \cdots, X_n}(x_1, x_2, \cdots, x_{i-1}, s_i)\, ds_i}{f_{X_1, X_2, \cdots, X_{i-1}}(x_1, x_2, \cdots, x_{i-1})} \tag{5.96}$$

通过 Rosenblatt 变换,可以将结构可靠度计算由非正态的相关随机变量空间转换到独立的正态随机变量空间进行。由于这一变换的非线性性质,在独立随机变量空间中,功能函数的非线性程度增加了。这一现象对所有利用映射变换法进行的分析都是存在的。

值得指出,虽然采用 Rosenblatt 变换进行结构可靠度分析在理论上近乎完美,但在实际问题中,获取基本随机变量的联合概率分布函数是非常困难的。现实可能的途径是统计给出各变量一维边缘分布和任意两个变量之间的统计相关矩。这也是本书不惜篇幅详细介绍 Nataf 变换的现实原因。事实上,近年来得到广泛重视的 Copula 函数方法[14],在本质上也是基于一维边缘分布与相关矩阵,只是,这种方法更多地应用于多维随机变量联合概率分布函数的构造。

5.5 高阶直接矩法

5.3 节所述一次二阶矩方法,是将功能函数在基本随机变量的均值点或验算点作线性展开、计算功能函数的一阶与二阶矩,并据此计算结构可靠指标,进而,通过假定功能函数服从正态分布,求取结构构件关于指定功能的可靠度或失效概率。显然,对功能函数只做线性展开且仅利用低阶统计信息,是这类方法的两个缺陷。高阶直接矩法的提出[15,16],意在弥补这两个缺陷。

5.5.1 功能函数的一维近似表达

高阶直接矩法的基本思想,仍然是将功能函数在基本变量的均值点处做近似展开,然后通过计算功能函数的高阶矩,并据此估计功能函数的概率分布,求取结构构件关于指定功能的可靠度或失效概率。与5.3节所述的二阶矩方法不同的是,高阶矩方法采用了关于基本随机变量的高次展开,以改进一次二阶矩方法中只对功能函数做线性展开的弱点。

事实上,对于功能函数 $Z=g(X_1, X_2, \cdots, X_n)$,在均值点处作关于多元随机变量的Taylor级数展开并忽略所有交叉项的影响[参见式(3.6)],则有

$$\begin{aligned} Z &\approx g(\mu_1, \mu_2, \cdots, \mu_n) + \sum_{i=1}^{n} \frac{\partial g}{\partial X_i}\Big|_{X=\mu}(X_i - \mu_i) + \frac{1}{2}\sum_{i=1}^{n} \frac{\partial g^2}{\partial X_i^2}\Big|_{X=\mu}(X_i - \mu_i)^2 + \cdots \\ &= g(\mu_1, \mu_2, \cdots, \mu_n) + \sum_{i=1}^{n} \sum_{j=1}^{\infty} \frac{1}{j!} \frac{\partial^j g}{\partial X_i^j}\Big|_{X=\mu}(X_i - \mu_i)^j \end{aligned} \tag{5.97}$$

显然,这种近似给出了功能函数关于基本随机变量 X_i 的高幂次表达式。

设功能函数 $Z=g(X_1, X_2, \cdots, X_n)$ 的一维近似为[15]

$$g(X_i) = g(\mu_1, \mu_2, \cdots, \mu_{i-1}, X_i, \mu_{i+1}, \cdots, \mu_n) \tag{5.98}$$

即 $g(X_i)$ 是将除 X_i 之外的各基本随机变量以其均值代入功能函数的结果。

对 $g(X_i)$ 在均值 μ_i 处作Taylor级数展开,有

$$g(X_i) = g(\mu_1, \mu_2, \cdots, \mu_n) + \sum_{j=1}^{\infty} \frac{1}{j!} \frac{\mathrm{d}^j g(X_i)}{\mathrm{d}X_i^j}\Big|_{X_i=\mu_i}(X_i - \mu_i)^j \tag{5.99}$$

注意到

$$\frac{\mathrm{d}^j g(X_i)}{\mathrm{d}X_i^j}\Big|_{X_i=\mu_i} = \frac{\partial^j g}{\partial X_i^j}\Big|_{X=\mu_X} \tag{5.100}$$

并记 $g(\mu)=g(\mu_1, \mu_2, \cdots, \mu_n)$,则利用式(5.99)、式(5.100),可将式(5.97)转化为

$$Z = g(X) \approx g(\mu) + \sum_{i=1}^{n} [g(X_i) - g(\mu)] \tag{5.101}$$

由于 $g(X_i)$ 仅是一维随机变量的函数,Z 转化为一维随机变量的函数。换句话说,通过对功能函数在均值点处作忽略所有交叉项影响的Taylor级数展开,

可以获得多维随机变量函数 Z 的一维近似表达。

称式(5.101)为多维随机变量功能函数的一维近似。显然,当在积分域 Ω_n 内计算积分:

$$I(X)=\int_{\Omega_n} g(X)\,\mathrm{d}x \tag{5.102}$$

时,采用上述一维近似表达,可以将多维积分降为一维积分,从而大大降低计算工作量。

5.5.2　功能函数的矩

依据概率论基础知识,功能函数 $Z=g(X)$ 的各阶矩可以表述为

一阶矩:

$$\mu_g=\int_{\Omega_x} g(X)f_X(x)\,\mathrm{d}x \tag{5.103}$$

二阶矩:

$$\sigma_g^2=\int_{\Omega_x}[g(X)-\mu_g]^2 f_X(x)\,\mathrm{d}x \tag{5.104}$$

k 阶矩:

$$\alpha_{k_g}\sigma_g^k=\int_{\Omega_x}[g(X)-\mu_g]^k f_X(x)\,\mathrm{d}x \tag{5.105}$$

上述式中,$f_X(x)$ 为多维随机变量的联合概率分布函数;Ω_x 为多维积分区域。在上述求矩计算中,对于每一维变量,积分边界均为 $(-\infty,\infty)$。

将式(5.101)的一维近似表达式代入式(5.103)~式(5.105),即可采用一维数值积分计算功能函数的各阶矩。前四阶矩分别为[17]

$$\mu_g=g(\mu)+\sum_{i=1}^{n}[\mu_i-g(\mu)] \tag{5.106}$$

$$\sigma_g^2=\sum_{i=1}^{n}\sigma_i^2 \tag{5.107}$$

$$\alpha_{3g}\sigma_g^3=\sum_{i=1}^{n}\alpha_{3i}\sigma_i^3 \tag{5.108}$$

$$\alpha_{4g}\sigma_g^4=\sum_{i=1}^{n}\alpha_{4i}\sigma_i^4+6\sum_{i=1}^{n-1}\sum_{j>i}^{n}\sigma_i^2\sigma_j^2 \tag{5.109}$$

上述式中，μ_g、σ_g、α_{3g} 与 α_{4g} 分别为功能函数的一阶矩、二阶矩、三阶矩和四阶矩①；μ_i、σ_i、α_{3i} 与 α_{4i} 则为一维近似功能函数 $g(X_i)$ 的一阶矩、二阶矩、三阶矩和四阶矩。显然，

$$\mu_i = \int_{-\infty}^{\infty} g(x_i) f_{X_i}(x_i)\,\mathrm{d}x_i \tag{5.110}$$

$$\sigma_i^2 = \int_{-\infty}^{\infty} [g(x_i) - \mu_i]^2 f_{X_i}(x_i)\,\mathrm{d}x_i \tag{5.111}$$

$$\alpha_{3i} = \frac{1}{\sigma_i^3}\int_{-\infty}^{\infty} [g(x_i) - \mu_i]^3 f_{X_i}(x_i)\,\mathrm{d}x_i \tag{5.112}$$

$$\alpha_{4i} = \frac{1}{\sigma_i^4}\int_{-\infty}^{\infty} [g(x_i) - \mu_i]^4 f_{X_i}(x_i)\,\mathrm{d}x_i \tag{5.113}$$

通常，采用高斯积分进行上述各阶矩的数值计算。此时应注意：对于非正态随机变量，要先采用5.4.2小节的反函数变换法，将非正态分布变换为正态分布，再进行高斯积分，以保证在采用同一组高斯点计算不同阶矩时，具有相同的数值精度。

5.5.3 失效概率的计算

采用上述方法计算给出功能函数的各阶矩之后，就可以利用统计矩与概率分布密度函数的关系，近似确立功能函数的概率分布函数，进而计算结构构件关于指定功能的可靠度或失效概率。事实上，依据概率论基本知识，随机变量 X 的特征函数可以用原点矩的级数表示[18]：

$$f_X(\theta) = 1 + \sum_{n=1}^{\infty} \frac{(i\theta)^n}{n!}\mathrm{E}(x^n) \tag{5.114}$$

而 n 阶原点矩 $\mathrm{E}(x^n)$ 又可表示为中心矩的线性组合。因此，原则上可以依据式(5.114)，按 k 阶截断方式给出功能函数的特征函数近似值。进而，通过对特征函数做傅里叶变换，给出功能函数概率分布密度的近似估计，并据此计算功能函数 $Z > 0$ 的概率，给出结构关于指定功能的可靠度。然而，由于涉及较为深入的数学知识，沿此方向工作的研究者极少。多数研究是利用多参数分布族的观念，由功能函数的前 k 阶矩构造功能函数随机变量，并据其分布计算结构可靠度或失效概率。

① 值得注意，对于一般的非线性功能函数，$\mu_g \neq g(\mu)$。

在高阶直接矩法中，一般采用三参数分布族与四参数分布族构造功能函数随机变量。

1. 三参数分布族

三参数分布族是指所有可以由随机变量前三阶矩确定分布的概率分布函数类①。常见的三参数分布有 3P 对数正态分布、3P GAMA 分布、平方正态分布等。其中，平方正态分布应用最方便。

为应用平方正态分布，需先将功能函数变量标准化，即取

$$Z_s = \frac{Z - \mu_g}{\sigma_g} \tag{5.115}$$

平方正态分布是指：具有一般分布的标准化随机变量 Z_s，可以表述为标准正态分布变量 Y 的二次函数，即

$$Z_s = a_1 + a_2 Y + a_3 Y^2 \tag{5.116}$$

式中，a_1、a_2、a_3 为系数项，可以由 Z_s 的三阶矩给出[15]：

$$a_1 = -\lambda \tag{5.117a}$$

$$a_2 = \sqrt{1 - 2\lambda^2} \tag{5.117b}$$

$$a_3 = \lambda \tag{5.117c}$$

其中，

$$\lambda = \mathrm{sign}(\alpha_{3g})\sqrt{2}\cos\left(\frac{\pi + |\theta|}{3}\right) \tag{5.118a}$$

$$\theta = \tan^{-1}\left(\frac{\sqrt{8 - \alpha_{3g}^2}}{\alpha_{3g}}\right) \tag{5.118b}$$

式中，$\mathrm{sign}(\cdot)$ 为符号函数。式(5.118b)的应用范围是 $-2\sqrt{2} \leqslant \alpha_{3g} \leqslant 2\sqrt{2}$。

显然，式(5.116)不仅给出了用正态随机变量的组合表述一般随机变量的方式，也给出了用随机变量统计矩确立其概率分布的途径。事实上，Z_s 的概率分布密度函数为[17]

① 可以由随机变量前两阶矩确定分布的概率分布函数类称为两参数分布，如正态分布、对数正态分布、Gumbel 分布、Weibull 分布等。

$$f_{Z_s}(z_s)=\frac{\phi\left[\frac{1}{2\lambda}(\sqrt{1+2\lambda^2+4\lambda z_s}-\sqrt{1-2\lambda^2})\right]}{\sqrt{1+2\lambda^2+4\lambda z_s}} \tag{5.119}$$

式中，$\phi(\cdot)$ 为标准正态分布密度函数。

2. 四参数分布族

四参数分布族是指所有可由随机变量前四阶矩确定其概率分布的函数类。常见的四参数分布有 Pearson 分布族、Johnson 分布族、Burr 分布族和立方正态分布。其中，比较实用的是立方正态分布[19,20]。

将功能函数变量 Z 按式(5.115)标准化，则具有一般分布的标准化随机变量 Z_s，可以表述为标准正态分布变量 Y 的完全三次函数，即

$$Z_s=a_1+a_2Y+a_3Y^2+a_4Y^3 \tag{5.120}$$

式中，系数项可以由上式两端前四阶矩相等的原则给出[16,20]。

$$a_1=-l_1 \tag{5.121a}$$

$$a_2=\frac{1-3l_2}{1+l_1^2-l_2^2} \tag{5.121b}$$

$$a_3=l_1 \tag{5.121c}$$

$$a_4=\frac{l_2}{1+l_1^2+12l_2^2} \tag{5.121d}$$

其中，

$$l_1=\frac{\alpha_{3g}}{6(1+6l_2)} \tag{5.122a}$$

$$l_2=\frac{1}{36}(\sqrt{6\alpha_{4g}-8\alpha_{3g}^2-14}-2) \tag{5.122b}$$

式(5.122b)的适用条件是 $\alpha_{4g}\geqslant(7+4\alpha_{3g}^2)/3$。

Z_s 的概率分布函数是[21]

$$f_{Z_s}(z_s)=\frac{\phi(y)}{a_2+2a_3y+3a_4y^2} \tag{5.123}$$①

① 这里直接以标准正态变量 y 表示 z_s 的概率分布密度函数，形式更为简洁。

无论是采用三参数分布还是采用四参数分布,在给出功能函数 Z_s 的概率分布密度函数之后,都不难通过一维积分计算失效概率(图 5.13):

$$P_f = \int_{-\infty}^{-\beta_g} f_{Z_s}(z_s)\,\mathrm{d}z_s \qquad (5.124)$$

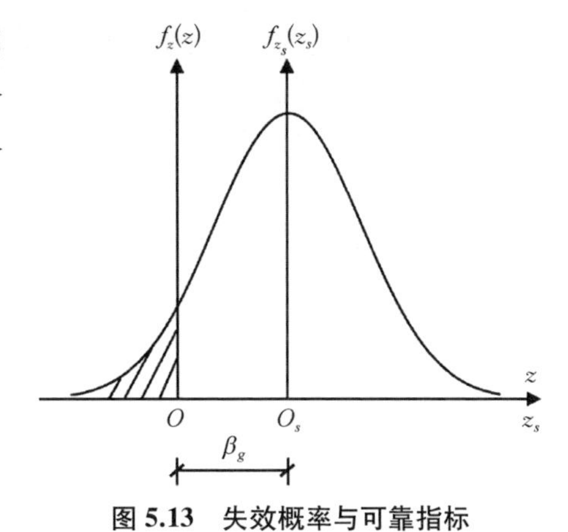

图 5.13 失效概率与可靠指标

其中,

$$\beta_g = \frac{\mu_g}{\sigma_g} \qquad (5.125)$$

显然,结构可靠度为 $P_s = 1 - P_f$。

5.5.4 高阶直接矩法的分析过程

总结上述分析,可以将高阶直接矩法用于结构可靠度分析的基本过程概括如下:

(1) 利用基本随机变量的统计矩,给出各变量一维分布的估计;

(2) 利用 5.5.2 小节方法,计算功能函数的一到四阶矩;

(3) 利用 5.5.3 小节方法,估计功能函数的概率分布密度;

(4) 采用式(5.124)计算结构失效概率,并进而计算可靠度。

【例 5.6】 如图 5.14 所示的悬臂梁,梁长 $l = 2.82$ m, 刚度为 EI,承受均布荷载 q,悬臂梁端最大变形限值为 $\frac{l}{150}$。q、E、I 均为符合对数正态分布的随机变量,且 $\mu_q = 1\,000$ N/m, $\delta_q = 0.2$; $\mu_E = 2 \times 10^{10}$ N/m^2, $\delta_E = 0.05$; $\mu_I = 3.902\,5 \times 10^{-5}$ m^4, $\delta_I = 0.1$。试用三阶矩法求该悬臂梁梁端变形的失效概率。

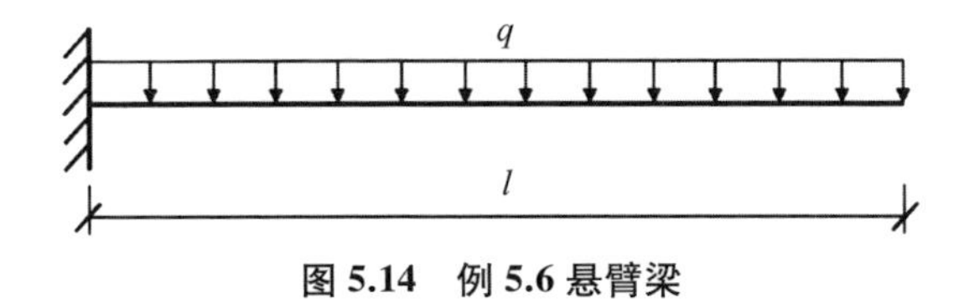

图 5.14 例 5.6 悬臂梁

【解】 悬臂梁梁端变形的功能函数为

$$Z = \frac{l}{150} - \frac{ql^4}{8EI} \doteq 0.018\,8 - 7.91\,\frac{q}{EI}$$

q、E、I 的标准差为：$\sigma_q = 200\ \text{N/m}$，$\sigma_E = 10^9\ \text{N/m}^2$，$\sigma_I = 3.902\,5 \times 10^{-6}\ \text{m}^4$。

对数正态分布的三阶矩可以表示为变异系数的函数：

$$\alpha_3 = 3\delta + \delta^3$$

据此，可以求得 q、E、I 的三阶矩为：$\alpha_{3q} = 0.608$，$\alpha_{3E} = 0.150\,1$，$\alpha_{3I} = 0.301$。

根据概率论知识，可知 $\frac{1}{E}$ 和 $\frac{1}{I}$ 同样符合对数正态分布，且有

$$\mu_{\frac{1}{E}} = \frac{1}{\mu_E}(1 + \delta_E^2) = \frac{1}{2 \times 10^{10}} \times (1 + 0.05^2) = 5.012\,5 \times 10^{-11},$$

$$\delta_{\frac{1}{E}} = \delta_E = 0.05,\ \sigma_{\frac{1}{E}} = 2.506\,2 \times 10^{-12},\ \alpha_{3\left(\frac{1}{E}\right)} = \alpha_{3E} = 0.150\,1,$$

$$\mu_{\frac{1}{I}} = \frac{1}{\mu_I}(1 + \delta_I^2) = \frac{1}{3.902\,5 \times 10^{-5}} \times (1 + 0.1^2) = 25\,880.845\,6,$$

$$\delta_{\frac{1}{I}} = \delta_I = 0.1,\ \sigma_{\frac{1}{I}} = 2\,588.084\,6,\ \alpha_{3\left(\frac{1}{I}\right)} = \alpha_{3I} = 0.301$$

根据式(5.98)，有

$$g(q) = g(q,\ \mu_{\frac{1}{E}},\ \mu_{\frac{1}{I}}) = 0.018\,8 - 1.026\,1 \times 10^{-5} q$$

$$g\left(\frac{1}{E}\right) = g\left(\mu_q,\frac{1}{E},\ \mu_{\frac{1}{I}}\right) = 0.018\,8 - 2.047\,2 \times 10^8\ \frac{1}{E}$$

$$g\left(\frac{1}{I}\right) = g\left(\mu_q,\ \mu_{\frac{1}{E}},\ \frac{1}{I}\right) = 0.018\,8 - 3.964\,9 \times 10^{-7}\ \frac{1}{I}$$

$$g(\mu) = g(\mu_q,\ \mu_{\frac{1}{E}},\ \mu_{\frac{1}{I}}) = 0.008\,539$$

记 μ_1、σ_1、α_{31} 为 $g(q)$ 的一到三阶矩，μ_2、σ_2、α_{32} 为 $g\left(\frac{1}{E}\right)$ 的一到三阶矩，μ_3、σ_3、α_{33} 为 $g\left(\frac{1}{I}\right)$ 一到三阶矩。根据式(5.110)~式(5.112)，可以求得一阶近似函数的一到三阶矩：

$$\mu_1 = 0.008\,539,\ \sigma_1 = 0.002\,052,\ \alpha_{31} = -0.608$$

$$\mu_2 = 0.008\,539,\ \sigma_2 = 0.000\,513\,1,\ \alpha_{32} = -0.150\,1$$

$$\mu_3 = 0.008\,539,\ \sigma_3 = 0.001\,026,\ \alpha_{33} = -0.301$$

将以上各阶矩代入式(5.106)~式(5.108)，可得功能函数的前三阶矩为

$$\mu_g = 0.008\,539,\ \sigma_g = \sqrt{(\sigma_1)^2 + (\sigma_2)^2 + (\sigma_3)^2} = 0.002\,351$$

$$\alpha_{3g} = \frac{\alpha_{31}\sigma_1^3 + \alpha_{32}\sigma_2^3 + \alpha_{33}\sigma_3^3}{\sigma_g^3} = -0.430\,9$$

以下,分别由前二阶矩和三阶矩法计算结构失效概率。

(1) 用前二阶矩计算变形可靠度指标与失效概率,有

$$\beta_{2M} = \frac{\mu_g}{\sigma_g} = \frac{0.008\,539}{0.002\,351} = 3.63$$

$$P_{2f} = \Phi(-3.63) = 1.417\,1 \times 10^{-4}$$

(2) 用三阶矩法计算变形可靠度指标与失效概率。

首先对 Z 标准化,根据式(5.115)可得

$$Z_s = \frac{Z - \mu_g}{\sigma_g}$$

$$\mu_{Z_s} = 0,\ \sigma_{Z_s} = 1,\ \alpha_{3Z_s} = \alpha_{3g} = -0.430\,9。$$

设 Z 符合平方正态分布,则根据式(5.116)~式(5.119)可得:$\theta = -81.237\,1°$, $\lambda = -0.072\,07$。故

$$f_{Z_s}(z_s) = \frac{\phi[-6.937\,7(\sqrt{1.010\,4 - 0.288\,28z_s} - 0.994\,8)]}{\sqrt{1.010\,4 - 0.288\,28z_s}}$$

根据式(5.124)和式(5.125)可得

$$P_f = \int_{-\infty}^{-\beta_g} f_{Z_s}(z_s)\,\mathrm{d}z_s = \int_{-\infty}^{-3.63} \frac{\phi[-6.937\,7(\sqrt{1.010\,4 - 0.288\,28z_s} - 0.994\,8)]}{\sqrt{1.010\,4 - 0.288\,28z_s}}\mathrm{d}z_s$$

采用数值积分计算可得结构失效概率:$P_{3f} = 1.115\,1 \times 10^{-3}$,对应的等效可靠指标为 $\beta_{3M} = 3.05$。

【解毕】

对本例采用 Monte Carlo 方法计算一亿次,给出的结构失效概率为 $P_f = 2.738\,2 \times 10^{-3}$,对应的等效可靠指标为 $\beta = 2.78$。而采用四阶矩法计算,给出的结构失效概率 $P_f = 1.387\,9 \times 10^{-3}$,对应的等效可靠指标为 $\beta = 2.99$。显然,应用高阶矩法可以得到更好的结果。

5.5.5 基本随机变量的分布估计

事实上,5.5.3 小节利用统计矩估计随机变量概率分布的做法,也可以用于估计基本随机变量 X_i 的概率分布,即:利用前二阶矩可以估计两参数类型的概率分布,利用前三阶矩可以估计三参数类型的概率分布,采用前四阶矩可以估计四参数类型的概率分布等。例如,若采用立方正态分布,则只要将式(5.120)~式(5.123)及相应适用条件中的 Z_s 换为 X_i,即可得到由前四阶统计矩确立的基本随机变量 X_i 的概率分布 $f_{X_i}(x_i)$。以之代入式(5.110)~式(5.113),即得到一维近似函数 $g(X_i)$ 的前四阶矩。进一步,将这些变量代入式(5.106)~式(5.109),即可给出功能函数的前四阶矩。在这里,不难看到从基本随机变量统计矩到功能函数矩的完整传递过程。

显然,这种利用高阶矩信息估计基本随机变量概率分布的做法,也可应用于前述一次二阶矩方法中,从而获得随机变量尽可能真实的概率分布,改善对于实际工程问题的分析精度。

采用前四阶矩确立基本随机变量的概率分布,实现了高阶直接矩法的第二个目标:反映基本随机变量的高阶统计信息。当然,在实际应用中,也可以只用低阶矩估计基本随机变量的分布,仅保留高阶矩法对功能函数做非线性展开的优点。

值得指出,利用前若干阶统计矩估计随机变量的概率分布,其结果并不是唯一的。例如,由前二阶矩估计,既可以给出正态分布,也可以给出对数正态分布、极值型分布等。同理,对于前三阶矩、前四阶矩,同样存在类似情况。所以,由统计矩估计分布,只是对随机变量分布类型的一个假设。这种假设的正确性,要通过实际统计数据的分布检验确立。

5.5.6 拟正态变换及其应用

按照前 k 阶矩确立的随机变量,其概率分布一般不是正态概率分布。而在利用矩法进行结构可靠度分析的过程中,将非正态分布转化为标准化正态分布,并在正态空间中进行分析,往往可以带来便利性与直观性①。

如 5.4 节所述,可以采用反函数变换法将非正态分布变换为标准化正态分布,一般地,这种变换可表述为

$$y = \Phi^{-1}[F_X(x)] \tag{5.126}$$

---

① 例如,在标准化正态空间中,结构可靠指标 β 是状态空间原点到极限状态曲面的最小距离。

式中，Φ 为标准化正态分布函数；$F_X(x)$ 为 x 的概率分布函数。

当预先将变量 X 标准化为 X_s 时，有

$$y = \Phi^{-1}[F_{X_s}(x_s)] \tag{5.127}$$

显然，上式的逆变换为

$$x_s = F_{X_s}^{-1}[\Phi(y)] \tag{5.128}$$

上述变换的准则，是使变换前后的两个变量的概率分布函数值相等。因此，这类变换是精确的变换。换句话说，按式(5.127)、式(5.128)实施的变换，其对应变量的所有各阶矩必然相等。但是，由于分布函数 $\Phi(\cdot)$ 为超越函数，不具有代数形式的解析表达式，这往往给矩法的应用带来麻烦。例如，在标准化正态空间应用一次二阶矩方法，一般要计算 $\dfrac{\partial g(\boldsymbol{Y})}{\partial Y_i}$，如果没有 $g(Y)$ 的解析表达式，就只能计算数值导数，这显然是不方便的。

如果放松反函数变换的一些约束，只要求变换前后两个变量的前 k 阶矩相等，就可能利用明确的解析函数表述标准化正态变量。由此，引出了拟正态变换的概念[17]。

设标准化正态变量 Y 与标准化非正态变量 X_s 之间存在如下函数关系：

$$Y = S(X_s) \tag{5.129}$$ ①

其反变换为

$$X_s = S^{-1}(Y) \tag{5.130}$$

若上述变换在 k 阶矩意义上成立，即上述变换式两端变量的前 k 阶矩相等，则称变换 S 为 k 阶拟正态变换，或简称为拟正态变换。

前述的平方正态分布的构造形式[式(5.116)]，即可用于求解三阶拟正态变换的解析表达式。事实上，对于基本变量 X，经标准化后，存在 $Y \rightarrow X_s$ 的解析表达式：

$$X_s = \sqrt{1 - 2\lambda^2}\,Y + \lambda(Y^2 - 1) \tag{5.131}$$

和 $X_s \rightarrow Y$ 的解析表达式：

---

① 注意，式(5.129)与式(5.126)性质完全不同，式(5.129)是随机变量之间的函数变换，而式(5.126)是随机变量概率分布的变换。

$$Y = \frac{1}{2\lambda}(\sqrt{1 + 2\lambda^2 + 4\lambda X_s} - \sqrt{1 - 2\lambda^2}) \tag{5.132}$$

其中,

$$\lambda = \mathrm{sign}(\alpha_{3X})\sqrt{2}\cos\left(\frac{\pi + |\theta|}{3}\right) \tag{5.133a}$$

$$\theta = \tan^{-1}\left(\frac{\sqrt{8 - \alpha_{3X}^2}}{\alpha_{3X}}\right) \tag{5.133b}$$

上述两式中,α_{3X} 为随机变量 X 的 3 阶矩,且要求 $-2\sqrt{2} \leqslant \alpha_{3X} \leqslant 2\sqrt{2}$。

因此,当已知变量 X 的前三阶矩时,可由式(5.131)构造用标准正态变量表述的一般变量 X_s,并用下式估计 X_s 的概率分布密度:

$$f_{X_s}(x_s) = \frac{\phi\left[\frac{1}{2\lambda}(\sqrt{1 + 2\lambda^2 + 4\lambda x_s} - \sqrt{1 - 2\lambda^2})\right]}{\sqrt{1 + 2\lambda^2 + 4\lambda x_s}} \tag{5.134}$$

而式(5.132)则给出了三阶拟正态变换 $S(\cdot)$ 的解析表达式。显然,$S(\cdot)$ 可由基本变量 X 的前三阶矩所唯一确定。

利用式(5.131),可以在前三阶矩等价意义上将一般分布空间中的功能函数 $g(X)$ 变换为标准正态空间中的 $g(Y)$。显然,经过这一变换,功能函数的非线性程度将增加。例如,对于线性功能函数 $Z = X_1 - X_2$,若 X_1 服从正态分布,且均值为 μ_{X_1}、标准差为 σ_{X_1};X_2 服从某非正态分布,且前三阶矩为 μ_{X_2}、σ_{X_2}、α_{3X_2},则经过拟正态变换,将有

$$Z = \mu_{X_1} - \mu_{X_2} + \sigma_{X_1}Y_1 - \sigma_{X_2}[\sqrt{1 - 2\lambda_{X_2}^2}Y_2 + \lambda_{X_2}(Y_2^2 - 1)] \tag{5.135}$$

式中,λ_{X_2} 由式(5.133)确定。

显然,经过拟正态变换,一般分布空间中的线性功能函数转变为标准正态空间中的非线性功能函数。这一点,在各类基于分布的函数变换中也是普遍存在的。

同理,前述立方正态分布表达式(5.120),可以用于求取四阶拟正态变换的解析表达式。对于基本变量 X,经标准化后,存在 $Y \to X_s$ 的解析表述:

$$X_s = a_1 + a_2Y + a_3Y^2 + a_4Y^3 \tag{5.136}$$

式中，a_1、a_2、a_3 与 a_4 按式(5.121)计算，但其中，

$$l_1=\frac{\alpha_{3X}}{6(1+6l_2)} \tag{5.137a}$$

$$l_2=\frac{1}{36}\left(\sqrt{6\alpha_{4X}-8\alpha_{3X}^2-14}-2\right) \tag{5.137b}$$

式中，α_{4X} 为随机变量 X 的四阶矩，且要求 $\alpha_{4X}\geqslant(7+4\alpha_{3X}^2)/3$。

当已知变量 X 的前四阶矩时，可由式(5.136)构造用标准正态变量 Y 表述的一般随机变量 X_s，并可用下式估计 X_s 的概率分布密度：

$$f_{X_s}(x_s)=\frac{\phi(y)}{a_2+2a_3y+3a_4y^2} \tag{5.138}$$

原则上，式(5.136)给出了四阶拟正态变换的 $S^{-1}(\cdot)$ 的解析表达式，对其求反函数，即可求得 $S(\cdot)$ 的解析表达式。但是，由于 α_{3X}、α_{4X} 取值可正、可负，因此使求取 $S(\cdot)$ 的过程需要分段考虑 $S^{-1}(\cdot)$ 关于 Y 的单调性。文献[21]给出了这一求解过程，其结论汇总于表 5.9 中。

表 5.9　四阶拟正态变换的解析表达

参数符号			x 的取值范围	$S(\cdot)$ 表达式
$a_4<0$			$J_2^*<x<J_1^*$	$-2r\cos[(\theta+\pi)/3]-a/3$
$a_4>0$	$p<0$	$\alpha_{3X}\geqslant0$	$J_1^*<x<J_2^*$	$2r\cos(\theta/3)-a/3$
			$x\geqslant J_2^*$	$\sqrt[3]{A}+\sqrt[3]{B}-a/3$
		$\alpha_{3X}<0$	$J_1^*<x<J_2^*$	$-2r\cos[(\theta-\pi)/3]-a/3$
			$x\leqslant J_1^*$	$\sqrt[3]{A}+\sqrt[3]{B}-a/3$
	$p\geqslant0$			$\sqrt[3]{A}+\sqrt[3]{B}-a/3$
$a_4=0$		$\alpha_{3X}\neq0$	$a_2^2+4a_3(a_3+x_s)$	$\left[-a_2+\sqrt{a_2^2+4a_3(a_3+x_s)}\right]/2a_3$
		$\alpha_{3X}=0$		x_s

注：表中各参数表达式为

$p=\dfrac{3a_2a_4-a_3^2}{3a_4^2}$，$r=\sqrt{-\dfrac{p}{3}}$，$a=\dfrac{a_3}{a_4}$，$\theta=\arccos\left(\dfrac{-q}{2r^3}\right)$，$q=\dfrac{2}{27}a^3-\dfrac{ac}{3}-a-\dfrac{x_s}{a_4}$，

$J_1^*=\sigma_Xa_4\left(-2r^3+\dfrac{2}{27}a^3-\dfrac{ac}{3}-a\right)+\mu_X$，$J_2^*=\sigma_Xa_4\left(2r^3+\dfrac{2}{27}a^3-\dfrac{ac}{3}-a\right)+\mu_X$，$c=\dfrac{a_2}{a_4}$，

$A=-\dfrac{q}{2}+\sqrt{\Delta}$，$B=-\dfrac{q}{2}-\sqrt{\Delta}$，$\Delta=\left(\dfrac{p}{3}\right)^3+\left(\dfrac{q}{2}\right)^2$。

这样给出的解析表达式具有分段函数的特征,因此在界点处求导仍然会带来问题,但这种关于标准正态变量的解析表述,毕竟较纯粹数值解更为方便应用,且这种解析表达式可以由基本变量 X 的前四阶矩唯一确定。

事实上,对于已知 X 概率密度函数的场合,总可以据概率密度函数求出前四阶矩。因此,也可应用上述拟正态变换给出标准正态变量 Y 的解析表达式。这为在一般场合用拟正态变换代替反函数变换提供了可能。

对于多维随机变量,当已知各边缘分布和各变量间的相关矩阵时,可以将上述拟正态变换推广到多维场合[17],兹不赘述。

拟正态变换,也为高阶直接矩法的应用提供了便利。事实上,在拟正态变换确立的标准正态空间内研究矩法,有助于建立统一的求解格式。在此基础上,文献[17]认为,按前述高阶矩直接法获得的等效可靠指标计算公式,可以用于改进一次二阶矩法计算的可靠指标。以三阶矩为例,有

$$\beta_{3M}=\beta_{2M}+\frac{\alpha'_{3g}}{6}(\beta_{2M}^2-1)\left(1+\frac{\alpha'_{3g}}{6}\beta_{2M}\right) \tag{5.139}$$

式中,β_{3M} 为三阶等效可靠指标;β_{2M} 为二阶可靠指标,可由中心点法或验算点法计算;α'_{3g} 由功能函数 g 在验算点的一次线性展开式计算。

对于四阶矩,有

$$\begin{aligned}\beta_{4M}=&\beta_{2M}+\frac{\alpha'_{3g}}{6}(\beta_{2M}^2-1)\left(1+\frac{\alpha'_{3g}}{6}\beta_{2M}\right)\\&-\frac{\left|\sqrt[3]{9+4\alpha'^2_{3g}-3\alpha'_{4g}}\right|}{48}(\beta_{2M}^2+4\alpha'_{3g}\beta_{2M})\end{aligned} \tag{5.140}$$

式中,β_{4M} 为四阶等效可靠指标;α'_{3g}、α'_{4g} 由功能函数 g 在验算点的线性展开式计算,即

$$\alpha'_{3g}=\sum_{i=1}^{n}\alpha_{3i}\alpha_i^3 \tag{5.141}$$

$$\alpha'_{4g}=\sum_{i=1}^{n}\alpha_{4i}\alpha_i^4+6\sum_{i=1}^{n-1}\sum_{j>i}^{n}\alpha_i^2\alpha_j^2 \tag{5.142}$$

式中,α_{3i} 与 α_{4i} 为基本随机变量 X_i 的 3 阶矩与 4 阶矩;α_i 是标准化状态空间中线性化极限状态超平面法向的方向余弦,由式(5.58)定义。

一般说来,β_{3M}、β_{4M} 对 β_{2M} 具有一定的改进效果。例如,对于例 5.7,以

二阶矩法分析结果为基础，利用式(5.139)、式(5.140)的分析结果如表5.10所示。

表 5.10　例 5.7 不同分析结果的对比

Monte Carlo 法		按式(5.139)、式(5.140)计算		
P_f	β		P_f	β
2.738×10^{-3}	2.78	二阶	1.417×10^{-4}	3.63
		三阶	1.425×10^{-3}	2.98
		四阶	2.022×10^{-3}	2.87

5.6　关于矩法的评论

本章所述的内容，构成了传统结构可靠度分析理论的核心。这一理论试图从影响结构性能的基本随机变量出发，利用概率论分析计算结构可靠度。由于关于基本随机变量进行高维积分的困难，早期的研究者们开始走上了矩法分析的道路，并最终形成了以一次二阶矩法为核心的经典结构可靠度分析理论。尽管在此基础上，还进行了一系列二次二阶矩[22-27]、二次四阶矩[28,29]方法的研究与探索。但是，对功能函数采用二次 Taylor 级数展开，即使基本变量是正态分布的随机变量，也因为展开函数是非线性函数，不再能保证功能函数 Z 的正态性质。因此，结构可靠指标 β 的安全概率(或失效概率)解释不复存在，由此计算概率、并定量评价结构安全性的基础也不复存在。事实上，二次函数展开法的分析，多表现为对一阶可靠指标 β 的修正。尽管二次函数展开可以提高对非线性函数的逼近程度，因而可以部分提高 β 值的分析精度①，但对于大多数实际工程案例，这种精度的提高较为有限，且二次四阶矩方法关于二次二阶矩方法的精度改进微乎其微。由于这些原因，本章没有介绍这些方法。

本书开宗明义，希望从随机性传播的角度系统阐述结构可靠性分析理论。因此，在第三章、第四章中，系统介绍了随机变量统计矩在结构受荷载作用形成响应的过程中的传播，以及在结构抗力形成的物理过程中的传播。将这两类传播与5.2节、5.3节所述方法相结合，并结合结构体系可靠度分析思想，原则上可

① 仅人为构造的数学例子如此。

以形成分析线性结构整体可靠度的基本方法。在理论上,也可以把这类分析从只考虑二阶矩发展到考虑基本随机变量的高阶矩(如三阶矩与四阶矩)。但是,基于高阶矩分析的直接矩法研究,尚没有触及高阶统计矩在结构响应层次的随机性传播,因此,也难以全面解决结构整体的可靠度分析问题。

从随机性传播的角度分析,在经典一次二阶矩法和高阶矩直接法中,虽然结构几何尺寸、材料性质基本参数等变量的统计特性与结构功能函数的随机性传播关系是明晰的,但结构荷载效应与荷载作用之间的随机性传播关系则被大大弱化了①。从5.3节、5.5节的各分析案例可见,关于荷载效应的统计矩表述,大多是一组事先给定值,而对如何获得这一组数值则语焉不详。事实上,如何确定结构构件功能函数中与荷载效应相关的变量的统计矩,在诸多文献与研究中被有意、无意地弱化甚至掩盖了。这是传统的结构构件可靠度分析理论难以与结构分析相结合,因而难以真正应用于结构设计的重要原因。虽然在后来结构体系可靠度理论研究中,先后发展了随机有限元方法[30,31]和响应面方法[32-35],但前者主要侧重对材料弹性性质与结构几何尺寸随机性的考量,对随机荷载效应的关注则显著不足。后者虽然同时关注了结构荷载、材料参数、几何尺寸等方面的随机性,但在实际分析中,要对结构每一关键截面一一列出逼近非线性功能函数的替代模型、识别替代模型参数,并结合验算点法计算可靠度,这大大增加了分析的工作量。

最后,我们要特别指出,采用矩法的分析,不自觉地引入了第二代结构分析与设计理论中的基本矛盾:在构件分析层次考虑结构力学性质非线性的影响,而在结构分析层次则完全忽略非线性的影响,分析局限在线性体系[36]。

解决上述问题的方向,是发展统一的概率密度演化理论。

参考文献

[1] ANG A H-S, TANG W H. Probability concepts in engineering planning and design, Vol. 2 - decision, risk and reliability[M]. New Jersey: John Wiley & Sons, 1984.

[2] RACKWITZ R. Reliability analysis - a review and some perspectives[J]. Structural Safety, 2001, 23(4): 365-395.

[3] CORNELL C A. A probability-based structural code[J]. Journal Proceedings, 1969, 66(12): 974-985.

[4] HASOFER A M, LIND N C. Exact and invariant second moment code format[J]. Journal of

① 可以采用第三章方法弥补这一弱点,这也将一次二阶矩方法进一步纳入随机性传播理论框架。

the Engineering Mechanics Division, 1974, 100(1): 111－121.
[5] 中华人民共和国住房和城乡建设部.建筑结构可靠性设计统一标准(GB 50068－2018)[S].北京：中国建筑工业出版社,2018.
[6] 吴世伟.结构可靠度分析[M].北京：人民交通出版社,1990.
[7] SHINOZUKA M. Basic analysis of structural safety[J]. Journal of Structural Engineering, 1983, 109(3): 721－740.
[8] RACKWITZ R. Practical probabilistic approach to design[R]. Bulletin 112, Committee European du Beton.,1976, 112.
[9] RACKWITZ R. First order reliability theories and stochastic models[C]. München: Proceedings of 2nd ICOSSAR, 1977.
[10] FLESSLER B. Structural reliability under combined random load sequences[J]. Computers & Structures, 1978, 9(5): 489－494.
[11] NATAF A. Determination des distribution don t les marges sont Donnees[J]. Comptes Rendus de l Academie des Sciences, 1962, 225: 42－43.
[12] LIU P L, DER KIUREGHIAN A. Multivariate distribution models with prescribed marginals and covariances[J]. Probabilistic Engineering Mechanics, 1986, 1(2): 105－112.
[13] ROSENBLATT M. Remarks on a multivariate transformation[J]. The Annals of Mathematical Statistics, 1952, 23(3): 470－472.
[14] NELSEN R B. An introduction to copulas[M]. Berlin: Springer Science & Business Media, 2007.
[15] ZHAO Y G, ONO T. Third-moment standardization for structural reliability analysis[J]. Journal of Structural Engineering, 2000, 126(6): 724－732.
[16] ZHAO Y G, LU Z H. A fourth-moment standardization for structural reliability assessment[J]. Journal of Structural Engineering, 2007, 133(7): 916－924.
[17] ZHAO Y G, LU Z H. Structural reliability: Approaches from perspectives of statistical moments[M]. Chichester: John Wiley & Sons, 2021.
[18] 中山大学数学力学系.概率论及数理统计[M].北京：人民教育出版社,1980.
[19] FLEISHMAN A L. A method for simulating non-normal distributions[J]. Psychometrika, 1978, 43(4): 521－532.
[20] ZHAO Y G, LU Z H. Cubic normal distribution and its significance in structural reliability[J]. Structural Engineering and Mechanics, 2018, 28(3): 263－280.
[21] ZHAO Y G, ZHANG X Y, LU Z H. Complete monotonic expression of the fourth-moment normal transformation for structural reliability[J]. Computer & Structures, 2018, 196: 186－199.
[22] FIESSLER B, NEUMAN H-J, RACKWITZ R. Quadratic limit states in structural reliability[J]. Journal of the Engineering Mechanics Division, ASCE, 1979, 105(4): 661－676.
[23] BREITUNG K. Asymptotic approximation for multinormal integrals[J]. Journal of Engineering Mechanics, 1984, 110(3): 357－366.
[24] DER KIUREGHIAN A, LIN H Z, HWANG S J. Second-order reliability approximations[J]. Journal of Engineering Mechanics, 1987, 113(8): 1208－1225.

[25] DER KIUREGHIAN A, DE STEFANO M. Efficient algorithm for second-order reliability analysis[J]. Journal of Engineering Mechanics, 1991, 117(12): 2904-2923.

[26] ZHAO Y G, ONO T. New approximations for SORM: Part 1[J]. Journal of Engineering Mechanics, 1999, 125(1): 79-85.

[27] ZHAO Y G, ONO T. New approximations for SORM: Part 2[J]. Journal of Engineering Mechanics, 1999, 125(1): 86-93.

[28] TAGLIANI A. On the existence of maximum entropy distribution with four and more assigned moments[J]. Probabilistic Engineering Mechanics, 1990, 5(4): 167-170.

[29] 李云贵,赵国藩.结构可靠度分析的四阶矩分析方法[J].大连理工大学学报,1992,5(4): 167-170.

[30] 李杰.随机结构系统——分析与建模[M].北京: 科学出版社,1996.

[31] HALDAR A, MAHADEVAR S. Reliability assessment using stochastic finite element analysis[M]. Berlin: John Wiley & Sons, 2000.

[32] FARAVELLI L. Response-surface approach for reliability analysis[J]. Journal of Engineering Mechanics, 1989, 115(12): 2763-2781.

[33] BUCHER C G, Bourgund U. A fast and efficient response surface approach for structural reliability problems[J]. Structural Safety, 1990, 7 (1): 57-66.

[34] DAS P.K. ZHANG Y. Cumulative formation of response surface and its use in reliability analysis[J]. Probabilistic Engineering Mechanics, 2000, 15(4): 309-315.

[35] WINKELMANN K, GORSKI J. The use of response surface methodology for reliability estimation of composite engineering structures[J]. Journal of Theoretical and Applied Mechanics, 2014, 52(4): 1019-1032.

[36] 李杰.论第三代结构设计理论[J].同济大学学报(自然科学版),2017,45(05): 617-624+632.

第六章

随机性在结构系统中的传播
——概率密度演化理论

6.1 概率守恒原理

在确定性的物理力学系统中，质量守恒、动量守恒与能量守恒具有基础性的原理地位。在随机系统中，也存在类似的基本原理，即概率守恒原理。这一原理指出，对于保守的随机系统，在系统状态的演化过程中概率守恒[1,2]。在这里，保守的随机系统是指在该系统的状态演化过程中，既没有随机因素消失，也没有新的随机因素产生。为了说明这一原理，先从简单的随机函数的概率分布讲起。

6.1.1 一元随机函数概率分布的分析

在随机系统中，概率总是联系于某一物理现象的集合及这一集合的样本空间。随机事件是样本空间中若干样本点的集合，而基本随机事件，则联系于样本空间中的样本点。设 $\tilde{\omega}$ 为基本随机事件，$X(\tilde{\omega})$ 是一连续随机变量，其概率密度函数为 $p_X(x)$，若存在一一对应的函数变换关系：

$$y = f(x) \tag{6.1}$$

则依据概率论基本知识，随机变量 Y 的概率密度函数为

$$p_Y(y) = p_X[f^{-1}(y)]\frac{\mathrm{d}x}{\mathrm{d}y} \tag{6.2}$$

式中，$f^{-1}(\cdot)$ 为 $f(\cdot)$ 的反函数。

依据式(6.2)，显然存在

$$p_Y(y)\mathrm{d}y = p_X(x)\mathrm{d}x \tag{6.3}$$

从概率测度的角度分析,式(6.3)的左、右两端分别等于

$$p_X(x)\mathrm{d}x = \Pr\{X(\tilde{\omega}) \in (x, x + \mathrm{d}x)\} = \mathrm{d}\Pr\{\tilde{\omega}\} \tag{6.4a}$$

$$p_Y(y)\mathrm{d}y = \Pr\{Y(\tilde{\omega}) \in (y, y + \mathrm{d}y)\} = \mathrm{d}\Pr\{\tilde{\omega}\} \tag{6.4b}$$

式中, $\Pr(\cdot)$ 表示随机事件 $\tilde{\omega}$ 发生的概率。

结合式(6.3)与式(6.4)可知,由于在数学变换过程中基本随机事件 $\tilde{\omega}$ 保持不变,因此在变换前后,关于 $X(\tilde{\omega})$ 和关于 $Y(\tilde{\omega})$ 的概率测度不变,即

$$\Pr\{Y(\tilde{\omega}) \in (y, y + \mathrm{d}y)\} = \Pr\{X(\tilde{\omega}) \in (x, x + \mathrm{d}x)\} \tag{6.5}$$

上述事实,在概率空间 Ω 内的一定区域(组合随机事件或简称随机事件)内仍然成立,即有[对应式(6.3)]

$$\int_{\Omega_Y} p_Y(y)\mathrm{d}y = \int_{\Omega_X} p_X(x)\mathrm{d}x \tag{6.6}$$

式中, Ω_X 与 Ω_Y 为 x、y 的值域。显然, Ω_X 与 Ω_Y 之间满足式(6.1)所规定的函数关系。

式(6.6)表明,由于函数关系式(6.1)的存在,随机事件 $\{Y \in \Omega_Y\}$ 与 $\{X \in \Omega_X\}$ 等价,其概率测度不变,即[对应于式(6.5)]

$$\Pr\{Y \in \Omega_Y\} = \Pr\{X \in \Omega_X\} \tag{6.7}$$

由于值域范围 Ω 可以是任意大小的,即值域也可以是一个基本随机事件所规定的样本点,因此,式(6.7)与式(6.5)在本质上具有一致性。这说明,在样本空间中任意大小的区域内,由式(6.1)确定的映射在映射前后相应的区域内概率测度相同。换句话说,由初始随机源所决定的概率测度在系统演化过程中不发生变化。这就是概率守恒原理。显然,式(6.7)与式(6.6)本质一致。事实上,式(6.6)是式(6.7)的概率密度函数表述。

对于多变量系统,式(6.2)~式(6.7)仍然成立。所以,在一般意义上存在概率守恒原理:在保守的随机系统演化过程中,概率测度不变。

6.1.2 概率守恒原理的随机事件描述

一般说来,函数变换对应于某种物理关系。因此,概率守恒原理也可以表述为:在数学与物理变换中,同一随机事件的概率测度不变。我们称这种表述为

概率守恒原理的随机事件描述。

对于动态系统,可引入系统状态演化参数 τ(可视为一类广义的时间参数),并以 $\boldsymbol{Y}$ 表示系统状态。在一个微分时段 $\mathrm{d}\tau$ 里,系统状态由 $\boldsymbol{Y}(\tau)$ 演化到 $\boldsymbol{Y}(\tau+\mathrm{d}\tau)$,与此同时,在 τ 时刻 $\boldsymbol{Y}(\tau)$ 变化的区域 Ω_τ 变化为 $\tau+\mathrm{d}\tau$ 时刻 $\boldsymbol{Y}(\tau+\mathrm{d}\tau)$ 所变化的区域 $\Omega_{\tau+\mathrm{d}\tau}$,由于系统状态的演化服从具体的物理规律,在由这一物理规律所决定的系统演化过程中,概率测度不发生变化,即

$$\Pr\{\boldsymbol{Y}(\tau+\mathrm{d}\tau)\in\Omega_{\tau+\mathrm{d}\tau}\}=\Pr\{\boldsymbol{Y}(\tau)\in\Omega_\tau\} \tag{6.8}$$

若采用概率密度函数表述,即为

$$\int_{\Omega_{\tau+\mathrm{d}\tau}} p_{\boldsymbol{Y}}(\boldsymbol{y},\ \tau+\mathrm{d}\tau)\mathrm{d}\boldsymbol{y}=\int_{\Omega_\tau} p_{\boldsymbol{Y}}(\boldsymbol{y},\ \tau)\mathrm{d}\boldsymbol{y} \tag{6.9}$$

定义全导数:

$$\frac{\mathrm{D}}{\mathrm{D}\tau}\int_{\Omega_\tau} p_{\boldsymbol{Y}}(\boldsymbol{y},\ \tau)\mathrm{d}\boldsymbol{y}=\lim_{\Delta\tau\to 0}\left[\int_{\Omega_{\tau+\Delta\tau}} p_{\boldsymbol{Y}}(\boldsymbol{y},\ \tau+\Delta\tau)\mathrm{d}\boldsymbol{y}-\int_{\Omega_\tau} p_{\boldsymbol{Y}}(\boldsymbol{y},\ \tau)\mathrm{d}\boldsymbol{y}\right] \tag{6.10}$$

则式(6.9)可改写为

$$\frac{\mathrm{D}}{\mathrm{D}\tau}\int_{\Omega_\tau} p_{\boldsymbol{Y}}(\boldsymbol{y},\ \tau)\mathrm{d}\boldsymbol{y}=0 \tag{6.11}$$

图 6.1 形象地表示了以随机事件方式描述的概率守恒原理。

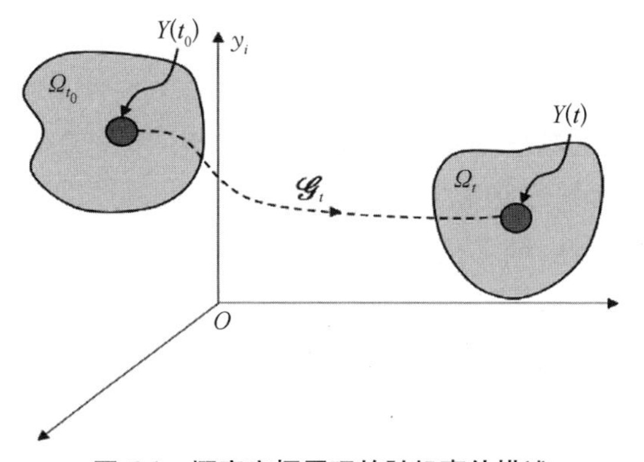

图 6.1　概率守恒原理的随机事件描述

进一步,若 $\boldsymbol{Y}$ 是基本随机变量族(随机向量) $\boldsymbol{\Theta}$ 的函数,且基本随机变量不随系统发生变化(时不变参数),则在 $\boldsymbol{Y}$ 和 $\boldsymbol{\Theta}$ 所构成的联合概率空间中,系统状态变化过程中的概率分布规律仍然服从概率守恒原理。即有

$$\Pr\{[\boldsymbol{Y}(\tau + \mathrm{d}\tau), \boldsymbol{\Theta}] \in \Omega_{\tau+\mathrm{d}\tau} \times \Omega_{\Theta}\} = \Pr\{[\boldsymbol{Y}(\tau), \boldsymbol{\Theta}] \in \Omega_{\tau} \times \Omega_{\Theta}\} \tag{6.12}$$

式中，$\Omega_\tau \times \Omega_\Theta$ 为 τ 时刻 $\boldsymbol{Y}$ 与 $\boldsymbol{\Theta}$ 所在的值域；$\times$ 表示 Ω_τ 与 Ω_Θ 共同张成概率空间。

采用概率密度函数形式表述，式(6.12)转化为

$$\int_{\Omega_{\tau+\mathrm{d}\tau}\times\Omega_\Theta} p_{\boldsymbol{Y\Theta}}(\boldsymbol{y}, \boldsymbol{\theta}, \tau + \mathrm{d}\tau)\mathrm{d}\boldsymbol{y}\mathrm{d}\boldsymbol{\theta} = \int_{\Omega_\tau\times\Omega_\Theta} p_{\boldsymbol{Y\Theta}}(\boldsymbol{y}, \boldsymbol{\theta}, \tau)\mathrm{d}\boldsymbol{y}\mathrm{d}\boldsymbol{\theta} \tag{6.13}$$

式中，$p_{\boldsymbol{Y\Theta}}(\boldsymbol{y}, \boldsymbol{\theta}, \tau)$ 为在 τ 时刻 $(\boldsymbol{Y}, \boldsymbol{\Theta})$ 的联合概率分布密度。

若定义全导数：

$$\begin{aligned}&\frac{\mathrm{D}}{\mathrm{D}\tau}\int_{\Omega_\tau\times\Omega_\Theta} p_{\boldsymbol{Y\Theta}}(\boldsymbol{y}, \boldsymbol{\theta}, \tau)\mathrm{d}\boldsymbol{y}\mathrm{d}\boldsymbol{\theta}\\&= \lim_{\Delta\tau\to 0}\left[\int_{\Omega_{\tau+\mathrm{d}\tau}\times\Omega_\Theta} p_{\boldsymbol{Y\Theta}}(\boldsymbol{y}, \boldsymbol{\theta}, \tau + \mathrm{d}\tau)\mathrm{d}\boldsymbol{y}\mathrm{d}\boldsymbol{\theta} - \int_{\Omega_\tau\times\Omega_\Theta} p_{\boldsymbol{Y\Theta}}(\boldsymbol{y}, \boldsymbol{\theta}, \tau)\mathrm{d}\boldsymbol{y}\mathrm{d}\boldsymbol{\theta}\right]\end{aligned} \tag{6.14}$$

则式(6.13)可改写为

$$\frac{\mathrm{D}}{\mathrm{D}\tau}\int_{\Omega_\tau\times\Omega_\Theta} p_{\boldsymbol{Y\Theta}}(\boldsymbol{y}, \boldsymbol{\theta}, \tau)\mathrm{d}\boldsymbol{y}\mathrm{d}\boldsymbol{\theta} = 0 \tag{6.15}$$

以物理量与随机源变量的联合概率分布表述的概率守恒原理式(6.12)与式(6.13)，为研究随机性在物理系统中的传播奠定了理论基础。

6.1.3 概率守恒原理的状态空间描述

概率守恒原理也可以在系统状态空间中加以表述。以 $\boldsymbol{Y}$ 表示系统状态，τ 表示系统状态演化参数，则 $\boldsymbol{Y}$ 的值域构成一类状态空间(图 6.2)。在此空间中，任意选定一个区域 Ω 为观察窗口。随着系统状态变化，可以认为与系统状态相对应的概率亦将发生流动。显然，在任意时间区段 $[\tau_1, \tau_2]$，对于给定区域 Ω，区域内的概率增量 $\Delta P_{\Omega}^{[\tau_1, \tau_2]}$ 将等于通过区域边界 $\partial\Omega$ 流入的概率和流出的概率的代数和 $\Delta P_{\partial\Omega}^{[\tau_1, \tau_2]}$，即

$$\Delta P_{\Omega}^{[\tau_1, \tau_2]} = \Delta P_{\partial\Omega}^{[\tau_1, \tau_2]} \tag{6.16}$$

式(6.16)即为概率守恒原理的状态空间描述。利用这一表述，结合不同类型的物理方程，可以导出经典的概率密度演化方程，如 Liouville 方程、Fokker-

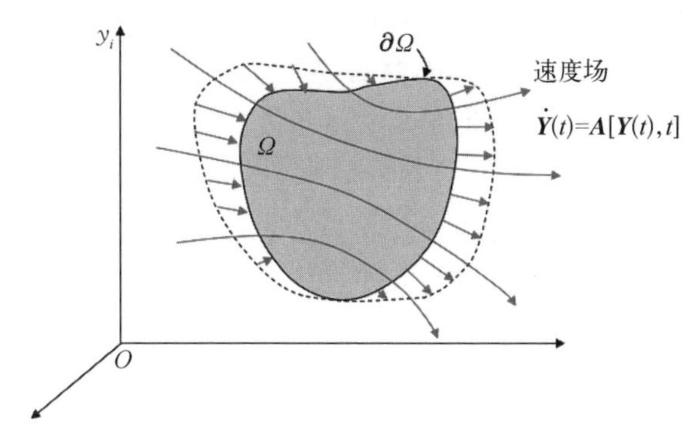

图 6.2　概率守恒原理的状态空间描述

Planck-Kolmogorov(FPK)方程和 Dostupov-Pugachev(DP)方程[3]。因此可以说,概率守恒原理的状态空间描述建立了经典概率密度演化方程的统一逻辑基础。

6.1.4　关于概率守恒原理的历史注记

概率守恒的观念,最早隐含地出现于统计力学与量子力学的研究中。在统计力学中,最基本的 Liouville 方程本质上是系统中系统态的概率密度所满足的基本方程。Liouville 定理表明:相点在相空间流动的过程中,沿每一条相轨道,相点数密度都不随时间发生变化[4]。在这里,虽然完全没有提及概率守恒,但站在今天的立场考察,Liouville 定理事实上正是概率守恒原理的一类随机事件表述方式。在量子力学中,对狭义薛定谔方程的研究会给出一类连续性方程,这类连续性方程可以解释为"体积 V 中概率的增加率正好等于单位时间内穿过界面 S 流进来的概率"[5]。这里,虽然同样没有阐明概率守恒的概念,但这种解释,显然在本质上类同于前述概率守恒原理的状态空间描述。

到了 20 世纪 30 年代,在概率论的研究中,概率守恒的观念开始附带性地被提及。事实上,在由 Chapman-Kolmogorov 方程导出 FPK 方程的过程中,会出现一类主方程,它表示"空间某点 x 处的概率密度随时间的变化率,等于单位时间内流入该点的几率(概率)减去单位时间内由该点流出的几率(概率)"[6]。显然,这描述了一点处的概率守恒。到了 20 世纪 70 年代,由上述主方程导出的概率进化方程(又称 Kramers-Moyal 方程)被解释为概率守恒方程[7,8]。

真正将"概率守恒"观念上升到原理层次、并作为随机系统研究中的基本原理加以理性应用的,得益于文献[3]和文献[9-11]的系列研究。其中,在此前关于广义概率密度演化方程研究的基础上,文献[9]正式提出了概率守恒原理,并论述了概率守恒原理的状态空间描述与随机事件描述方式;文献[10]则从概率守恒原理的随机事件描述角度严格推导了广义概率密度演化方程;进而,文献[3]从概率守恒原理的状态空间描述角度推导了 FPK 方程;文献[11]则从文献综述的角度,对以概率守恒原理为基础的概率密度演化理论研究进行了系统的总结。

6.2 广义概率密度演化方程及其解

6.2.1 物理力学方程及其解答

采用算子方式表示一般物理系统的基本方程,具有简洁性与普遍性。一般来说,物理、力学问题的基本方程总可以归结为一个或一组如下形式的算子方程:

$$\mathcal{L}(\boldsymbol{y},\ \partial_x^{(i)}\boldsymbol{y},\ \partial_t^{(i)}\boldsymbol{y},\ \boldsymbol{\theta},\ \boldsymbol{x},\ t,\ \tau) = 0 \tag{6.17}$$

式中, $\mathcal{L}(\cdot)$ 为一般算子,可以为一个或一组代数算子、微分算子; $\boldsymbol{y}$ 为描述系统状态的状态变量; $\partial^{(i)}$ 表示求 i 阶导数; $\boldsymbol{\theta}$ 为影响系统状态的基本参数; $\boldsymbol{x}$ 为反映系统状态所处位置的空间变量; t 为时间变量; τ 为反映系统状态演化方向的广义时间参数。

例如,对于第三章所述的弹性动力学基本方程:

$$\left.\begin{aligned}
&\operatorname{div}\boldsymbol{\sigma} + \rho\boldsymbol{b} = \rho\ddot{\boldsymbol{u}} + \eta\dot{\boldsymbol{u}}\\
&\boldsymbol{\varepsilon} = \frac{1}{2}(\nabla\boldsymbol{u} + \nabla^{\mathrm{T}}\boldsymbol{u})\\
&\boldsymbol{\sigma} = \boldsymbol{E}:\boldsymbol{\varepsilon}\\
&\boldsymbol{\sigma}\cdot\boldsymbol{n} = \boldsymbol{p} \quad \boldsymbol{x}\in\boldsymbol{S}_p\\
&\boldsymbol{u} = \bar{\boldsymbol{u}} \qquad\ \ \boldsymbol{x}\in\boldsymbol{S}_u
\end{aligned}\right\} \tag{6.18}$$

算子 $\mathcal{L}(\cdot)$ 分别表现为平衡方程与变形协调方程中的微分形式和本构方程中的代数形式。

而当采用广义变分原理与有限元方法,将上述细观层次的弹性动力学方程转化为宏观层次的动力分析基本方程:

$$M\ddot{x} + C\dot{x} + Kx = F(t) \tag{6.19}$$

算子 $\mathcal{L}(\cdot)$ 又统一表现为微分形式。

因此，对算子方程(6.17)，应作抽象、广义的理解。

对于现实的物理、力学问题，当基本参数 $\boldsymbol{\theta}$ 是确定性变量时，方程(6.17)一般存在适定的解答：

$$\boldsymbol{y} = f(\boldsymbol{\theta},\ \boldsymbol{x},\ t,\ \tau) \tag{6.20}$$

依据这一解答，我们可以确定系统的状态以及系统在发展、变化过程中的轨迹。例如，对于弹性动力学基本方程，当已知结构基本参数（几何尺寸、质量密度、弹性模量等）、边界条件与外部作用时，便可以确定结构在外部及自身作用下的变形与运动状态（应力、应变、位移、速度等）。

当上述确定系统状态的诸要素（结构参数、边界条件、荷载作用）为确定性的变量或过程时，系统状态是唯一确定的，由此，构成了传统确定性分析理论。问题在于，如果系统的某些基本性质[例如，结构的基本力学性质（如 E、η）或结构的外部作用（如临时性活荷载、地震动作用）]具有随机性时，系统的状态应如何确定？换句话说，当结构力学性质因材料制作或形成过程具有不可控制性或结构外部作用具有不可控制性而形成随机性时，这些随机性将如何经过上述物理系统的作用而演化为系统状态（系统响应，如位移 u、应力 σ 等）的随机性？显然，这是一个随机性在物理系统（也是工程系统）中的传播问题。第三章与第四章论述了统计矩层次的随机性传播。在这一层次，仅能处理线性结构的分析问题或构件层次的非线性分析问题。对于一般物理、力学系统（包括线性系统、非线性系统）中的随机性传播规律，要借助概率密度演化理论来揭示。

6.2.2　广义概率密度演化方程

根据概率守恒原理，由随机源所决定的概率测度，在数学与物理变换中守恒。利用概率守恒原理的随机事件描述，可以导出广义概率密度演化方程[10]：

$$\frac{\partial p_{Y\Theta}(\boldsymbol{y},\ \boldsymbol{\theta},\ \tau)}{\partial \tau} + \sum_{l=1}^{m} \dot{Y}_l(\boldsymbol{\theta},\ \tau)\frac{\partial p_{Y\Theta}(\boldsymbol{y},\ \boldsymbol{\theta},\ \tau)}{\partial y_l} = 0 \tag{6.21}$$

式中，m 为状态变量 $\boldsymbol{Y}$ 的维数。

具体推导过程如下。

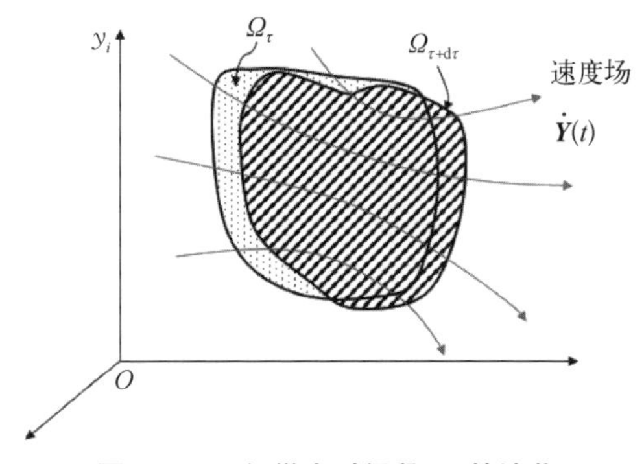

图 6.3 $\boldsymbol{\Omega}_\tau$ 经微小时间段 $\mathbf{d}\boldsymbol{\tau}$ 的演化

考察式(6.17)所决定的随机系统演化过程中的一个随机事件 $\{[\boldsymbol{Y}(\tau), \boldsymbol{\Theta}] \in \Omega_\tau \times \Omega_\Theta\}$，在经历微小时间增量 $\mathrm{d}\tau$ 之后的 $\tau + \mathrm{d}\tau$ 时刻,该随机事件演化成为 $\{[\boldsymbol{Y}(\tau + \mathrm{d}\tau), \boldsymbol{\Theta}] \in \Omega_{\tau+\mathrm{d}\tau} \times \Omega_\Theta\}$。其中，$\Omega_{\tau+\mathrm{d}\tau}$ 是 Ω_τ 经 $\mathrm{d}\tau$ 演化后的结果(图 6.3)：

$$\Omega_{\tau+\mathrm{d}\tau} = \Omega_\tau + \int_{\partial\Omega_\tau} (\dot{\boldsymbol{y}}\mathrm{d}\tau) \cdot \boldsymbol{n}\mathrm{d}s \tag{6.22}$$

式中,第二项表示由系统状态变化速率 $\dot{\boldsymbol{Y}}$ 所导致的 Ω_τ 边界的变化。后面将会看到,正是 $\boldsymbol{Y}$ 的分布值域由 Ω_τ 变化到 $\Omega_{\tau+\mathrm{d}\tau}$，导致在总概率含量不变的前提下,不同时刻 Ω_τ 中的概率密度发生变化(概率密度演化)。

依据概率守恒原理的随机事件描述,存在式(6.12)及式(6.13)。将式(6.13)重列于此:

$$\int_{\Omega_{\tau+\mathrm{d}\tau}\times\Omega_\Theta} p_{\boldsymbol{Y\Theta}}(\boldsymbol{y}, \boldsymbol{\theta}, \tau + \mathrm{d}\tau)\mathrm{d}\boldsymbol{y}\mathrm{d}\boldsymbol{\theta} = \int_{\Omega_\tau\times\Omega_\Theta} p_{\boldsymbol{Y\Theta}}(\boldsymbol{y}, \boldsymbol{\theta}, \tau)\mathrm{d}\boldsymbol{y}\mathrm{d}\boldsymbol{\theta} \tag{6.13}$$

注意到,

$$p_{\boldsymbol{Y\Theta}}(\boldsymbol{y}, \boldsymbol{\theta}, \tau + \mathrm{d}\tau) = p_{\boldsymbol{Y\Theta}}(\boldsymbol{y}, \boldsymbol{\theta}, \tau) + \frac{\partial p_{\boldsymbol{Y\Theta}}(\boldsymbol{y}, \boldsymbol{\theta}, \tau)}{\partial\tau}\mathrm{d}\tau \tag{6.23}$$

将式(6.22)与式(6.23)代入式(6.13)左侧有

$$\begin{aligned}
&\int_{\Omega_{\tau+\mathrm{d}\tau}\times\Omega_\Theta} p_{\boldsymbol{Y\Theta}}(\boldsymbol{y}, \boldsymbol{\theta}, \tau + \mathrm{d}\tau)\mathrm{d}\boldsymbol{y}\mathrm{d}\boldsymbol{\theta} \\
&= \int_{\Omega_\tau\times\Omega_\Theta} \left[p_{\boldsymbol{Y\Theta}}(\boldsymbol{y}, \boldsymbol{\theta}, \tau) + \frac{\partial p_{\boldsymbol{Y\Theta}}(\boldsymbol{y}, \boldsymbol{\theta}, \tau)}{\partial\tau}\mathrm{d}\tau\right]\mathrm{d}\boldsymbol{y}\mathrm{d}\boldsymbol{\theta} \\
&\quad + \int_{\partial\Omega_\tau\times\Omega_\Theta} \left[\left(p_{\boldsymbol{Y\Theta}}(\boldsymbol{y}, \boldsymbol{\theta}, \tau) + \frac{\partial p_{\boldsymbol{Y\Theta}}(\boldsymbol{y}, \boldsymbol{\theta}, \tau)}{\partial\tau}\mathrm{d}\tau\right)(\dot{\boldsymbol{y}}(\boldsymbol{\theta}, t)\mathrm{d}\tau)\right] \cdot \boldsymbol{n}\mathrm{d}s\mathrm{d}\boldsymbol{\theta}
\end{aligned} \tag{6.24}$$

将式(6.24)代入式(6.13),消去同类项,有

$$
\int_{\Omega_\tau \times \Omega_\Theta} \left[\frac{\partial p_{Y\Theta}(\boldsymbol{y}, \boldsymbol{\theta}, \tau)}{\partial \tau} \mathrm{d}\tau \right] \mathrm{d}\boldsymbol{y} \mathrm{d}\boldsymbol{\theta}
$$

$$
= - \int_{\partial \Omega_\tau \times \Omega_\Theta} \left\{ \left[p_{Y\Theta}(\boldsymbol{y}, \boldsymbol{\theta}, \tau) + \frac{\partial p_{Y\Theta}(\boldsymbol{y}, \boldsymbol{\theta}, \tau)}{\partial \tau} \mathrm{d}\tau \right] \left[\dot{\boldsymbol{y}}(\boldsymbol{\theta}, t) \mathrm{d}\tau \right] \right\} \cdot \boldsymbol{n} \mathrm{d}s \mathrm{d}\boldsymbol{\theta} \tag{6.25}
$$

对上式右端应用散度定理,略去高阶项并消去 $\mathrm{d}\tau$,将有

$$
\int_{\Omega_\tau \times \Omega_\Theta} \left[\frac{\partial p_{Y\Theta}(\boldsymbol{y}, \boldsymbol{\theta}, \tau)}{\partial \tau} + \sum_{l=1}^{m} \dot{Y}_l(\boldsymbol{\theta}, \tau) \frac{\partial p_{Y\Theta}(\boldsymbol{y}, \boldsymbol{\theta}, \tau)}{\partial y_l} \right] \mathrm{d}\boldsymbol{y} \mathrm{d}\boldsymbol{\theta} = 0 \tag{6.26}
$$

注意到 $\Omega_\tau \times \Omega_\Theta$ 的任意性,有

$$
\frac{\partial p_{Y\Theta}(\boldsymbol{y}, \boldsymbol{\theta}, \tau)}{\partial \tau} + \sum_{l=1}^{m} \dot{Y}_l(\boldsymbol{\theta}, \tau) \frac{\partial p_{Y\Theta}(\boldsymbol{y}, \boldsymbol{\theta}, \tau)}{\partial y_l} = 0
$$

显然,这正是式(6.21)。

广义概率密度演化方程(6.21)也可以由全导数方式(6.15)导出[2]。

由于广义概率密度演化方程针对具有普遍意义的基本方程(6.17)导出,因此,它具有非常宽广的适应性。对于具体的物理、力学方程,当要考察系统内部随机性的影响且系统为保守随机系统时,总可以根据具体问题的需要,列出对应的广义概率密度演化方程。例如,对于式(6.18)所示的弹性动力学基本方程,如果我们关心的重点是应力状态,则可以列出关于应力的广义概率密度演化方程:

$$
\frac{\partial p_{\sigma\Theta}(\boldsymbol{\sigma}, \boldsymbol{\theta}, t)}{\partial t} + \sum_{i=1}^{M} \dot{\sigma}_i(\boldsymbol{\theta}, t) \frac{\partial p_{\sigma\Theta}(\boldsymbol{\sigma}, \boldsymbol{\theta}, t)}{\partial \sigma_i} = 0 \tag{6.27}
$$

式中, M 为所考察应力点的个数; $\dot{\sigma}_i$ 为应力变化速度。

而对于宏观层次的动力分析方程(6.19),若以 $\boldsymbol{Z} = f(\boldsymbol{X})$ 表示与结构位移响应 $\boldsymbol{X}$ 相关的物理量(如结构内力等),则可列出如下的广义概率密度演化方程:

$$
\frac{\partial p_{Z\Theta}(\boldsymbol{z}, \boldsymbol{\theta}, t)}{\partial t} + \sum_{j=1}^{N} \dot{Z}_l(\boldsymbol{\theta}, t) \frac{\partial p_{Z\Theta}(\boldsymbol{z}, \boldsymbol{\theta}, t)}{\partial z_j} = 0 \tag{6.28}
$$

式中, N 为物理量 $\boldsymbol{Z}$ 的维数。

在上述两例中,系统演化参数被视为狭义的时间 t 。事实上,对于系统演化参数,可以作更广义的理解。例如,对于前述弹性动力系统,当仅考虑静力荷载作用时,存在弹性静力学基本方程:

$$\left.\begin{array}{ll}\operatorname{div}\boldsymbol{\sigma}+\rho\boldsymbol{b}=0 & \\ \boldsymbol{\varepsilon}=\dfrac{1}{2}(\nabla\boldsymbol{u}+\nabla^{\mathrm{T}}\boldsymbol{u}) & \\ \boldsymbol{\sigma}=\boldsymbol{E}:\boldsymbol{\varepsilon} & \\ \boldsymbol{\sigma}\cdot\boldsymbol{n}=\boldsymbol{p} & \boldsymbol{x}\in\boldsymbol{S}_p \\ \boldsymbol{u}=\bar{\boldsymbol{u}} & \boldsymbol{x}\in\boldsymbol{S}_u\end{array}\right\} \tag{6.29}$$

引入比例加载机制,并取基本的加载物理量(如结构关键点位移)为广义时间 τ,则关于结构应力状态的广义概率密度演化方程为

$$\frac{\partial p_{\boldsymbol{\sigma\Theta}}(\boldsymbol{\sigma},\boldsymbol{\theta},\tau)}{\partial\tau}+\sum_{i=1}^{M}\dot{\sigma}_i(\boldsymbol{\theta},\tau)\frac{\partial p_{\boldsymbol{\sigma\Theta}}(\boldsymbol{\sigma},\boldsymbol{\theta},\tau)}{\partial\sigma_i}=0 \tag{6.30}$$

显然,这种广义的理解与表述方式,加深了我们对客观世界的认识,也有利于研究与分析一般的物理与工程系统。

当仅考察一个具体的物理量时,上述多维的偏微分方程退化为一维的偏微分方程。事实上,对于一般的广义概率密度演化方程(6.21),取 $m=1$, 并略去 y 的脚标,有

$$\frac{\partial p_{Y\Theta}(y,\boldsymbol{\theta},\tau)}{\partial\tau}+\dot{Y}(\boldsymbol{\theta},\tau)\frac{\partial p_{Y\Theta}(y,\boldsymbol{\theta},\tau)}{\partial y}=0 \tag{6.31}$$

显然,这大大降低了方程求解的难度。通常,在实际问题中,一般不考虑关于 $\boldsymbol{Y}$ 的联合概率分布信息,只需要求解这一方程。

将式(6.31)移项,可得

$$\frac{\partial p_{Y\Theta}(y,\boldsymbol{\theta},\tau)}{\partial\tau}=-\dot{Y}(\boldsymbol{\theta},\tau)\frac{\partial p_{Y\Theta}(y,\boldsymbol{\theta},\tau)}{\partial y} \tag{6.32}$$

注意到 $\dot{Y}$ 反映的是系统状态 Y 在单位时间内的变化率,式(6.32)就清晰地揭示了随机性在物理系统中的传播规律。事实上,对于随机性影响不可忽略的物理系统,我们所关心的是初始随机源 $\boldsymbol{\Theta}$ 所具有的随机性,是如何经过物理系统的作用,转化(传播)为系统响应的随机性的。概率密度演化理论从目标物理量 Y 与本源随机性 $\boldsymbol{\Theta}$ 的联合概率分布 $p_{Y\Theta}$ 来描述这一问题。式(6.32)十分清楚地告诉我们,联合概率分布 $p_{Y\Theta}$ 关于时间 τ 的变化率与关于系统状态 Y 的变化率在每一时刻均成比例,比例系数是 $\dot{Y}$ 。这一比例系数恰恰是系统状态在 τ 时刻的综合变化率。这就十分清楚地说明:系统物理状态的变化,促成了概率密度

的演化！

物理规律如何作用于随机系统，并因之推动系统概率密度的演化，概率密度演化理论给出了旗帜鲜明的回答。

6.2.3 广义概率密度演化方程的解析解

为了求解广义概率密度演化方程，需要确定初始条件。对于一维情形[式(6.31)]，若随机参数与初始条件无关，则注意到概率密度函数定义的本质，有

$$p_0 = p_{Y\Theta}(y, \boldsymbol{\theta}, \tau)|_{\tau=0} = \delta(y - y_0)p_{\Theta}(\boldsymbol{\theta}) \tag{6.33}$$

式中，y_0 为 $y(\tau)$ 在 τ_0 点的确定性初始值；$\delta(\cdot)$ 为 Dirac delta 函数。

采用微分方程求解理论中的特征线方法[12]，可以给出广义概率密度演化方程的解析解。为简明记，这里仅讨论一维问题。

在经典微分方程中，形如：

$$\frac{\partial p(x, t)}{\partial t} + a(t)\frac{\partial p(x, t)}{\partial x} = 0 \tag{6.34}$$

的偏微分方程，存在如下解答：

$$p(x, t) = p_0[x - \int_0^t a(t)\mathrm{d}t] \tag{6.35}$$

注意到式(6.34)与式(6.31)的相似性，利用上述结果，显然可知式(6.31)的解为

$$p_{Y\Theta}(y, \boldsymbol{\theta}, \tau) = p_0[y - \int_0^\tau \dot{Y}(\boldsymbol{\theta}, \tau)\mathrm{d}\tau] \tag{6.36}$$

这就是广义概率密度演化方程的解析解。注意，它是物理量 Y 与随机源 $\boldsymbol{\Theta}$ 的联合概率密度函数。

通常，我们更为关心的是系统状态量 Y 的概率分布密度随着时间 τ 的推演而发展变化的过程。换句话说，在工程实际问题中关心的是系统状态量 Y 的概率密度演化过程，而不仅仅是广义概率密度演化方程的解。这只需要关于上述联合概率分布函数 $p_{Y\Theta}(y, \boldsymbol{\theta}, \tau)$ 在 $\boldsymbol{\Theta}$ 的变化区间 Ω_Θ 积分即可。即，$Y(\tau)$ 的概率密度函数为[2]

$$p_Y(y, \tau) = \int_{\Omega_\Theta} p_{Y\Theta}(y, \boldsymbol{\theta}, \tau)\mathrm{d}\theta$$

$$= \int_{\Omega_\Theta} \delta[y - f(\boldsymbol{\theta}, \tau)] p_\Theta(\boldsymbol{\theta}) \mathrm{d}\boldsymbol{\theta} \tag{6.37}$$

式中,$f(\boldsymbol{\theta}, \tau)$ 为物理方程(6.17)的解[见式(6.20)]。

【**例 6.1**】具有随机频率的单自由度系统。

考察如下单自由度系统:

$$\ddot{x} + \omega^2 x = 0,\ x(0) = x_0,\ \dot{x}(0) = 0 \tag{6.38}$$

式中,频率 ω 为随机变量,且服从 $[\omega_1, \omega_2]$ 内的均匀分布。

以 θ 表示 ω ,则与物理方程(6.38)相应的广义概率密度演化方程为

$$\frac{\partial p_{X\Theta}(x, \theta, t)}{\partial t} + \dot{X}(\theta, t) \frac{\partial p_{X\Theta}(x, \theta, t)}{\partial x} = 0 \tag{6.39}$$

相应的初始条件为

$$p_0 = p_{X\Theta}(x, \theta, t_0) = \delta(x - x_0) p_\Theta(\theta) \tag{6.39a}$$

注意到式(6.38)的解答为

$$x = f(\theta, t) = x_0 \cos(\theta t) \tag{6.40}$$

则根据式(6.36),式(6.39)的解为

$$p_{X\Theta}(x, \theta, t) = \delta[x - f(\theta, t)] p_\Theta(\theta) \tag{6.41}$$

进而,系统位移响应 X 的概率密度随时间的演化过程是[2]

$$\begin{aligned} &p_X(x, t) \\ &= \int_{\omega_1}^{\omega_2} \delta[x - x_0 \cos(\theta t)] p_\Theta(\theta) \mathrm{d}\theta \\ &= \begin{cases} \dfrac{1}{\sqrt{x_0^2 - x^2}} \sum\limits_{l=0}^{\infty} \left\{ \begin{aligned} &p_\eta\left[2l\pi + 2\pi - \cos^{-1}\left(\frac{x}{x_0}\right),\ t\right] \\ &+ p_\eta\left[2l\pi + \cos^{-1}\left(\frac{x}{x_0}\right),\ t\right] \end{aligned} \right\}, & |x| \leqslant |x_0| \\ 0, & \text{其他} \end{cases} \end{aligned} \tag{6.42}$$

式中,

$$p_\eta(x) = \frac{1}{t} p_\Theta\left(\frac{x}{t}\right) \tag{6.43}$$

图 6.4 给出了 p_X 在典型时刻的概率分布密度。

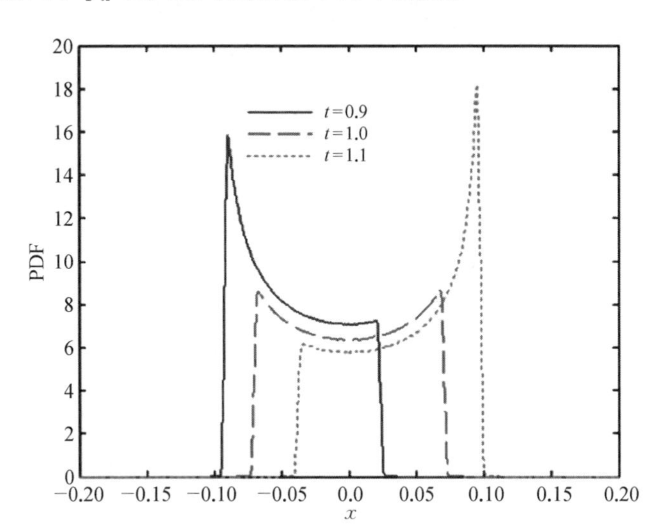

图 6.4　线性单自由度系统典型时刻概率密度函数

【**例 6.2**】具有随机阻尼系数的 van der Pol 振子。

考察一维 van der Pol 方程：

$$\ddot{x} + x + \theta x^2 \dot{x} = 0,\ x(0) = 1,\ \dot{x}(0) = 0 \tag{6.44}$$

式中，θ 为服从对数正态分布的随机变量。

与物理方程(6.44)相应的广义概率密度演化方程及其初始条件仍为式(6.39)所示。

利用群论方法，可以给出物理方程的解为[13]

$$x = f(\theta,\ t) = \cos t - \frac{1}{8}\theta t \cos^3 t + \frac{1}{8}\theta \sin^3 t \tag{6.45}$$

根据式(6.36)，系统位移响应与随机参数 Θ 的联合概率密度为式(6.41)所示。而系统位移响应 X 的概率密度演化过程是[13]

$$p_X(x,\ t) = p_\Theta\left(\frac{8(\cos t - x)}{t\cos^3 t - \sin^3 t}\right) \Big/ \left| -\frac{1}{8}t\cos^3 t + \frac{\sin^3 t}{8} \right| \tag{6.46a}$$

当 $p_\Theta(\theta)$ 服从如下对数正态分布：

$$p_\Theta(\theta) = \frac{1}{\sqrt{2\pi}\,\theta} \mathrm{e}^{-\frac{1}{2}(\ln\theta)^2} \tag{6.46b}$$

图 6.5 给出了 $p_X(x, t)$ 在不同时刻的概率分布密度图。可见,与图 6.4 类似,概率密度的变化是一个不断"振荡"的过程。

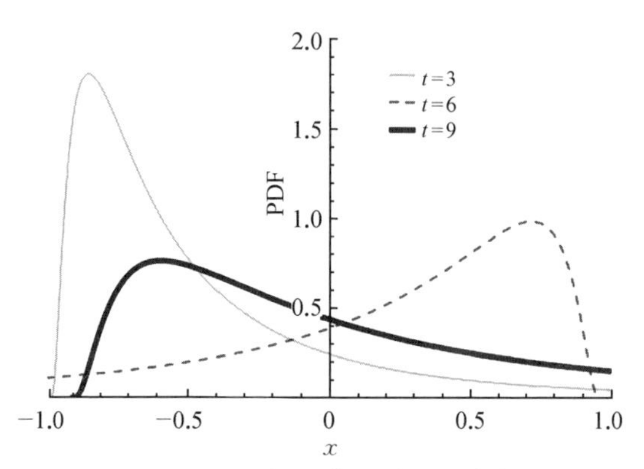

图 6.5 van de Pol 振子典型时刻概率密度函数

6.2.4 广义概率密度演化方程的数值解

对于大多数实际工程问题,与之对应的物理、力学方程的解析解是很难求得的。因此,对于大多数实际工程问题,也难以找到广义概率密度演化方程的解析解。现实的选择是采用数值方法求解物理方程与广义概率密度演化方程。

从前述分析可知,求解随机系统响应的概率密度演化过程,需要联立求解物理方程与概率密度演化方程。以结构动力分析问题为例,不失一般性,可以列出如下方程组:

$$\begin{cases} \boldsymbol{M}\ddot{\boldsymbol{X}}(\boldsymbol{\Theta}_M) + \boldsymbol{C}\dot{\boldsymbol{X}}(\boldsymbol{\Theta}_C) + \boldsymbol{K}\boldsymbol{X}(\Theta_K) = \boldsymbol{F}(\boldsymbol{\Theta}_F, t) \\ \dfrac{\partial p_{Z\Theta}(z, \boldsymbol{\theta}, t)}{\partial t} + \dot{Z}(\boldsymbol{\theta}, t)\dfrac{\partial p_{Z\Theta}(z, \boldsymbol{\theta}, t)}{\partial z} = 0 \\ p_{Z\Theta}(z, \boldsymbol{\theta}, t)\mid_{t=0} = \delta(z - z_0)p_{\Theta}(\boldsymbol{\theta}) \end{cases} \tag{6.47}$$

式中,$\boldsymbol{\Theta}_M$、$\boldsymbol{\Theta}_C$、$\boldsymbol{\Theta}_K$、$\boldsymbol{\Theta}_F$ 分别为影响结构质量、阻尼、刚度和动力激励的物理参数;$\boldsymbol{\Theta} = (\boldsymbol{\Theta}_M, \boldsymbol{\Theta}_C, \boldsymbol{\Theta}_K, \boldsymbol{\Theta}_F)$;$Z = H(\boldsymbol{X}, \boldsymbol{\Theta}, t)$,$H(\cdot)$ 的具体函数形式由所关注的物理量决定。

显然,在 $\boldsymbol{\Theta}$ 中,既包括了结构性质的随机性,也包括了结构作用的随机性。通过联立求解上述方程,既可以反映材料性质随机性在结构系统中的传播,也可以反映结构作用随机性在结构系统中的传播过程。

在此前提下,数值求解随机系统响应概率密度的一般步骤可以概括为以下几步[2]。

（1）对基本的随机参数值域空间 Ω_Θ 进行剖分，即取

$$\Omega_\Theta = \bigcup_{q=1}^{n} \Omega_{\theta_q} \tag{6.48a}$$

且对任意 q 与 l，有

$$\Omega_{\theta_q} \cap \Omega_{\theta_l} = \phi \tag{6.48b}$$

式中，n 为剖分单元总数；ϕ 表示空集。

依据基本随机变量的概率分布，可计算各剖分单元的赋得概率 P_q：

$$P_q = \Pr\{\boldsymbol{\Theta} \in \Omega_{\theta_q}\} = \int_{\Omega_{\theta_q}} p_\Theta(\boldsymbol{\theta})\,\mathrm{d}\boldsymbol{\theta} \tag{6.49}$$

显然，在每一剖分单元，若定义：

$$p_Z^{(q)}(z,\ t) = \int_{\Omega_{\theta_q}} p_{Z\theta}(z,\ \boldsymbol{\theta},\ t)\,\mathrm{d}\boldsymbol{\theta} \tag{6.50}$$

则式(6.47)中的广义概率密度演化方程将变为一系列的方程组：

$$\frac{\partial p_Z^{(q)}(z,\ t)}{\partial t} + \dot{Z}_q(t)\frac{\partial p_Z^{(q)}(z,\ t)}{\partial z} = 0,\ q = 1,\ 2,\ 3,\ \cdots,\ n \tag{6.51}$$

其初始条件为

$$p_Z^{(q)}(z,\ t_0) = \delta(z - z_0)P_q \tag{6.51a}$$

（2）在每一剖分单元区域取一代表点 $\boldsymbol{\theta}_q(q = 1,\ 2,\ \cdots,\ n)$，对每一 $\boldsymbol{\theta}_q$，采用适当数值方式，按照确定性分析方法求解物理方程[对(6.47)，即求解结构动力分析方程]，给出 $\dot{Z}(\boldsymbol{\theta}_q,\ t_m)$。这里，$t_m = m \cdot \Delta t$，$\Delta t$ 为数值求解物理方程的时间步长；

（3）将物理方程解代入广义概率密度演化方程，采用适当数值方法求解离散的广义概率密度演化方程(6.51)，给出联合概率密度解答 $p_{Z\Theta}(z_j,\ \theta,\ t_k)$，这里 $z_j = z_0 + j\Delta z$，Δz 为系统状态量离散步长，$t_k = k\Delta\bar{t}$，$\Delta\bar{t}$ 为求解概率密度演化方程时的时间步长，一般说来，$\Delta t < \Delta\bar{t}$；

（4）对 $p_{Z\Theta}(z,\ \boldsymbol{\theta},\ t)$ 关于 $\boldsymbol{\theta}$ 进行数值积分，给出系统响应的概率密度解答，即

$$p_Z(z_j, t_k) = \sum_{q=1}^{n} p_{Z\Theta}(z_j, \boldsymbol{\theta}_q, t_k) P_q \tag{6.52}$$

在上述各步骤中,步骤(4)比较简单,步骤(2)有成熟的数值方法(对结构分析多采用有限单元法)。因此,利用概率密度演化理论求解随机系统的概率响应,新的特殊性仅仅在于步骤(1)与步骤(3)。以下具体论述。

6.3 概率空间剖分

上节所述的数值求解步骤(1),其实质是对多元随机变量所在的概率空间进行剖分,并计算每一剖分单元所拥有的概率(赋得概率)。多元随机变量取值的空间一般是一个几何空间,对其进行剖分,可以先选取一批离散的点;然后,采用 Voronoi 集合方式对几何空间进行划分得到剖分单元;再依据多元随机变量的概率分布计算各单元的赋得概率(具体方法见附录 D)。

6.3.1 概率空间的 Voronoi 集合剖分

设 s 维连续随机向量 $\boldsymbol{\Theta} = (\Theta_1, \Theta_2, \cdots, \Theta_s)$ 的值域空间为 $\Omega_\Theta \subseteq \mathbb{R}^s$。显然,可以将 Ω_Θ 剖分为若干个互不相容的子域的集合。原则上,这类剖分的方式不是唯一的,甚至有无穷可能。采用 Voronoi 集合剖分,具有几何意义清晰、计算方便的优点,因而得到了广泛的应用。

设 $M_n = \{\boldsymbol{\theta}_q\}_{q=1}^{n} = \{\boldsymbol{\theta}_q = (\theta_{q,1}, \theta_{q,2}, \cdots, \theta_{q,s})\}_{q=1}^{n}$ 为分布空间 Ω_Θ 中的 n 个离散点构成的点集。以这 n 个离散点为核心,可将分布空间 Ω_Θ 划分为 n 个子域 $V_q(q = 1, 2, \cdots, n)$,且 $\boldsymbol{\theta}_q \in V_q$、$\boldsymbol{\theta}_r \notin V_q$, $\forall_r \neq q$。以 $\boldsymbol{\theta}_q$ 为核心的 Voronoi 子域 $\{V_q\}_{q=1}^{n}$ 定义是:

对任意 $q = 1, 2, \cdots, n$,有

$$V_q = \{\boldsymbol{\theta} \in \Omega_{\boldsymbol{\Theta}} \mid \|\boldsymbol{\theta} - \boldsymbol{\theta}_q\| \leqslant \|\boldsymbol{\theta} - \boldsymbol{\theta}_r\|, \forall r \neq q, r = 1, 2, \cdots, n\} \tag{6.53}$$

式中,$\boldsymbol{\theta} = (\theta_1, \theta_2, \cdots, \theta_s) \in \Omega_\Theta$ 表示分布空间 Ω_Θ 中的点;$\|\cdot\|$ 表示距离,一般采用 Euclid 距离,即对于向量 $\boldsymbol{x} = (x_1, x_2, \cdots, x_s)$,有 $\|\boldsymbol{x}\| = (x_1^2 + x_2^2 + \cdots + x_s^2)^{1/2}$。

图 6.6 给出了一个正方形区域内的点集确定的 Voronoi 集合剖分。可见,在

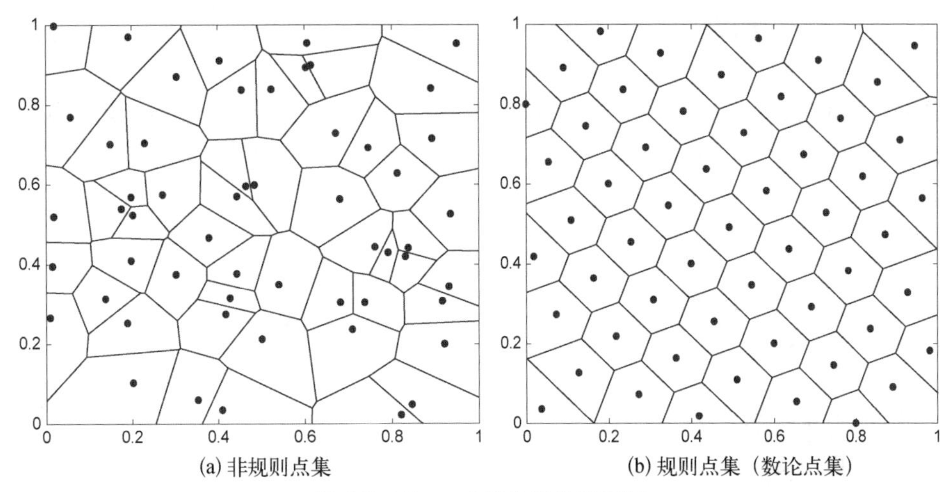

图 6.6　Voronoi 集合剖分示意图

二维平面上，Voronoi 集合是由某点与周围各点之中垂线围合而成的最小区域。

对比图 6.6(a)和(b)可见，对不同的点集，Voronoi 集合所包围的面积均匀程度不同：若点集均匀性较差[图 6.6(a)]，则 Voronoi 区域的面积差异较大；反之，若点集均匀性较好[图 6.6(b)]，则各 Voronoi 区域的面积较为接近。

任意点集 M_n 的 Voronoi 集合具有如下性质[14]：

(1) 所有 Voronoi 子集构成分布空间 Ω_Θ 的一个完整剖分，即 $\nu(V_q \cap V_r) = 0$，$\forall r \neq q$ 且 $\bigcup_{q=1}^{n} V_q = \Omega_\Theta$。这里 $\nu(\cdot)$ 表示集合的 Lebesgue 测度①；

(2) 所有 Voronoi 子集所包含的区域都是凸的；

(3) 对于给定的点集与分布空间，Voronoi 集合剖分是唯一的。

一般，称上述离散点集 M_n 为代表点集。显然，代表点集的优劣直接影响系统响应概率密度的计算精度。而代表点集的优劣程度，可以用点集的偏差来衡量。

6.3.2　点集的偏差

对于在 s 维单元超立方体 $C^s = [0, 1]^s$ 内分布的有限点集 $\mathcal{P}_n = \{\boldsymbol{x}_q = (x_{q,1}, x_{q,2}, \cdots, x_{q,s}),\ q = 1, 2, \cdots, n\}$，其偏差可定义为[15]

① 对于二维平面的子集，Lebesgue 测度指面积；对于三维空间的子集，Lebesgue 测度指体积。

$$\mathcal{D}(n,\ \mathcal{P}_n)=\sup_{\nu\in C^s}\left\{\left|\frac{\mathcal{N}(\boldsymbol{\nu},\ \mathcal{P}_n)}{n}-\mathscr{V}([0,\ \boldsymbol{\nu}])\right|\right\} \tag{6.54}$$

式中，$\boldsymbol{\nu}=(\nu_1,\nu_2,\cdots,\nu_s)\in C^s$，$\nu_j\in[0,1]$，$j=1,2,\cdots,s$；$\mathcal{N}(\boldsymbol{\nu},\ \mathcal{P}_n)$ 为点集 $\mathcal{P}_n$ 中落入超立方体 $[0,\boldsymbol{\nu}]$ 中的点数（即满足 $\boldsymbol{x}_q\leqslant\boldsymbol{\nu}$ 的点数）；$\mathscr{V}([0,\boldsymbol{\nu}])=\prod_{j=1}^{s}\mathscr{V}_j$ 是超立方体 $[0,\boldsymbol{\nu}]$ 的体积。

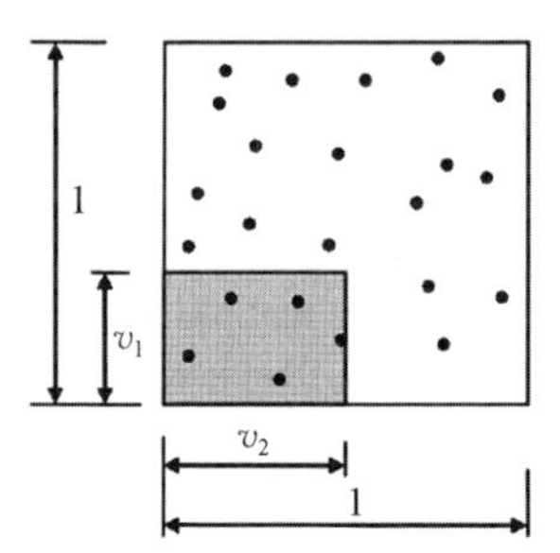

图 6.7　点集偏差定义示意图

图 6.7 为二维情况下点集偏差定义的示意图。可见，式(6.54)定义的点集偏差是用落入超立方体 $[0,\boldsymbol{\nu}]$ 中的点数与总点数的比值 $\frac{\mathcal{N}(\boldsymbol{\nu},\ \mathcal{P}_n)}{n}$ 近似估计超立方体 $[0,\boldsymbol{\nu}]$ 所占总体体积比值时的最大误差。显然，点集分布越均匀，点集偏差将越小。

上述偏差定义，可视为随机变量服从均匀分布时，所对应几何空间中点集的均匀程度的度量标准。若要将其推广到非均匀分布场合，则要引用以下的 F 偏差[16]：

$$\mathcal{D}_{\mathrm{F}}(n,\ \mathcal{P}_n)=\sup_{x\in\mathbb{R}^s}\{|\ \mathcal{F}_n(\boldsymbol{x})-\mathcal{F}(\boldsymbol{x})\ |\} \tag{6.55}$$

式中，$\mathbb{R}^s$ 为随机向量 $\boldsymbol{X}$ 取值的值域空间；$\mathcal{F}(\boldsymbol{x})$ 是随机向量 $\boldsymbol{X}$ 的联合概率分布函数；$\mathcal{F}_n(\boldsymbol{x})$ 为经验分布函数，定义为

$$\mathcal{F}_n(\boldsymbol{x})=\frac{1}{n}\sum_{q=1}^{n}I(\boldsymbol{x}_q\leqslant\boldsymbol{x}) \tag{6.56}$$

式中，$I(\cdot)$ 为示性函数，即当括号内的条件为真时，其值为 1，反之为 0。

对于一维分布函数，$\mathcal{F}(\boldsymbol{x})$ 与 $\mathcal{F}_n(\boldsymbol{x})$ 及 F 偏差可见图 6.8。

显然，对于均匀分布情形，式(6.55)退化为式(6.54)。

对于点集 $\mathcal{P}_n$，采用 Voronoi 集合方式剖分单元并计算各剖分单元的赋得概率 P_q 时，各单元的 P_q 并不相等。而在上述 F 偏差中，却采用统一的 $\frac{1}{n}$ 来代替 P_q，这是不合理的。为

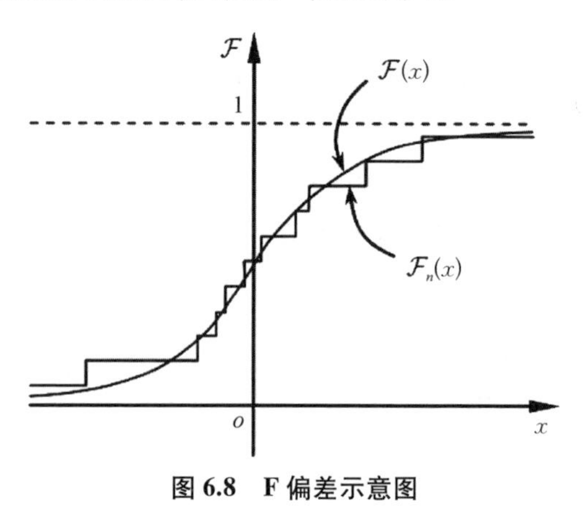

图 6.8　F 偏差示意图

纠正这一失误,引出 EF 偏差的概念[2]:

$$D_{\mathrm{EF}}(\mathcal{P}_n)=\sup_{\boldsymbol{\theta}\in R^s}\{|F_n(\boldsymbol{\theta},\mathcal{P}_n)-F_n(\boldsymbol{\theta})|\}\tag{6.57}$$

式中,$F(\boldsymbol{\theta})$ 为 $\boldsymbol{\theta}$ 的联合概率密度分布函数,$\boldsymbol{\theta}$ 为随机向量,而

$$F_n(\boldsymbol{\theta},\mathcal{P}_n)=\sum_{q=1}^{n}P_qI(\boldsymbol{\theta}_q\leqslant\boldsymbol{\theta})\tag{6.58}$$

点集 $\mathcal{P}_n$ 的 EF 偏差联系于前述随机系统响应概率密度 $p_Y(y,\tau)$ 积分的数值精度。事实上,采用概率空间剖分方式计算式(6.37),是取①

$$p_Y(y,\tau)=\int_{\Omega_\Theta}p_{\boldsymbol{Y\Theta}}(\boldsymbol{y},\boldsymbol{\theta},\tau)\mathrm{d}\boldsymbol{\theta}=\sum_{q=1}^{n}\int_{\Omega_q}p_{\boldsymbol{Y\Theta}}(\boldsymbol{y},\boldsymbol{\theta},\tau)\mathrm{d}\boldsymbol{\theta}\approx\sum_{q=1}^{n}p_q(\boldsymbol{y},\tau)\tag{6.59}$$

采用概率空间剖分方式近似计算上述积分,其计算误差与前述 EF 偏差具有下述关系②:

$$\left|\int_{\Omega_\Theta}p_{\boldsymbol{Y\Theta}}(\boldsymbol{y},\boldsymbol{\theta},\tau)-\sum_{q=1}^{n}P_q\tilde{p}_q(\boldsymbol{y},\tau)\right|\leqslant TV(p_{\boldsymbol{Y\Theta}})\cdot D_{\mathrm{EF}}(\mathcal{P}_n)\tag{6.60}$$

式中,$\tilde{p}_q(\boldsymbol{y},\tau)=p_q(\boldsymbol{y},\tau)/P_q$;$TV(p_{\boldsymbol{Y\Theta}})$ 为函数 $p_{\boldsymbol{Y\Theta}}$ 的总变差,是函数 $p_{\boldsymbol{Y\Theta}}(\boldsymbol{y},\boldsymbol{\theta},\tau)$ 不规则程度的一种度量。

由上述不等式可知,在概率空间剖分环节,概率密度演化理论中的计算误差由两部分组成:点集的 EF 偏差和 $p_{\boldsymbol{Y\Theta}}(\boldsymbol{y},\boldsymbol{\theta},\tau)$ 的不规则程度。后者一般与物理系统的非线性程度和随机源的概率分布特征有关,是无法通过改善数值分析手段降低的。但是,无论 $p_{\boldsymbol{Y\Theta}}(\boldsymbol{y},\boldsymbol{\theta},\tau)$ 变差大小,总是可以通过降低代表性点集 $\mathcal{P}_n$ 的 EF 偏差,达到改善系统响应概率分布密度计算精度的目的。而降低点集的 EF 偏差可以通过合理的选点方法实现。

由于需要计算联合概率分布函数 $F(\boldsymbol{\theta})$ 和相应的经验分布函数 $F_n(\boldsymbol{\theta},\mathcal{P}_n)$,对于多维随机变量,EF 偏差的计算在本质上属于非多项式增长问题("NP-hard"难题)。为此,文献[18]在 EF 偏差的基础上,进一步提出了广义 F 偏差,即 GF 偏差。具体定义为

$$D_{\mathrm{GF}}(\mathcal{P}_n)=\max_{1\leqslant j\leqslant s}\{\sup_{\boldsymbol{\theta}\in\mathbb{R}^s}\{|F_{n,j}(\theta_j,\mathcal{P}_n)-F_j(\theta_j)|\}\}\tag{6.61}$$

---

① 注意,式(6.59)所示积分方式与一般多维数值积分有本质不同。一般说来,普通数值积分的秩为 1,而(6.59)所述积分的秩为无穷大[17]。

② 此式又称为扩展的 Koksma-Hlawka 不等式[18]。

式中,s 为随机向量的维数;$F_j(\theta_j)$ 是 $\boldsymbol{\Theta}$ 的第 j 维边缘概率分布函数;$F_{n,j}(\theta_j, \mathcal{P}_n)$ 是变量 θ_j 及点集 $\mathcal{P}_n$ 对应的经验分布函数,即

$$F_{n,j}(\theta_j, \mathcal{P}_n) = \sum_{q=1}^{n} P_q \cdot I(\theta_{q,j} \leqslant \theta_j) \tag{6.62}$$

由上述定义可知,GF 偏差事实上是各边缘偏差

$$D_{\mathrm{F},j}(\mathcal{P}_n) = \sup_{\boldsymbol{\theta} \in R^s} \{ | F_{n,j}(\theta_j, \mathcal{P}_n) - F_j(\theta_j) | \} \tag{6.63}$$

中的最大值。由于求取 GF 偏差仅仅需计算一维概率分布函数与一维经验分布函数,求解点集偏差的计算工作量大大降低。

文献[19]进一步证实:

$$\frac{1}{4} D_{\mathrm{EF}}(\mathcal{P}_n) \leqslant D_{\mathrm{GF}}(\mathcal{P}_n) \leqslant D_{\mathrm{EF}}(\mathcal{P}_n) \tag{6.64}$$

事实上,就概率密度演化数值算法的误差分析而言,EF 偏差与 GF 偏差具有等价性,即存在

$$\left| \int_{\Omega_\Theta} p_{Y\boldsymbol{\Theta}}(\boldsymbol{y}, \boldsymbol{\theta}, \tau) - \sum_{q=1}^{n} P_q \tilde{p}_q(\boldsymbol{y}, \tau) \right| \leqslant \mathcal{O}(s) TV(p_{Y\boldsymbol{\Theta}}) \cdot D_{GF}(\mathcal{P}_n) \tag{6.65}$$

式中,$\mathcal{O}(s)$ 为与随机向量维数 s 具有相同数量级的系数。

式(6.65)说明,通过降低代表性点集 $\mathcal{P}_n$ 的 GF 偏差,同样可以达到提高随机系统响应概率密度计算精度的目的。

降低代表性点集 $\mathcal{P}_n$ 的 GF 偏差,在本质上是为了实现概率空间的最优剖分。在形式上则是要求解如下优化问题:

$$\begin{aligned} &\min D_{\mathrm{GF}}(\mathcal{P}_n) \\ &\text{s.t. } x_{q,j} \in [0, 1] \\ &\qquad P_q \in [0, 1] \end{aligned} \tag{6.66}$$

显然,这是一个大规模优化问题。事实上,注意到点集数量为 n ,随机向量维数为 s ,则需要优化的变量(代表点集的坐标和对应的空间剖分单元赋得概率)个数为 $n \cdot s + n = n \cdot (s+1)$ 。对于实际的工程问题,优化变量的数目可能高达数千,这往往是难以实现或不可接受的。

实用的方法是将上述问题转化为一个启发式优化的问题。最小化 GF 偏差的本质是使所选点集的各边缘经验分布尽量接近真实的(初始随机源所规定

的)边缘概率分布,其效果则是使按所选点集进行概率空间剖分后,各单元的赋得概率彼此接近、尽量均匀。赋得概率均匀的原则,对于各边缘分布为均匀分布的场合,等价于值域集合空间中点集均匀的要求;对于各边缘分布为非均匀的场合,如果先在 $[0, 1]^s$ 几何空间内选取均匀点集并计算相应的赋得概率,再按边缘分布进行反函数变换作为目标点,同样可以实现赋得概率均匀的目标。进而,考虑到初始的点集总是不够均匀,因而可以按 GF 偏差最小的原则进一步调整点集坐标。如此,就形成了如下的两步选点法:

(1) 选取初始点集;

(2) 点集重整化。

6.3.3　初始点集的选取

如前所述,初始点集选择包括两个基本步骤。首先,在几何空间 $[0, 1]^s$ 中选取均匀点集,即选取

$$\mathcal{P}_{\text{Basic}} = \begin{pmatrix} x_{11} & x_{12} & \cdots & x_{1s} \\ x_{21} & x_{22} & \cdots & x_{2s} \\ \vdots & \vdots & \ddots & \vdots \\ x_{n1} & x_{n1} & \cdots & x_{ns} \end{pmatrix} \tag{6.67}$$

其次,对均匀点集按边缘概率分布做反函数变换,获取目标初始点集。即取

$$\theta_{q,j} = F_j^{-1}(x_{q,j}),\ q = 1,\ \cdots,\ n,\ j = 1,\ \cdots,\ s \tag{6.68}$$

式中, $F_j^{-1}(\cdot)$ 是边缘概率分布 $F_j(\cdot)$ 的反函数; $x_{q,j}$ 为在 $[0, 1]^s$ 范围内均匀分布的点集中各点的坐标。

在几何空间 $[0, 1]^s$ 中选取均匀点集,可以采取两种方式:按数论方法选点和按 Sobol 序列选点。

1. 按数论方法选点

关于数论的研究表明:利用一组整数向量 $(n,\ Q_1,\ Q_2,\ \cdots,\ Q_s)$,可以根据下述公式生成一组 $[0, 1]^s$ 空间中的均匀点集 $\mathcal{P}_{\text{NTM}} = \{\boldsymbol{x}_q = (x_{q,1},\ x_{q,2},\ \cdots,\ x_{q,s}),\ q = 1,\ 2,\ \cdots,\ n\}$ [15]:

$$x_{q,j} = \frac{1}{2n}(2qQ_j - 1)\bmod(2n) \quad q = 1,\ 2,\ \cdots,\ n;\ j = 1,\ 2,\ \cdots,\ s \tag{6.69}$$

式中,mod(·)表示取被除数的余数。因此,上式等价于

$$x_{q,j}=\frac{2qQ_j-1}{2n}-\mathrm{int}\left(\frac{2qQ_j-1}{2n}\right) \tag{6.69a}$$

式中，int(·)为取整函数，表示取不大于括号中数值的整数。

适当选取整数向量 $(n, Q_1, Q_2, \cdots, Q_s)$，可以使按上式生成的点集具有较小的偏差。按照上述华-王方法生成的点集 $\mathcal{P}_{\mathrm{NTM}}$，即具备这样的性质[15]。一般，整数向量 $(n, Q_1, Q_2, \cdots, Q_s)$ 称为生成向量，其值对于不同的维数是不同的。对于 2 维至 10 维向量空间，附录 E 给出了生成向量的取值方式。将选定的生成向量代入式(6.69)，即可获得均匀点集 $\mathcal{P}_{\mathrm{NTM}}$。

对于 $s \geqslant 4$ 的高维空间，按照上述方式选点，n 值往往偏大，这将在概率密度演化分析中导致过大的计算工作量。注意到对于非均匀分布，其概率分布往往呈现近中心处密度大、边缘处密度变小的特点。从赋得概率计算的角度，边缘处的选点可以忽略。进而，注意到正态分布或类正态分布往往具有球形对称衰减的性质，文献[20]提出了对上述数论初始点集的球形筛选-伸缩变换法，即：首先对数论点集 $\mathcal{P}_{\mathrm{NTM}}$ 进行球形筛选，仅保留满足如下条件的点：

$$\left(x_{q,1}-\frac{1}{2}\right)^2+\left(x_{q,2}-\frac{1}{2}\right)^2+\cdots+\left(x_{q,s}-\frac{1}{2}\right)^2 \leqslant \left(\frac{1}{2}\right)^2 \tag{6.70}$$

$$(q=1, 2, \cdots, n)$$

记如此获得的点集为 $\tilde{\boldsymbol{\theta}}_q=(\tilde{\theta}_{q,1}, \tilde{\theta}_{q,2}, \cdots, \tilde{\theta}_{q,s})$。

然后，沿半径方向进行伸展-收缩变换：

$$\theta_{q,j}=g(\|\tilde{\boldsymbol{\theta}}_q\|)\tilde{\theta}_{q,j} \quad q=1, 2, \cdots, n, j=1, 2, \cdots, s \tag{6.71}$$

式中，$\|\cdot\|$ 为距离范数，表示半径长度；$g(\cdot)$ 是关于半径长度的伸展-收缩算子，可取

$$g(r)=\frac{1-\beta}{\rho^m}r^m+\beta \tag{6.72}$$

式中，β 为收缩系数；ρ 为点集最大半径；m 为经验参数。

经过上述伸缩变换，可以保证在最大半径附近的点集坐标不变，而在点集中心处，各点坐标收缩为原来的 β 倍。将经过上述整理后的点集按照边缘概率分布做反函数变换[式(6.68)]，即获得目标初始点集，记为 $\mathcal{P}_n$。

2. 按 Sobol 序列选点

数论点集是一类具有确定性的低偏差均匀点集。与之类似，由 Sobol 序列生成的点集，也是一类具有确定性的低偏差均匀点集[21]。但与上述数论点集相

比较, Sobol 点集可以生成任意维度、任意点数的均匀点集(数论点集仅可生成有限维度、指定点数的均匀点集),因此,具有更广泛的适用性。

采用 Sobol 序列生成 $[0,\ 1]^s$ 内均匀分布的点集:

$$\mathcal{P}_{\text{sob}} = \begin{pmatrix} x_{11} & x_{12} & \cdots & x_{1s} \\ x_{21} & x_{22} & \cdots & x_{2s} \\ \vdots & \vdots & \ddots & \vdots \\ x_{n1} & x_{n2} & \cdots & x_{ns} \end{pmatrix} \tag{6.73}$$

要求对各列向量任意选定一个简单多项式。不失一般性,设对第 j 列(对应于第 j 个随机变量)向量选定如下 l 阶多项式:

$$f_j(y) = y^{l_j} + a_{1,\ j}y^{l_j-1} + a_{2,\ j}y^{l_j-2} + \cdots + a_{l_j-1,\ j}y + 1 \tag{6.74}$$

式中,各项系数 $a_{i,\ j}(i = 1,\ 2,\ \cdots,\ l_j - 1)$ 取 0 或 1。

对应上述多项式,定义正整数序列:

$$m_{k,\ j} = 2a_{1,\ j}m_{k-1,\ j} \oplus 2^2 a_{2,\ j}m_{k-2,\ j} \oplus \cdots \oplus 2^{l_j}m_{k-l_j,\ j} \oplus m_{k-l_j,\ j} \tag{6.75}$$

式中,$\oplus$表示按位异或算法①。

则在第 j 列上的第 q 个向量可表示为

$$x_{q,\ j} = i_1 \frac{m_{1,\ j}}{2} \oplus i_2 \frac{m_{2,\ j}}{2^2} \oplus \cdots \oplus i_k \frac{m_{k,\ j}}{2^k} \tag{6.76}$$

式中, i_k 为与 q 对应的二进制数 $q = (\ \cdots,\ i_3,\ i_2,\ i_1)$ 的倒数第 k 位。

显然,为计算 $m_{k,\ j}$,需要初始值 $m_{1,\ j} \sim m_{l_j,\ j}$,这些初始值可选为满足 $m_{k,\ j} < 2^p(1 < p < l_j)$ 的正整数。

可以证明,Sobol 点序列是一确定性点列,且近似在 $[0,\ 1]^s$ 内均匀分布。因此,按 Sobol 序列生成的点集是 $[0,\ 1]^s$ 内均匀分布的点集。将这一点集按照边缘概率分布做反函数变换[式(6.68)],即可获得目标初始点集 $\mathcal{P}_n$ 。

6.3.4　点集重整技术

采用数论方法或 Sobol 序列方法产生的初始点集并非绝对均匀的点集,经

---

① $a \oplus b$, 表示先将 a 与 b 变为二进制数,然后按位比较,若该位两个数字相同,则经过$\oplus$运算后此位数字为 0,否则取 1。作异或计算后,再转化为整数。

反函数变换[式(6.68)],再经过 Voronoi 集合方式的空间剖分,各剖分单元的赋得概率必不均匀。因此。采用上述初始点集 $\mathcal{P}_n$ 进行剖分并计算赋得概率,不能保证 GF 偏差最小。为了实现 GF 偏差最小化,需要进一步进行初始点集的调整。这一步骤称为点集重整技术[22]。点集重整过程主要分以下两步。

第一步重整,调整初始点集各点位置,以减少各剖分单元赋得概率间的差异。设初始点集 $\mathcal{P}_{n0}=(\theta_{q,j})$,则可取第一步重整后的点集为

$$\theta'_{q,j}=F_j^{-1}\left[\sum_{k=1}^{n}\frac{1}{n}I(\theta_{k,j}<\theta_{q,j})+\frac{1}{2n}\right] \tag{6.77}$$

$$(q=1,2,\cdots,n;\ j=1,2,\cdots,s)$$

式中,$F_j(\cdot)$ 为第 j 个随机向量的边缘概率分布;$I(\cdot)$ 为示性函数。记如此得到的点集为 $\mathcal{P}_{n1}$。

第二步重整,对点集 $\mathcal{P}_{n1}$,按 Voronoi 剖分方式,依据式(6.49)计算各剖分单元的赋得概率 $P_q(q=1,\cdots,n)$,再依据下式进一步调整 $\mathcal{P}_{n1}$ 中各点坐标,以进一步减小点集的 GF 偏差,即取

$$\theta''_{q,j}=F_j^{-1}\left[\sum_{k=1}^{n}P_qI(\theta'_{k,j}<\theta'_{q,j})+\frac{1}{2}P_q\right] \tag{6.78}$$

经过上述重整后得到的点集 $\mathcal{P}_{n2}$ 即为目标点集。对 $\mathcal{P}_{n2}$ 再按 Voronoi 剖分方式进行概率空间剖分,并依据式(6.49)重新计算剖分单元的赋得概率,即可获得式(6.52)中的 P_q。

图 6.9 给出了一个二维点集分别按照筛选-伸缩变换加以调整的点集和按

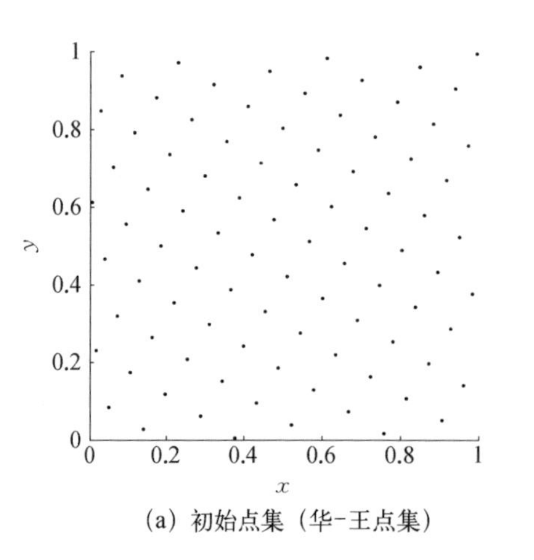

(a) 初始点集(华-王点集)

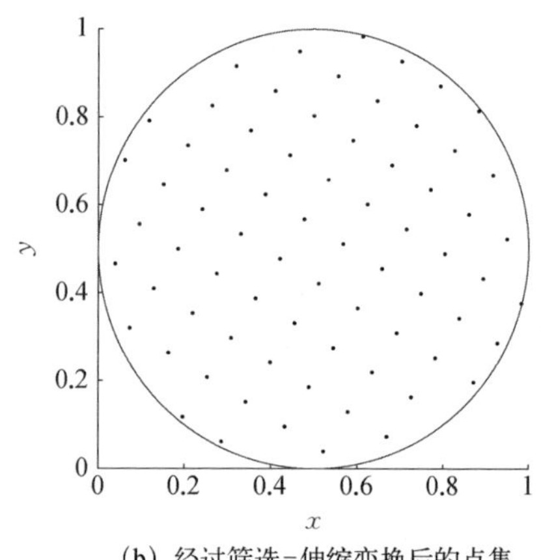

(b) 经过筛选-伸缩变换后的点集

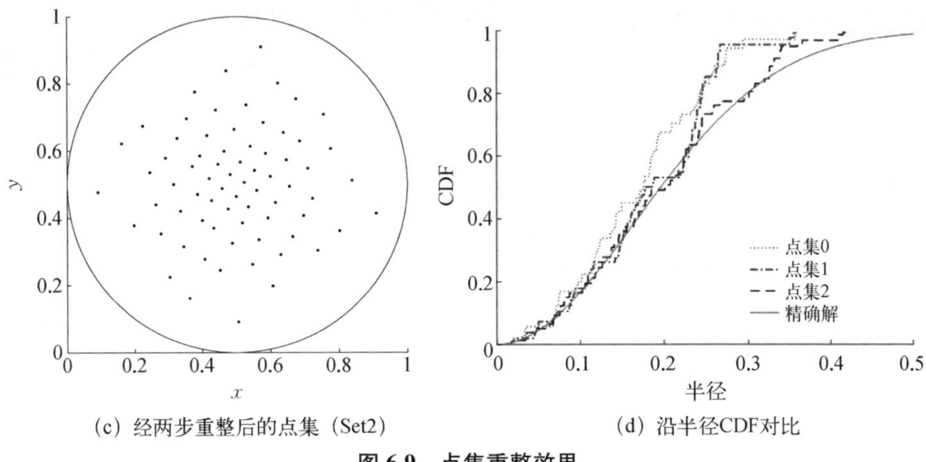

(c) 经两步重整后的点集（Set2）　　(d) 沿半径CDF对比

图 6.9　点集重整效果

照上述两步重整过程给出的点集的对比及对应的概率分布对比结果。显然，按照两步重整过程给出的点集优于按照筛选-伸缩变换给出的点集。

6.4　广义概率密度演化方程的数值求解

经过概率空间剖分并在代表点 θ_q 处求解广义概率密度演化方程，一般的一维概率密度演化方程(6.31)事实上已转化为一系列偏微分方程：

$$\frac{\partial p_q(y,\ \tau)}{\partial \tau} + \dot{y}_q(\tau)\,\frac{\partial p_q(y,\ \tau)}{\partial y} = 0 \quad (q = 1,\ 2,\ \cdots,\ n) \tag{6.79}$$

式中，$p_q(y,\ \tau)$ 为 $p_{Y\boldsymbol{\Theta}}(y,\ \boldsymbol{\theta},\ \tau)$ 在 $\boldsymbol{\theta} = \boldsymbol{\theta}_q$ 时的值；同理，$\dot{y}_q(\tau)$ 是 $\dot{y}(\boldsymbol{\theta},\ \tau)$ 在 $\boldsymbol{\theta} = \boldsymbol{\theta}_q$ 时的值。

不失一般性，上述方程可以表述为如下的一阶线性偏微分方程：

$$\frac{\partial p(x,\ t)}{\partial t} + a(t)\,\frac{\partial p(x,\ t)}{\partial x} = 0 \tag{6.80}$$

对这一方程，可以采用多种数值方法进行求解[2,23,24]，这里介绍有限差分法和再生核配点法。

6.4.1　有限差分法

有限差分法的基本思想是利用差分代替微分，将微分方程转化为关于求解目标变量的代数递推格式,逐步递推求得微分方程的近似解。

为了获得式(6.80)的有限差分解,首先将 $(x \sim t)$ 平面离散化,离散网格点为

$$x = x_j,\ t = t_k;\ j = 0,\ \pm 1,\ \pm 2,\ \cdots;\ k = 0,\ 1,\ 2,\ \cdots$$

式中,$x_j = j \cdot \Delta x$, $t_k = k \cdot \Delta t$, Δx 与 Δt 分别为空间与时间离散步长。为简便考虑,将 $p(x,\ t)$ 在离散网格点 $(x_j,\ t_k)$ 处的值 $p(x_j,\ t_k)$ 记为 $p_{j,\ k}$。

对式(6.80)中 j、k 采用不同的级数展开近似,将获得不同的差分格式。但无论采用何种差分格式,可行的差分格式要求满足相容性、收敛性和稳定性条件[12,25]。

1. 单边差分格式

单边差分格式采用一阶 Taylor 展开近似 $p(x,\ t)$。先考虑 $a(t) > 0$ 的情形。对 $p(x,\ t)$ 作一阶 Taylor 级数展开并取一阶近似,有

$$p_{j,\ k} = p_{j,\ k-1} + \left(\frac{\partial p}{\partial t}\right)_{j,\ k-1} \Delta t \tag{6.81}$$

由此可得偏微分的一阶近似为

$$\left(\frac{\partial p}{\partial t}\right)_{j,\ k-1} = \frac{p_{j,\ k} - p_{j,\ k-1}}{\Delta t} \tag{6.82}$$

同理,

$$\left(\frac{\partial p}{\partial x}\right)_{j-1,\ k-1} = \frac{p_{j,\ k-1} - p_{j-1,\ k-1}}{\Delta x} \tag{6.83}$$

将式(6.82)与式(6.83)代入式(6.80),可得

$$p_{j,\ k} = p_{j,\ k-1} - \lambda a_{k-1}(p_{j,\ k-1} - p_{j-1,\ k-1}) \tag{6.84}$$

式中,$\lambda = \Delta t / \Delta x$ 为差分网格比;a_{k-1} 为 $a(t)$ 在 $k-1$ 时刻的值。

显然,利用差分,使求解微分方程的问题变成了在相邻节点(离散网格点)处的递推代数计算,大大降低了问题的复杂性。但是,由于对 $p(x,\ t)$ 仅作一阶近似,单边差分格式(6.84)在时间上与空间上都只有一阶精度。

不难证明,在相邻的两个时间节点:

$$\sum_j p_{j,\ k} = \sum_j p_{j,\ k-1} \tag{6.85}$$

式(6.85)说明在相邻的时间节点概率守恒,这是由式(6.31)所决定的。

可以证明：式(6.84)所示的单边差分格式是相容的(即差分步长趋于零时，差分解趋于真实解)。但仅对 $0 \leqslant \lambda a_k \leqslant 1$ 的情况是收敛的和稳定的。

对于 $a(t) < 0$ 的情况，差分方向应该改变。此时，式(6.83)变为

$$\left(\frac{\partial p}{\partial x}\right)_{j,\,k-1} = \frac{p_{j+1,\,k-1} - p_{j,\,k-1}}{\Delta x} \tag{6.86}$$

相应地，式(6.84)应改变为

$$p_{j,\,k} = p_{j,\,k-1} - \lambda a_{k-1}(p_{j+1,\,k-1} - p_{j,\,k-1}) \tag{6.87}$$

当满足条件 $-1 \leqslant \lambda a_k < 0$ 时，上述差分格式也是收敛的和稳定的。

式(6.84)与式(6.87)所示的差分格式可以用图 6.10 表示。

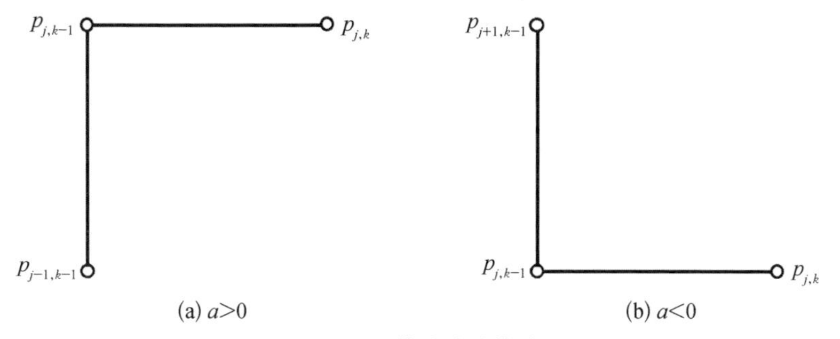

图 6.10 单边差分格式

为了更清楚地理解上述差分格式对于概率信息的传播过程，以初始概率集中于 $x(t=0)=0$ 的情况为例说明。此时，初始条件为

$$p_{j,\,0} = \delta_{j,\,0} \tag{6.88}$$

若 $a(t)$ 为常数 a，则信息将沿特征线传播[图 6.11(a)中实线]，若 $a(t)$ 为变量，则根据式(6.84)与式(6.87)，概率信息将沿着图 6.11 中的阴影三角形区域向后扩展。为了使数值求解计算具有稳定性，数值计算中概率信息传播区域必须包含特征线。因此，当 $a(t) > 0$ 时，要求 $0 \leqslant \lambda a_k \leqslant 1$，而当 $a(t) < 0$ 时，则要求 $-1 \leqslant \lambda a_k < 0$。显然，这两个条件可以统一地写为

$$|\lambda a_k| \leqslant 1 \tag{6.89}$$

这正是单边差分格式收敛与稳定的 CFL 条件。

2. 双边差分格式

单边差分格式具有一阶数值精度，据此往往难以得到可靠的数值分析结果。

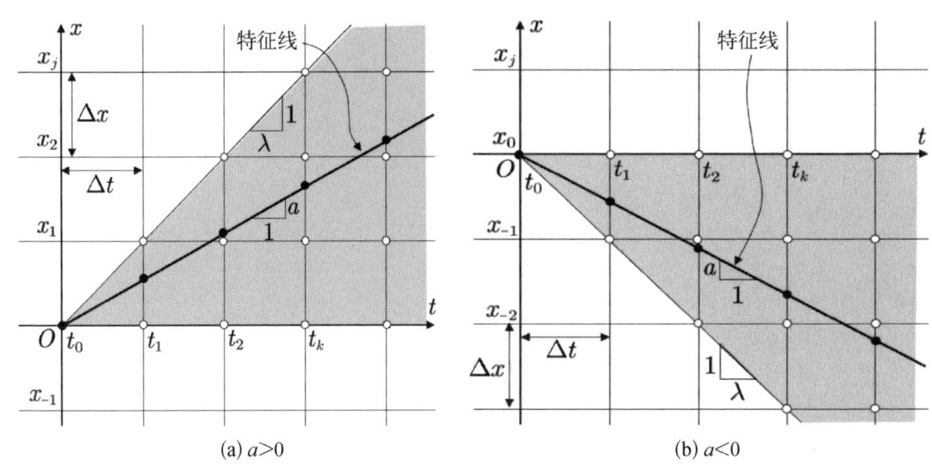

(a) $a>0$　　(b) $a<0$

图 6.11　概率信息的传播

为了提高计算精度,可以对 $p(x,t)$ 关于 t 作二阶 Taylor 展开近似,即

$$p_{j,k}=p_{j,k-1}+\left(\frac{\partial p}{\partial t}\right)_{j,k-1}\Delta t+\frac{1}{2}\left(\frac{\partial^2 p}{\partial t^2}\right)_{j,k-1}\Delta t^2 \tag{6.90}$$

将式(6.80)改写为

$$\frac{\partial p(x,t)}{\partial t}=-a(t)\frac{\partial p(x,t)}{\partial x} \tag{6.91}$$

对上式两边关于 t 进行一次微分,有[为简化考虑,以下各式中略去关于 p 的 (x,t) 表述]

$$\begin{aligned}\frac{\partial^2 p}{\partial t^2}&=\frac{\partial}{\partial t}\left(-a(t)\frac{\partial p}{\partial x}\right)=-\dot{a}(t)\frac{\partial p}{\partial x}-a(t)\frac{\partial}{\partial t}\left(\frac{\partial p}{\partial x}\right)\\&=-\dot{a}(t)\frac{\partial p}{\partial x}-a(t)\frac{\partial}{\partial x}\left(\frac{\partial p}{\partial t}\right)\end{aligned} \tag{6.92}$$

将式(6.91)代入式(6.92)中的第二项有

$$\frac{\partial^2 p}{\partial t^2}=-\dot{a}(t)\frac{\partial p}{\partial x}+a^2(t)\frac{\partial^2 p}{\partial x^2} \tag{6.93}$$

若 $a(t)$ 是慢变函数,则可假定 $\dot{a}(t)\approx 0$,于是式(6.93)变为

$$\frac{\partial^2 p}{\partial t^2}\approx a^2(t)\frac{\partial^2 p}{\partial x^2} \tag{6.94}$$

将式(6.91)与式(6.94)代入式(6.90)有

$$p_{j,k}=p_{j,k-1}-a_{k-1}\left(\frac{\partial p}{\partial x}\right)_{j,k-1}\Delta t+\frac{a_{k-1}^2}{2}\left(\frac{\partial^2 p}{\partial x^2}\right)_{j,k-1}\Delta t^2 \tag{6.95}$$

对式(6.95)中第二项与第三项引入中心差分格式,有

$$\left(\frac{\partial p}{\partial x}\right)_{j,k-1}=\frac{1}{2\Delta x}(p_{j+1,k-1}-p_{j-1,k-1}) \tag{6.96}$$

$$\left(\frac{\partial^2 p}{\partial x^2}\right)_{j,k-1}=\frac{1}{\Delta x^2}(p_{j+1,k-1}+p_{j-1,k-1}-2p_{j,k-1}) \tag{6.97}$$

将上述两式代入式(6.95)并取 $\lambda=\Delta t/\Delta x$,则有

$$p_{j,k}=\frac{1}{2}(\lambda^2a^2-\lambda a)p_{j+1,k-1}+(1-\lambda^2a^2)p_{j,k-1}+\frac{1}{2}(\lambda^2a^2+\lambda a)p_{j-1,k-1} \tag{6.98}$$

这就是著名的 Lax－Wendroff 差分格式。显然,这一差分格式具有二阶精度,其稳定性条件仍为式(6.89)。

在式(6.98)中,没有特别指明 $a(t)$ 的取值方式。事实上,可以证明:

对于 Lax－Wendroff 格式:

$$a=\frac{1}{2}(a_k+a_{k-1}) \tag{6.99}$$

Lax－Wendroff 格式可以用图 6.12 表示。图 6.13 则表示这一方法中概率信息传播的影响区域。可见,在 Lax－Wendroff 格式中,算法可以自动选择差分方向。

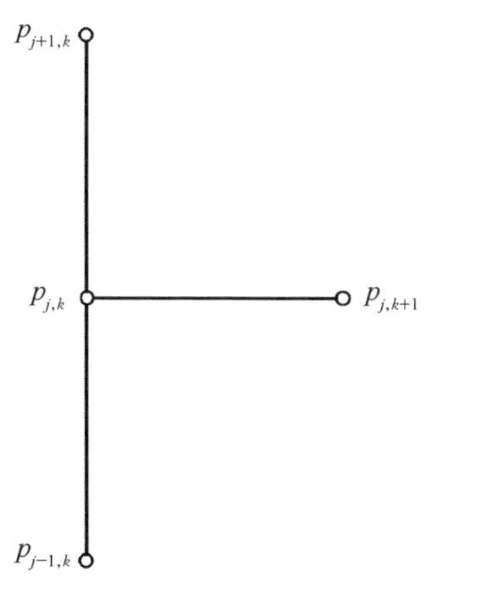

图 6.12　Lax－Wendroff 差分格式示意图

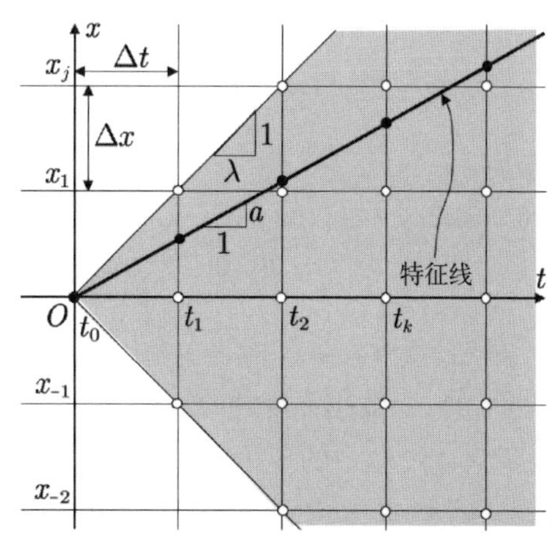

图 6.13　Lax－Wendroff 格式中的概率信息传播

3. TVD 格式

具有二阶精度的 Lax - Wendroff 格式虽然可以保证概率守恒条件[式(6.85)],但并不能保证数值分析所得概率密度 $p_{j,k}$ 的非负性,特别是在概率密度函数的不连续点,将产生明显的数值震荡[图 6.14(a)],这一现象称为色散。与之相应,单边差分格式在概率密度函数的不连续点会出现数值耗散[图 6.14(b)],这是由于单边差分格式中的数值阻尼造成的。Lax - Wendroff 格式对单边差分格式进行了修正,减少了数值耗散[比较图 6.14(a)与(b)可见],但同时使色散效应凸显了出来。因此,需要对 Lax - Wendroff 格式进行再修正,以抑制色散效应的影响。

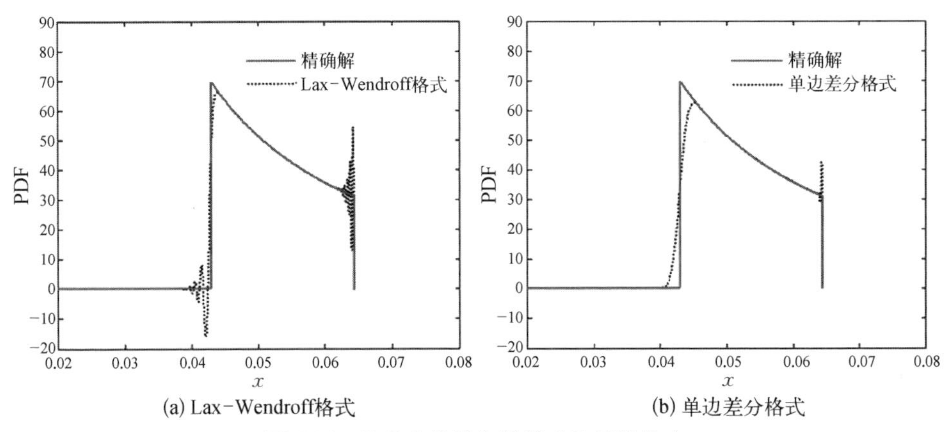

(a) Lax-Wendroff格式 (b) 单边差分格式

图 6.14 差分方法的色散效应和耗散效应

定义函数 $p(x, t)$ 的总变差为

$$\mathrm{TV}[p(\cdot, t)] = \int_{-\infty}^{\infty} \left| \frac{\partial p(x, t)}{\partial x} \right| \mathrm{d}x \tag{6.100}$$

其离散形式为

$$\mathrm{TV}[p(\cdot, k)] = \sum_{j=-\infty}^{\infty} | p_{j+1,k} - p_{j,k} | \tag{6.101}$$

显然,函数 $p(x, t)$ 在总体上越光滑,则函数的总变差越小(若 $p_{j,k}$ 为常数,则 TV=0);函数越不规则,总变差越大。

图 6.14(a)中的高频振荡现象将导致数值结果的总变差变大。因此降低色散效应的基本方向是使数值结果的总变差减小(total variation diminishing, TVD)。为达此目的,一个简单的方式是对 Lax - Wendroff 差分格式加入一个通

量限制修正项，通过数值阻尼耗散乃至清除色散效应[26]。为此，首先将式(6.98)改为

$$p_{j,k}=p_{j,k-1}-\frac{1}{2}(\lambda a+|\lambda a|)\Delta p_{j-\frac{1}{2},k-1}-\frac{1}{2}(\lambda a-|\lambda a|)\Delta p_{j+\frac{1}{2},k-1}$$
$$-\frac{1}{2}(1-|\lambda a|)|\lambda a|(\Delta p_{j+\frac{1}{2},k-1}-\Delta p_{j-\frac{1}{2},k-1}) \tag{6.102}$$

式中，$\Delta p_{j-\frac{1}{2},k-1}=p_{j,k-1}-p_{j-1,k-1}$ 与 $\Delta p_{j+\frac{1}{2},k-1}=p_{j+1,k-1}-p_{j,k-1}$ 称为数值通量。

在式(6.102)第三项中的数值通量前加入通量限制器：

$$\psi(r^+,r^-)=u(-a)\psi_0(r^+)+u(a)\psi_0(r^-) \tag{6.103}$$

式中，$u(\cdot)$ 为单位阶跃函数；

$$\psi_0(r)=\max[0,\min(2r,1),\min(r,2)] \tag{6.104}$$

则式(6.102)变为

$$p_{j,k}=p_{j,k-1}-\frac{1}{2}(\lambda a+|\lambda a|)\Delta p_{j-\frac{1}{2},k-1}-\frac{1}{2}(\lambda a-|\lambda a|)\Delta p_{j+\frac{1}{2},k-1}$$
$$-\frac{1}{2}(1-|\lambda a|)|\lambda a|\cdot[\psi(r^+_{j+\frac{1}{2}},r^-_{j+\frac{1}{2}})\Delta p_{j+\frac{1}{2},k-1}-\psi(r^+_{j-\frac{1}{2}},r^-_{j-\frac{1}{2}})\Delta p_{j-\frac{1}{2},k-1}] \tag{6.105}$$

式中，$r^+_{j+\frac{1}{2}}=\Delta p_{j+\frac{3}{2},k-1}/\Delta p_{j+\frac{1}{2},k-1}$；$r^-_{j+\frac{1}{2}}=\Delta p_{j-\frac{1}{2},k-1}/\Delta p_{j+\frac{1}{2},k-1}$。

显然，当 $\psi=0$ 时，式(6.105)退化为单边差分格式，$\psi=1$ 时，式(6.105)退化 Lax - Wendroff 差分格式。当 ψ 由式(6.103)给出时，式(6.105)将具有总变差不增的特点。因此，称式(6.105)所表达的算法为 TVD 格式。

图 6.15 给出了分别采用 Lax - Wendroff 格式和 TVD 格式进行的一个单自由度随机系统的分析结果。可见，在曲线的不连续点，TVD 格式不再出现色散效应。

最后值得指出，在所有差分求解中，均需要对初始条件离散化。一般说来，对于给定的 $\boldsymbol{\theta}_q$，$x(t_0)$ 以概率 1 等于 x_0，若 x_0 不与差分网格 x 轴上的网格点重合，且 $x_0\in[x_s,x_{s+1}]$，则离散化初始条件为

$$p_{j,0}=\frac{1}{\Delta x}\delta_{j,s} \tag{6.106}$$

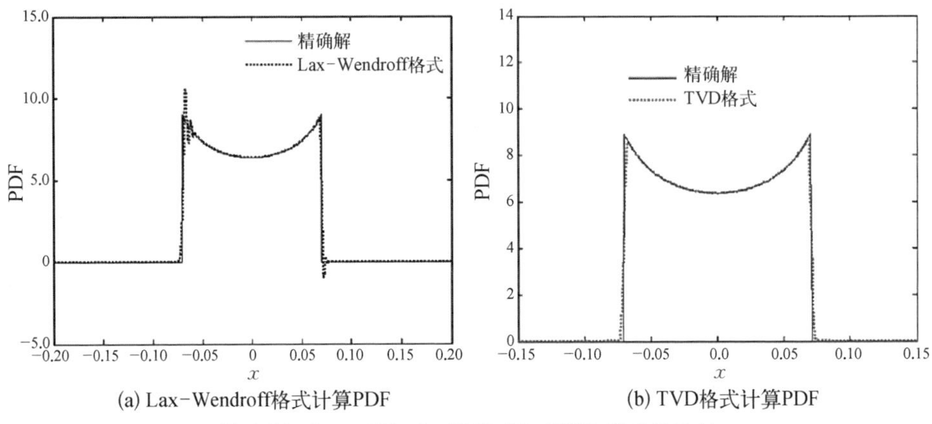

(a) Lax-Wendroff格式计算PDF　　(b) TVD格式计算PDF

图 6.15　Lax - Wendroff 格式与 TVD 格式的比较

式中，$s = \mathrm{int}(x_0/x_s)$。

通常，为了减少求解的误差，可适当调整网格比，使 x_0/x_s 恰为整数。

6.4.2　再生核配点法

上述差分算法的实质是对函数 $p(x,\ t)$ 作级数展开，并取一阶和二阶微分近似，再以差分代替微分，将偏微分方程式(6.80)的求解转化为代数递推格式的求解。事实上，与函数的微分近似相对应，还存在函数的积分近似。利用积分近似，同样可以将式(6.80)的求解转化为代数方程的求解。沿着积分近似的思路，发展了广义概率密度演化方程求解的有限元算法[23]和再生核配点法[24]。前者是利用网格划分与单元形函数近似计算 $p(x,\ t)$，后者则利用核函数对于 δ 函数的近似，实现 $p(x,\ t)$ 的近似。这里具体介绍再生核配点法[24]。

1. 函数的积分表达与核函数近似

利用 δ 函数的筛选性质，任意函数 $f(\boldsymbol{x})$ 可以表示为如下积分：

$$f(\boldsymbol{x}) = \int_{\Omega_x} f(\boldsymbol{x}')\delta(\boldsymbol{x} - \boldsymbol{x}')\mathrm{d}\boldsymbol{x}' \tag{6.107}$$

式中，$\boldsymbol{x} = (x_1,\ x_2,\ \cdots,\ x_m)$；$\Omega_x$ 为 $\boldsymbol{x}$ 所在区域；$\delta(\cdot)$ 为 Dirac-delta 函数，表示为

$$\delta(\boldsymbol{x} - \boldsymbol{x}') = \begin{cases} \infty, & \boldsymbol{x} = \boldsymbol{x}' \\ 0, & \boldsymbol{x} \neq \boldsymbol{x}' \end{cases} \tag{6.108}$$

且

$$\int_{\Omega_x} \delta(\boldsymbol{x} - \boldsymbol{x}')\mathrm{d}\boldsymbol{x}' = 1 \tag{6.109}$$

式(6.107)成立的条件仅仅要求 $f(\boldsymbol{x})$ 在 Ω_x 内有定义且连续,因此,式(6.107)是一类相当宽泛的函数积分表达式。

若在 $\boldsymbol{x}'$ 附近邻域内用一光滑函数 $W(\boldsymbol{x} - \boldsymbol{x}', h)$ 近似表示 $\delta(\boldsymbol{x} - \boldsymbol{x}')$,则函数 $f(\boldsymbol{x})$ 亦可近似表示为

$$f(\boldsymbol{x}) \approx \int_{\Omega_x} f(\boldsymbol{x}')W(\boldsymbol{x} - \boldsymbol{x}', h)\mathrm{d}\boldsymbol{x}' \tag{6.110}$$

通常,称 $W(\boldsymbol{x} - \boldsymbol{x}', h)$ 为核函数,h 为光滑长度,它决定了核函数的支撑域(图6.16)。显然,在支撑域之外,核函数值为0。

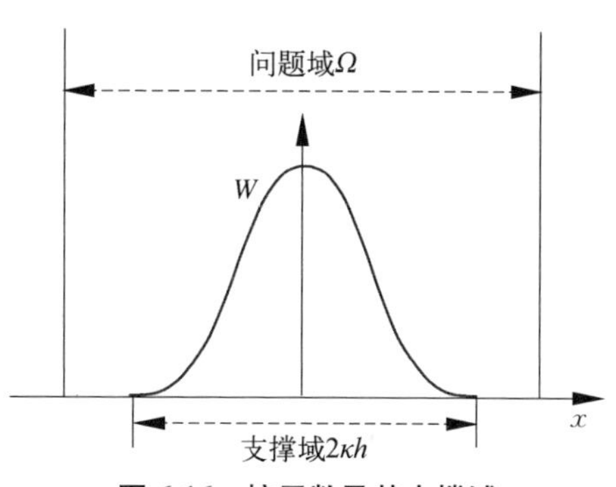

图6.16　核函数及其支撑域

式(6.110)称为函数 $f(\boldsymbol{x})$ 的核函数近似。一般要求核函数具有如下性质。

(1) 归一性:

$$\int_{\Omega_x} W(\boldsymbol{x} - \boldsymbol{x}', h)\mathrm{d}\boldsymbol{x}' = 1 \tag{6.111}$$

(2) 紧致性:

$$W(\boldsymbol{x} - \boldsymbol{x}', h) = 0, 当 |\boldsymbol{x} - \boldsymbol{x}'| > \kappa h \tag{6.112}$$

式中,k 为与支撑域相关的常数。

(3) 相容性:

$$\lim_{h \to 0} W(\boldsymbol{x} - \boldsymbol{x}', h) = \delta(\boldsymbol{x} - \boldsymbol{x}') \tag{6.113}$$

常用核函数如下。

(1) 高斯函数:

$$W(R, h) = \alpha_{\mathrm{d}} e^{-R^2} \tag{6.114}$$

式中,R 为点 $\boldsymbol{x}$ 到点 $\boldsymbol{x}'$ 的相对距离,即 $R = |\boldsymbol{x} - \boldsymbol{x}'|/h$;$\alpha_{\mathrm{d}}$ 为与变量维数相关的常数。对应于一维、二维、三维空间,α_{d} 分别取为 $1/(\pi^{1/2}h)$、$1/(\pi h^2)$ 和 $1/(\pi^{3/2}h^3)$。

（2）钟形函数：

$$W(R,\ h)=\begin{cases}\alpha_{\mathrm{d}}(1+3R)(1-R)^{3}, & R\leqslant 1\\ 0, & R>1\end{cases}\tag{6.115}$$

对应一维、二维、三维空间，α_{d} 分别取为 $5/(4h)$、$5/(\pi h^{2})$ 和 $105/(16\pi h^{3})$。

（3）样条函数：

$$W(R,\ h)=\alpha_{\mathrm{d}}\begin{cases}\dfrac{2}{3}-R^{2}+\dfrac{1}{2}R^{3}, & 0\leqslant R<1\\ \dfrac{1}{6}(2-R)^{3}, & 1\leqslant R<2\\ 0, & R\geqslant 2\end{cases}\tag{6.116}$$

对应一维、二维、三维空间，α_{d} 分别取为 $1/h$、$15/(7\pi h^{2})$ 和 $3/(2\pi h^{3})$ 。

设所考察函数 $f(\boldsymbol{x})$ 的定义域 Ω_{x} 可以由有限个质点 $\boldsymbol{x}_{J}=(x_{J,1},\ x_{J,2},\ \cdots,\ x_{J,m})(J=1,\ 2,\ \cdots,\ N)$ 代表，则式(6.110)的积分形式可以进一步表述为离散形式：

$$f(\boldsymbol{x})=\sum_{J=1}^{N}f(\boldsymbol{x}_{J})W(\boldsymbol{x}-\boldsymbol{x}_{J},\ h)\Delta\boldsymbol{x}_{J}\tag{6.117}$$

式中，$\Delta\boldsymbol{x}_{J}$ 为按 Voronoi 集合划分 Ω_{x} 后各质点单元的体积。

因此，Ω_{x} 域内任意点 $\boldsymbol{x}_{I}$ 处的函数值 $f(\boldsymbol{x}_{I})$ 可以由下式近似给出：

$$f(\boldsymbol{x}_{I})=\sum_{J=1}^{N}f(\boldsymbol{x}_{J})W(\boldsymbol{x}_{I}-\boldsymbol{x}_{J},\ h)\Delta\boldsymbol{x}_{J}\tag{6.118}$$

上式表明，函数 $f(\boldsymbol{x})$ 在任意点 $\boldsymbol{x}_{I}$ 处的值可以通过在点 I 支撑域内的各质点 $\boldsymbol{x}_{J}$ 处的函数值 $f(\boldsymbol{x}_{J})$ 加权平均获得。因此，称式(6.118)为函数 $f(\boldsymbol{x})$ 的质点核函数近似，或简称为核质点近似。

采用核质点近似表达函数，必然涉及近似精度的问题。$f(\boldsymbol{x}_{I})$ 具有 n 阶精度的条件为[27]

$$\sum_{J=1}^{N}W(\boldsymbol{x}_{I}-\boldsymbol{x}_{J},\ h)H(\boldsymbol{x}_{I}-\boldsymbol{x}_{J})\Delta\boldsymbol{x}_{J}=\boldsymbol{H}(0)\tag{6.119}$$

其中，

$$\begin{aligned}\boldsymbol{H}^{\mathrm{T}}(\boldsymbol{x}_{I}-\boldsymbol{x}_{J})=[&1,\ \boldsymbol{x}_{1}-\boldsymbol{x}_{J,1},\ \boldsymbol{x}_{2}-\boldsymbol{x}_{J,2},\ \cdots,\\ &\boldsymbol{x}_{N}-\boldsymbol{x}_{J,N},(\boldsymbol{x}_{1}-\boldsymbol{x}_{J,1})^{2},\ \cdots,(\boldsymbol{x}_{N}-\boldsymbol{x}_{J,N})^{n}]\end{aligned}\tag{6.120a}$$

$$\boldsymbol{H}^{\mathrm{T}}(0)=[1,\ 0,\ 0,\ \cdots,\ 0] \tag{6.120b}$$

由于离散近似引入误差,核函数通常难以满足式(6.119)所规定的精度要求,因此提出了再生核质点法(RKPM)[28],即通过对核函数乘以某类修正函数以满足式(6.119)所规定的精度条件。

采用再生核质点方法近似函数 $f(\boldsymbol{x}_I)$,一般取

$$\begin{aligned} f(\boldsymbol{x}_I) &= \sum_{J=1}^{N} \boldsymbol{H}^{\mathrm{T}}(\boldsymbol{x}_I-\boldsymbol{x}_J)b(\boldsymbol{x}_I)W(\boldsymbol{x}_I-\boldsymbol{x}_J,\ h)f(\boldsymbol{x}_J)\Delta\boldsymbol{x}_J \\ &= \sum_{J=1}^{N} \bar{W}(\boldsymbol{x}_I-\boldsymbol{x}_J,\ h)f(\boldsymbol{x}_J)\Delta\boldsymbol{x}_J \end{aligned} \tag{6.121}$$

式中,

$$\bar{W}(\boldsymbol{x}_I-\boldsymbol{x}_J,\ h)=\boldsymbol{H}^{\mathrm{T}}(\boldsymbol{x}_I-\boldsymbol{x}_J)b(\boldsymbol{x}_I)W(\boldsymbol{x}_I-\boldsymbol{x}_J,\ h) \tag{6.122}$$

注意到 $\boldsymbol{x}_I$ 为 Ω_x 内任意一点 $\boldsymbol{x}$,故可将式(6.122)代入式(6.119)中的 W ,利用精度条件求得 $b(\boldsymbol{x})$ 表达式:

$$b(\boldsymbol{x})=\boldsymbol{M}^{-1}(\boldsymbol{x})\boldsymbol{H}(0) \tag{6.123}$$

式中,

$$\boldsymbol{M}(\boldsymbol{x})=\sum_{J=1}^{N}\boldsymbol{H}(\boldsymbol{x}-\boldsymbol{x}_J)\boldsymbol{H}^{\mathrm{T}}(\boldsymbol{x}-\boldsymbol{x}_J)W(\boldsymbol{x}-\boldsymbol{x}_J,\ h)\Delta\boldsymbol{x}_J \tag{6.124}$$

2. 求解广义概率密度演化方程的再生核配点法

对于方程(6.80),采用再生核质点近似,可以将概率密度函数 $p(\boldsymbol{x},\ t)$ 近似表示为

$$p(\boldsymbol{x},\ t)=\sum_{J=1}^{N}\bar{W}(\boldsymbol{x}-\boldsymbol{x}_J,\ h)p(\boldsymbol{x}_J,\ t)\Delta\boldsymbol{x}_J=\sum_{J=1}^{N}\psi_J(\boldsymbol{x})p(\boldsymbol{x}_J,\ t) \tag{6.125}$$

其中[24],

$$\psi_J(\boldsymbol{x})=\boldsymbol{H}^{\mathrm{T}}(0)\boldsymbol{M}^{-1}(\boldsymbol{x})\boldsymbol{H}(\boldsymbol{x}-\boldsymbol{x}_J)W(\boldsymbol{x}-\boldsymbol{x}_J,\ h)\Delta\boldsymbol{x}_J \tag{6.126}$$

概率密度函数 $p(\boldsymbol{x},\ t)$ 对于 $\boldsymbol{x}$ 的偏导数可由式(6.125)关于 $\boldsymbol{x}$ 求导给出,对于一维场合,有

$$\frac{\partial p(x,\ t)}{\partial x}=\sum_{J=1}^{N}\psi'_J(x)p(x_J,\ t)=\boldsymbol{G}_x(x)\boldsymbol{P}(t) \tag{6.127}$$

显然,

$$\boldsymbol{G}_x(x)=[\psi'_1(x),\ \psi'_2(x),\ \cdots,\ \psi'_N(x)] \tag{6.128}$$

$$\boldsymbol{P}(t)=[p(x_1,\ t),\ p(x_2,\ t),\ \cdots,\ p(x_N,\ t)]^{\mathrm{T}} \tag{6.129}$$

类似地,$p(x,\ t)$ 关于 t 的偏导数为

$$\frac{\partial p(x,\ t)}{\partial t}=\sum_{J=1}^{N}\psi_J(x)\dot{p}(x_J,\ t)=\boldsymbol{G}(x)\dot{\boldsymbol{P}}(t) \tag{6.130}$$

式中,

$$\boldsymbol{G}(x)=[\psi_1(x),\ \psi_2(x),\ \cdots,\ \psi_N(x)] \tag{6.131}$$

$$\dot{\boldsymbol{P}}(t)=[\dot{p}(x_1,\ t),\dot{p}(x_2,\ t),\ \cdots,\ \dot{p}(x_N,\ t)]^{\mathrm{T}} \tag{6.132}$$

将式(6.127)与式(6.130)代入式(6.80)将有

$$\sum_{J=1}^{N}[\psi_J(x)\dot{p}(x_J,\ t)+a(t)\psi'_J(x)p(x_J,\ t)]=0 \tag{6.133}$$

或

$$\boldsymbol{G}(x)\dot{\boldsymbol{P}}(t)+a(t)\boldsymbol{G}_x(x)\boldsymbol{P}(t)=\boldsymbol{0} \tag{6.134}$$

可见,引入再生核质点表达 $p(x,\ t)$,可以将原来的一阶偏微分方程离散为一系列分离变量的常微分方程。进一步,若采用再生核函数近似表达 $p(x,\ t)$ 在 x 域内的各点 $p(x_I,\ t)$,则方程(6.134)将退化为仅有时间变量的常微分方程。事实上,在 Ω_x 域内引入点集 $x_I(I=1,\ 2,\ \cdots,\ M$, 称这些点为配置点或配点),则各配点处成立如下广义概率密度演化方程:

$$\psi_J(x_I)\dot{p}(x_J,\ t)+a(t)\psi'_J(x_I)p(x_J,\ t)=0 \quad (I=1,\ 2,\ \cdots,\ M;\ J=1,\ 2,\ \cdots,\ N) \tag{6.135}$$

或

$$\boldsymbol{G}\dot{\boldsymbol{P}}(t)+a(t)\boldsymbol{G}'\boldsymbol{P}(t)=\boldsymbol{0} \tag{6.136}$$

其中,

$$\boldsymbol{G} = \begin{bmatrix} \psi_{11} & \psi_{12} & \cdots & \psi_{1N} \\ \psi_{21} & \psi_{22} & \cdots & \psi_{2N} \\ \vdots & \vdots & \ddots & \vdots \\ \psi_{M1} & \psi_{M2} & \cdots & \psi_{MN} \end{bmatrix} \tag{6.137}$$

$$\boldsymbol{G}' = \begin{bmatrix} \psi'_{11} & \psi'_{12} & \cdots & \psi'_{1N} \\ \psi'_{21} & \psi'_{22} & \cdots & \psi'_{2N} \\ \vdots & \vdots & \ddots & \vdots \\ \psi'_{M1} & \psi'_{M2} & \cdots & \psi'_{MN} \end{bmatrix} \tag{6.138}$$

通常,为了保证计算精度,要求配点数 M 大于质点数 N(通常取 $M = 2N$)。因此,$\boldsymbol{G}$ 非方阵。对 $\boldsymbol{G}$ 求广义逆并以之右乘以(6.136)两边,将有

$$\dot{\boldsymbol{P}}(t) + a(t)\bar{\boldsymbol{G}}\boldsymbol{P}(t) = \boldsymbol{0} \tag{6.139}$$

式中,$\bar{\boldsymbol{G}} = \boldsymbol{G}'\boldsymbol{G}^{-1}$。

原则上,可以由常微分方程组求解方法解上述方程,但也可以再次利用差分法,将上述方程转化为递推的代数方程求解。采用简单的单边差分格式,有

$$\boldsymbol{P}_k = (1 + a(t)\bar{\boldsymbol{G}}\Delta t)^{-1}\boldsymbol{P}_{k-1} \tag{6.140}$$

求解上式的初始条件为

$$\boldsymbol{P}_0 = \boldsymbol{P}(t_0) \tag{6.141}$$

可见,依据式(6.140)与式(6.141),可以逐步由 $k-1$ 时刻的概率密度 $\boldsymbol{P}_{k-1}$ 求得 t 时刻的概率密度 $\boldsymbol{P}_k$。依据式(6.125),各配点 $\boldsymbol{x}_I$ 处的概率密度函数为

$$p(\boldsymbol{x}_I,\ t_k) = \sum_{J=1}^{N} \psi_J(\boldsymbol{x}_I) p(\boldsymbol{x}_J,\ t_k) = \boldsymbol{G}(\boldsymbol{x}_I)\boldsymbol{P}(t_k) \tag{6.142}$$

由于仅在一维空间 Ω_x 中考虑问题,因此配点 $\boldsymbol{x}_I$ 和质点 $\boldsymbol{x}_J$ 均可采取在 Ω_x 空间中均匀选点的方式。

图 6.17 为按照上述方法计算频率为均匀分布时的单自由度振子的位移响应概率密度[24]。可见,上述算法的解答与精确解有很好的符合度。事实上,为了消除单边差分格式中的阻尼耗散效应,亦可采用具有二阶精度的差分格式逼

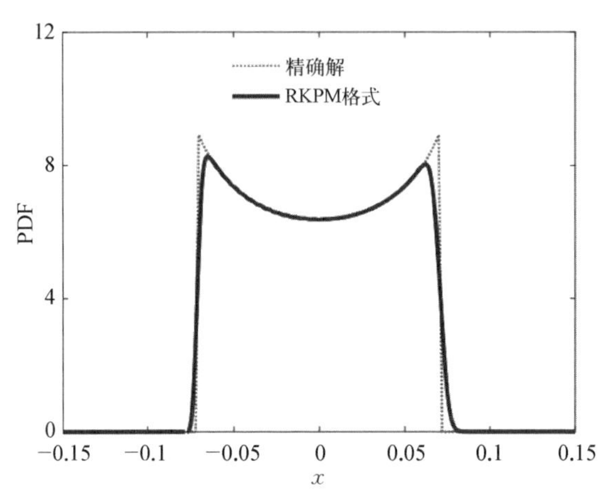

图 6.17 单自由度振子位移响应概率密度

近 $\boldsymbol{P}(t)$,兹不赘述。

与 6.4.1 小节的有限差分法相比,采用再生核配点法可以采用较少的概率空间选点,获得较高的计算精度。这说明,尽管概率空间的剖分与概率密度演化方程数值求解是在不同的空间(Ω_{Θ} 与 $\Omega_x \times \Omega_t$)中进行的,但就联合概率密度函数 $p_{X\Theta}(\boldsymbol{x}, \boldsymbol{\theta}, t)$ 求解而言,两者是相互影响的。图 6.18 示出了前述单自由度振子的分析结果。可见,对于较少的概率空间选点,TVD 格式的有限差分法仍然会导致较大计算误差,而再生核质点配点法计算结果受概率空间选点的多寡影响较小。因此,采用再生核质点法求解广义概率密度演化方程,值得推荐。但同时也应注意,由于牵涉到求广义逆矩阵,就广义概率密度演化方程求解而言,再生核质点法的计算效率不如差分方法。

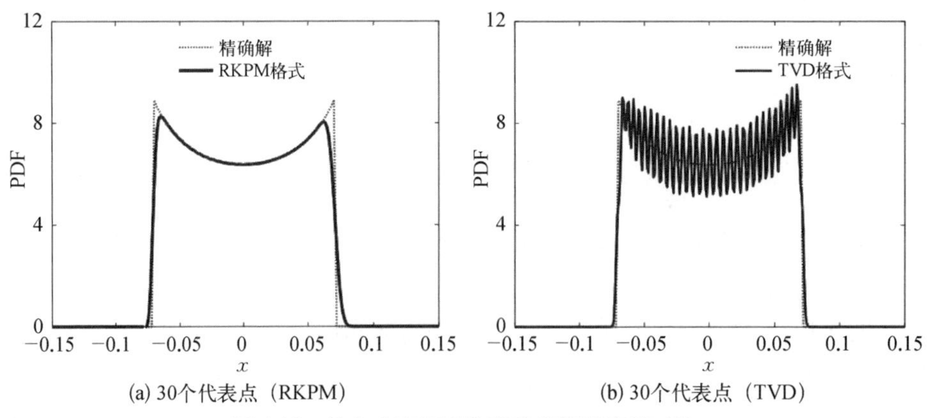

(a) 30个代表点(RKPM)　(b) 30个代表点(TVD)

图 6.18 单自由度振子位移响应概率密度对比

6.5　求解广义概率密度演化方程的群演化算法

6.4 节所述方法,事实上都是在代表点 $\boldsymbol{\theta}_q$ 处求解广义概率密度演化方程。代表点 $\boldsymbol{\theta}_q$ 的位置一般在概率空间剖分子域的中心处。这类求解方法称为“点演化”算法。显然,由于只计及子域中心点处物理量的发展演化轨迹,这一算法不能反映概率剖分子域内其余各点处物理量的发展演化对于子域概率密度的影响。换句话说,点演化算法对于概率剖分子域内物理系统运动状态的反映是不完全、不充分的。这种不完全、不充分不仅会影响随机系统响应概率密度 $p_{Y\boldsymbol{\Theta}}(y, \boldsymbol{\theta}, \tau)$ 的分析精度,还会带来数值解的稳定问题。例如,采用有限差分法求解广义概率密度演化方程式(6.79),由于方程本身的解为特征线,当缩小差分步长 Δx 时,可能会引发解的数值振荡[29],即对形为式(6.79)的方程,有限差分法不能保证解的相容性。

为了较为全面地反映概率空间剖分子域内各点处物理量发展变化对于子域概率密度的综合影响,需要发展群演化算法[30]。

6.5.1　群演化方程

基本的广义概率密度演化方程式(6.31),本质上是在每一个点 $\boldsymbol{\theta}$ 处均成立的方程。对 $\boldsymbol{\theta}$ 所在的值域空间 Ω_{Θ} 进行剖分,得到一系列子域 $\Omega_q(q = 1, 2, \cdots, n)$,依据概率守恒原理的随机事件描述,在每个子域成立:

$$\int_{\Omega_q} \frac{\partial p_{Y\Theta}(y, \boldsymbol{\theta}, \tau)}{\partial \tau} \mathrm{d}\boldsymbol{\theta} + \int_{\Omega_q} \dot{Y}(\boldsymbol{\theta}, \tau) \frac{\partial p_{Y\Theta}(y, \boldsymbol{\theta}, \tau)}{\partial y} \mathrm{d}\boldsymbol{\theta} = 0 \tag{6.143}$$

根据积分与求导顺序的可交换性,上式第一项可写为

$$\int_{\Omega_q} \frac{\partial p_{Y\Theta}(y, \boldsymbol{\theta}, \tau)}{\partial \tau} \mathrm{d}\boldsymbol{\theta} = \frac{\partial}{\partial t} \int_{\Omega_q} p_{Y\Theta}(y, \boldsymbol{\theta}, \tau) \mathrm{d}\boldsymbol{\theta} = \frac{\partial p_Y^{(q)}(y, \tau)}{\partial \tau} \tag{6.144}$$

而对于式(6.143)的第二项,根据积分中值定理,应有

$$\int_{\Omega_q} \dot{Y}(\boldsymbol{\theta}, \tau) \frac{\partial p_{Y\Theta}(y, \boldsymbol{\theta}, \tau)}{\partial y} \mathrm{d}\boldsymbol{\theta} = V^{(q)}(y, \tau) \int_{\Omega_q} \frac{\partial p_{Y\Theta}(y, \boldsymbol{\theta}, \tau)}{\partial y} \mathrm{d}\boldsymbol{\theta}$$

$$= V^{(q)}(y, \tau) \frac{\partial}{\partial y}\int_{\Omega_q} p_{Y\Theta}(y, \boldsymbol{\theta}, \tau)\mathrm{d}\boldsymbol{\theta}$$

$$= V^{(q)}(y, \tau) \frac{\partial p_Y^{(q)}(y, \tau)}{\partial y} \tag{6.145}$$

式中，$V^{(q)}(y, \tau)$ 反映了子域 Ω_q 内所有样本状态变化的综合速度。换句话说，在物理本质上，$V^{(q)}(y, \tau)$ 是子域 Ω_q 上的组合随机事件 $Y(\boldsymbol{\theta}, t \mid \boldsymbol{\theta} \in \Omega_q)$ 在状态变化过程中的“群速度”。

将式(6.144)与式(6.145)代入式(6.143)，有

$$\frac{\partial p_Y^{(q)}(y, \tau)}{\partial t} + V^{(q)}(y, \tau) \frac{\partial p_Y^{(q)}(y, \tau)}{\partial y} = 0, \quad (q = 1, 2, \cdots, n) \tag{6.146}$$

式(6.146)称为关于群速度的子域广义概率密度演化方程，简称群演化方程。显然，当假设子域 Ω_q 内各点 $\boldsymbol{\theta}$ 对应的速度响应 $\dot{Y}(\boldsymbol{\theta}, \tau)$ 相等且等于代表点 $\boldsymbol{\theta}_q$ 处的速度响应时，上述方程退化为点演化方程。

点演化方法以代表点的速度响应代替子域内的群速度，不能反映子域 Ω_q 内随机响应的涨落信息。为了反映这一信息，可以合理地猜测：子域 Ω_q 内的随机响应服从某一概率分布。利用这一分布的数值特征（如均值、方差），可以给出群速度 $V^{(q)}(y, \tau)$ 的近似表达。

不妨设随机系统响应在子域 Ω_q 内服从正态分布，即

$$p_Y^{(q)}(y, \tau) = \frac{P_q}{\sqrt{2\pi}\,\sigma_q(\tau)}\exp\left\{\frac{[y - \mu_q(\tau)]^2}{2\sigma_q^2(\tau)}\right\} \tag{6.147}$$

式中，P_q 为子域 Ω_q 的赋得概率；$\mu_q(\tau)$ 为子域响应的均值；$\sigma_q(\tau)$ 为子域响应的标准差。

将式(6.147)分别关于 τ 和 y 求偏导数，有

$$\frac{\partial p_Y^{(q)}(y, \tau)}{\partial \tau} = - p_Y^{(q)}(y, \tau) \frac{\dot{\sigma}_q(\tau)}{\sigma_q(\tau)} + p_Y^{(q)}(y, \tau) \left\{\frac{[y - \mu_q(\tau)]\dot{\mu}_q(\tau)}{\sigma_q^2(\tau)} + \frac{[y - \mu_q(\tau)]^2\dot{\sigma}_q(\tau)}{\sigma_q^3(\tau)}\right\} \tag{6.148}$$

$$\frac{\partial p_Y^{(q)}(y,\ \tau)}{\partial y} = p_Y^{(q)}(y,\ \tau)\left[-\frac{y-\mu_q(\tau)}{\sigma_q^2(\tau)}\right] \tag{6.149}$$

将上述两式代入式(6.146),将给出

$$V^{(q)}(y,\ \tau) = \dot{\mu}_q(\tau) + \dot{\sigma}_q(\tau)\left[\frac{y-\mu_q(\tau)}{\sigma_q(\tau)} - \frac{\sigma_q(\tau)}{y-\mu_q(\tau)}\right] \tag{6.150}$$

对于适当的概率剖分,乘积 $\sigma_q(\tau)\dot{\sigma}_q(\tau)$ 将趋于零,因此,可取

$$V^{(q)}(y,\ \tau) = \dot{\mu}_q(\tau) + \frac{\dot{\sigma}_q(\tau)}{\sigma_q(\tau)}[y-\mu_q(\tau)] \tag{6.151}$$

上式即为群速度的近似表达式。显然,它不仅反映系统响应在子域 Ω_q 内的平均演化趋势 $\dot{\mu}_q(\tau)$,也反映了系统响应在 Ω_q 内的变异性及随时间变化的涨落规律 $\sigma_q(\tau)$、$\dot{\sigma}_q(\tau)$ 。

将式(6.151)代入式(6.146),有

$$\frac{\partial p_Y^{(q)}(y,\ \tau)}{\partial \tau} + \left\{\dot{\mu}_q(\tau) + \frac{\dot{\sigma}_q(\tau)}{\sigma_q(\tau)}[y-\mu_q(\tau)]\right\}\frac{\partial p_Y^{(q)}(y,\ \tau)}{\partial y} = 0 \tag{6.152}$$

$$(q = 1,\ 2,\ \cdots,\ n)$$

显然,在不考虑涨落影响时,式(6.152)退化为点演化方程(6.79)。

一般说来,在初始时刻各子域标准差为零。因此,群演化方程式(6.152)的初始条件与点演化方程相同,即

$$p_Y^{(q)}(y,\ t_0) = \delta(y-y_0)P_q \tag{6.153}$$

依据这一初始条件求解群演化方程式(6.152),即可得到各子域概率密度分布 $p_Y^{(q)}(y,\ \tau)$,而系统响应的概率分布为

$$p_Y(y,\ \tau) = \sum_{q=1}^{n} p_Y^{(q)}(y,\ \tau) \tag{6.154}$$

数值求解群演化方程的方法,可以沿用求解点演化方程类似的方法,如 6.4 节所述。当采用有限差分法求解时,由图 6.19 可见,采用群演化算法的分析误差会随 Δy 减少趋于收敛,而点演化算法并不能保证这种相容性。

6.5.2　子域标准差的估计

从式(6.152)可见,在进行群演化分析时,需要计算子域均值 $\dot{\mu}_q(\tau)$ 、子域标

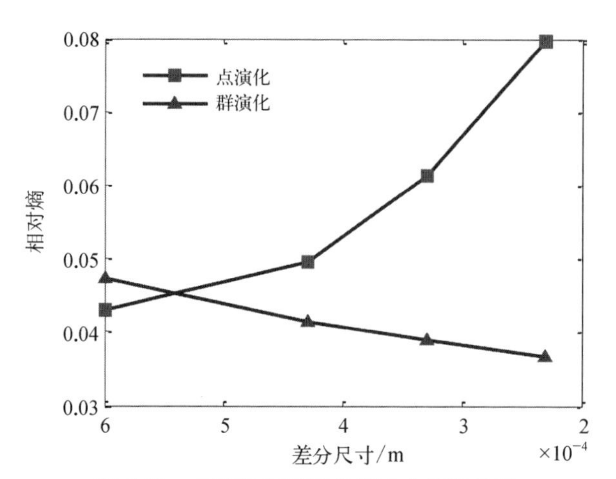

图 6.19 点演化与群演化算法分析误差①

准差 $\sigma_q(\tau)$ 及标准差随时间的变化速度 $\dot{\sigma}_q(\tau)$ 。一般说来,对于均匀剖分的概率空间,在每一子域内近似成立 $\dot{\mu}_q(\tau) = \dot{y}(\boldsymbol{\theta}_q, \tau)$,即可以用代表点的速度响应代替子域速度响应均值。而对于 $\sigma_q(\tau)$ 和 $\dot{\sigma}_q(\tau)$ 的计算,则要进一步具体考虑。

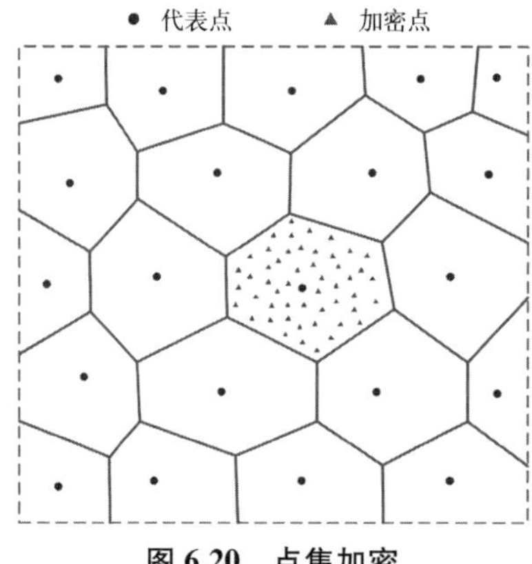

图 6.20 点集加密

对于任意子域 Ω_q ,要估计其内部点群响应的标准差时程,可以采用点集加密方式,即在 Ω_θ 空间内均匀生成样本点,并将这些点分别划归到各个子域 Ω_q 。设落入 Ω_q 内的加密点集为 $\boldsymbol{\theta}_k^{(q)}(k = 1, 2, \cdots, N^{(q)}$,图 6.20),各点对应的系统响应为 $\tilde{y}(\boldsymbol{\theta}_k^{(q)}, \tau)$,在子域内进行 Voronoi 剖分,并计算剖分后各加密小区的赋得概率 $\tilde{P}_k^{(q)}$,则子域 Ω_q 内所有加密小区的赋得概率之和应等于子域赋得概率,即

$$\sum_{k=1}^{N(q)} \tilde{P}_k^{(q)} = P_q \tag{6.155}$$

将各加密小区域赋得概率归一化:

$$\hat{P}_k^{(q)} = \frac{\tilde{P}_k^{(q)}}{P_q} \tag{6.156}$$

① 图中以概率密度的相对熵表示分析误差。

则群速度标准差为

$$\sigma_q(\tau) = \sqrt{\sum_{k=1}^{N(q)} \hat{P}_k^{(q)} \left[\tilde{Y}(\theta_k^{(q)}, \tau) - \mu_q(\tau) \right]^2} \tag{6.157}$$

类似地，不难计算 $\dot{\sigma}_q(\tau)$ 。

6.5.3 加密点替代模型

出于对计算工作量的考虑，子域加密点处的系统响应 $\tilde{y}(\boldsymbol{\theta}_k^{(q)}, \tau)$ 不宜直接通过求解物理方程获得，而是要通过近似的替代模型计算。

替代模型是对物理系统真实响应的一类近似逼近模型，常见的替代模型有多项式回归法、Kriging 方法[31]、支持向量机[32,33]、再生核质点法[34]等。这里仅简单介绍 Kriging 方法以说明替代模型的基本原理。

Kriging 方法的实质是利用加密点附近代表点的系统响应，经线性加权组合后给出加密点处的系统响应，即取

$$\tilde{y}(\boldsymbol{\theta}_k, \tau_j) = \sum_{q=1}^{n} \lambda_{qj} y(\boldsymbol{\theta}_q, \tau_j), \ j = 1, 2, \cdots, N_t \tag{6.158}$$

式中，j 对应于时间步 $\tau_j = j\Delta t$；n 为 k 近邻的代表点个数；N_t 为系统响应总时长。

显然，加权系数 λ_{qj} 的选取应使预测值 $\tilde{y}$ 与真实值 y 之间的误差最小。这可以通过使 $\tilde{y}$ 与 y 之间的方差最小实现，即应使

$$\sigma^2 = \mathrm{Var}[\tilde{y}(\boldsymbol{\theta}_q, \tau_j) - y(\boldsymbol{\theta}_q, \tau_j)] \to \min \tag{6.159}$$

通过引入合适的相关函数并利用拉格朗日乘子法，可以给出如下求解系数向量 $\boldsymbol{\lambda}_j$ 的方程：

$$\boldsymbol{K}\boldsymbol{\lambda}_j = \boldsymbol{b} \tag{6.160}$$

式中，$\boldsymbol{K}$ 中的元素 $K_{ql} = C(|\boldsymbol{\theta}_q - \boldsymbol{\theta}_l|)(q = 1, 2, \cdots, n;\ l = 1, 2, \cdots, n)$；$\boldsymbol{\lambda}_j = (\lambda_{1j}, \lambda_{2j}, \cdots, \lambda_{nj})^T$；$\boldsymbol{b}$ 中的元素 $b_q = C(|\boldsymbol{\theta}_q - \boldsymbol{\theta}_k|)$，这里，$\boldsymbol{\theta}_k$ 为加密点坐标。$C(\cdot)$ 为相关函数，通常可取为高斯函数：

$$C(\theta) = \prod_{i=1}^{N} \exp\left(-\alpha_i \frac{|\boldsymbol{\theta}_{qi} - \boldsymbol{\theta}_{li}|}{h_i}\right) \tag{6.161}$$

式中，α_i、h_i 为给定常数。

由于相关函数 $C(\cdot)$ 会随着点间间距的增大迅速减少，因此，按式(6.158)

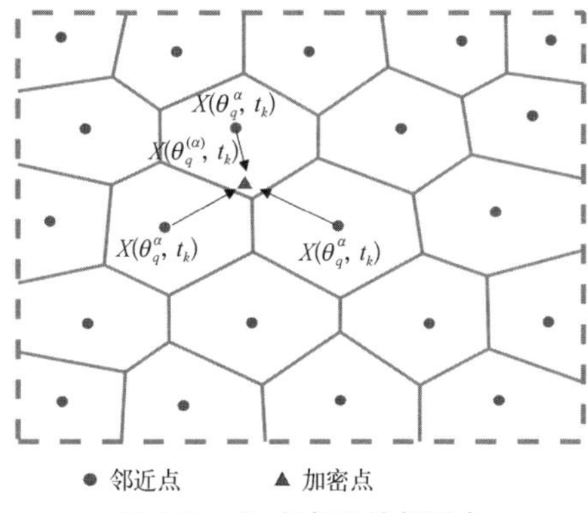

图 6.21　加密点及其邻近点

预测 $\boldsymbol{\theta}_k$ 点的响应，仅 $\boldsymbol{\theta}_k$ 点附近点的响应才会发挥作用，在远离 $\boldsymbol{\theta}_k$ 的点，$\lambda_q=0$（图 6.21）。

求解式（6.160）获得加权系数 λ_{qj}，代入式（6.158），即可得到加密点的预测响应。显然，这一分析要对每一时点 τ_j 进行。尽管如此，一般说来求解式（6.160）及计算式（6.158）的计算工作量要远小于直接求解物理系统响应的工作量，因此是高效的。

参考文献

[1] 李杰.生命线工程抗震：基础理论与应用[M].北京：科学出版社，2005.

[2] LI J, CHEN J. Stochastic dynamics of structures[M]. Hoboken: John Wiley & Sons, 2009.

[3] CHEN J B, LI J. A note on the principle of preservation of probability and probability density evolution equation[J]. Probabilistic Engineering Mechanics, 2009, 24(1): 51-59.

[4] 张启仁.统计力学[M].北京：科学出版社，2004.

[5] 张启仁.量子力学[M].北京：科学出版社，2002.

[6] 张太荣.统计动力学及其应用[M].北京：冶金出版社，2007.

[7] SOONG T T. Random differential equations in science and engineering[M]. Pittsburgh: Academic Press, 1973.

[8] 朱位秋.随机振动[M].北京：科学出版社，1992.

[9] 李杰，陈建兵.随机动力系统中的广义密度演化方程[J].自然科学进展，2006，16(06)：712-719.

[10] LI J, CHEN J B. The principle of preservation of probability and the generalized density evolution equation[J]. Structural Safety, 2008, 30(1): 65-77.

[11] 李杰，陈建兵.随机动力系统中的概率密度演化方程及其研究进展[J].力学进展，2010，40(2)：170-188.

[12] FARLOW S J. Partial differential equations for scientists and engineers[M]. New York: Dover Publications Inc., 1993.

[13] 蒋仲铭，李杰.三类随机系统广义概率密度演化方程的解析解[J].力学学报，2016，48(02)：413-421.

[14] BARNDORFF-NIELSON O E, Kendall W S, VON LIESHOUT M N M. Stochastic geometry[M]. Boca Raton: CRC Press, 1999.

[15] 华罗庚，王元.数论在近似分析中的应用[M].北京：科学出版社，1978.

[16] FANG K T, WANG Y. Number-theoretic methods in statistics[M]. London: Chapman & Hall, 1994.

[17] XU J, CHEN J B, LI J. Probability density evolution analysis of engineering structures via cubature points[J]. Computational Mechanics, 2012, 50(1): 135 - 156.
[18] CHEN J B, ZHANG S H. Improving point selection in cubature by a new discrepancy[J]. SIAM Journal on Scientific Computing, 2013, 35(5): A2121 - 2149.
[19] CHEN J B, CHAN J P. Error estimate of point selection in uncertainty quantification of nonlinear structures involving multiple nonuniformly distributed parameters[J]. International Journal for Numerical Methods in Engineering, 2019, 118(9): 536 - 560.
[20] CHEN J B, ROGER G, LI J. Partition of the probability space in probability density evolution analysis of non-linear stochastic structures[J]. Probabilistic Engineering Mechanics, 2009, 24(1): 27 - 42.
[21] DICK J, PILLICHSHAMMER F. Digital nets and sequences: Discrepancy theory and quasi-Monte Carlo integration[M]. Cambridge: Cambridge University Press, 2010.
[22] CHEN J B, YANG J Y, LI J. A GF-discrepancy for point selection in stochastic seismic response analysis of structures with uncertain parameters[J]. Structural Safety, 2016, 59: 20 - 31.
[23] PAPADOPOULOS V, KALOGERIS I. A Galerkin-based formulation of the probability density evolution method for general stochastic finite element systems[J]. Computational Mechanics, 2016, 57(5): 701 - 716.
[24] 孙伟玲.随机动力系统的概率密度演化——数值方法与扩展[D].上海：同济大学,2015.
[25] 李荣华,冯果忱.微分方程数值解法[M].北京：人民教育出版社,1980.
[26] ANDERSON J D. Computational fluid dynamics [M]. New York: McGraw-Hill Education,1995.
[27] LI S F, LIU W K. Meshfree particle methods[M]. Berlin: Springer Science & Business Media,2007.
[28] LIU W K, JUN S, LI S, et al. Reproducing kernel particle methods for structural dynamics [J]. International Journal for Numerical Methods in Engineering, 1995, 38 (10): 1655 - 1679.
[29] 陶伟峰.概率密度演化理论的四类数值方法[D].上海：同济大学,2017.
[30] TAO W F, LI J. An ensemble evolution numerical method for solving generalized density evolution equation[J]. Probabilistic Engineering Mechanics, 2017, 48: 1 - 11.
[31] KRIGE D C. Two-dimensional weighted moving average trend surface for oreevalution[J]. Journal of South Africa Institute of Mining and Metallurgy, 1966, 66: 13 - 38.
[32] CRISTIANINI N, SHAWE-TAYLOR J. An introduction to supported vector machines and other kenel-based learning methods[M]. Cambridge: Cambridge University Press, 2000.
[33] HURTADO J E. Filtered importance sampling with support vector margin: a powerful method for structural reliability analysis[J]. Structural Safety, 2007, 29: 2 - 15.
[34] WANG D, LI J. A reproducing kernel particle method for solving generalized probability density evolution equation in stochastic dynamic analysis[J]. Computational Mechanics, 2019, 65(3), 597 - 607.

第七章

结构整体可靠度分析

7.1 结构失效准则与结构整体可靠度

结构失效是指结构的一部分或整体丧失继续工作的能力。失效准则,则是指达到失效极限状态时的界限值。通常,结构失效准则可以分为两类:主观准则和客观准则。对于结构正常使用极限状态,如结构变形、裂缝宽度等限值,一般来源于人的主观规定或社会约定,因此属于主观准则。而对于承载能力极限状态,则由结构材料、构件与结构整体自身性质所规定,因此属于客观准则。例如,在材料层次,若认为某一点材料应力达到某类强度准则,即达到结构失效状态,则失效状态可描述为

$$f_{\max}(\sigma) \geqslant [\sigma] \tag{7.1}$$

式中,$f(\cdot)$ 表示依据不同强度准则确定的应力函数;$[\sigma]$ 为应力强度。

而在构件层次,若认为某一截面达到其极限承载力时即达到结构失效状态,则失效状态可描述为(以正截面受弯为例)

$$M_{\max} \geqslant M_u \tag{7.2}$$

式中,M_u 表示正截面极限承载力。

显然,对于材料层次与构件层次,失效状态可以统一表达为

$$S \geqslant R \tag{7.3}$$

式中,R 为结构抗力;S 为结构荷载效应。

而对于整体结构,一般以结构失去整体稳定性(倒塌)定义结构失效极限状态。此时,不宜再用式(7.3)定义结构的失效状态,原因在于结构材料受力-破坏

的过程是一个非线性发展过程,结构失去整体稳定性或达到倒塌极限状态是这一非线性发展过程中的一个极值点,这一极值点应该由结构稳定准则或倒塌准则确定。对于仅存在弹性变形的结构,这一准则可由最小势能原理确立[1]。而对于动力作用下存在非线性发展过程的结构,则存在下述动力稳定性函数[2,3]

$$S(\boldsymbol{u},\ t) = E_{\text{eff-inp}}(\boldsymbol{u},\ t) - E_{\text{eff-intr}}(\boldsymbol{u},\ t) \tag{7.4}$$

式中, $\boldsymbol{u}$ 为结构位移向量; t 为时间; $E_{\text{eff-inp}}$ 为有效外力功,表示为

$$E_{\text{eff-inp}}(u,\ t) = \int_0^t \boldsymbol{F}^{\mathrm{T}}(t)\mathrm{d}\boldsymbol{u} - \int_0^t \dot{\boldsymbol{u}}^{\mathrm{T}}\boldsymbol{C}\dot{\boldsymbol{u}}\mathrm{d}t - \int_0^t\left(\int_V \boldsymbol{\sigma}:\ \dot{\boldsymbol{\varepsilon}}_p\mathrm{d}V\right)\mathrm{d}t \tag{7.4a}$$

$E_{\text{eff-intr}}$ 为有效特征能量,表示为

$$E_{\text{eff-intr}}(u,\ t) = \left|\boldsymbol{f}^{\mathrm{T}}(\boldsymbol{u},\ t)\boldsymbol{u} - \int_V \boldsymbol{\sigma}:\ \dot{\boldsymbol{\varepsilon}}_e\mathrm{d}V\right| \tag{7.4b}$$

以上两式中, $\boldsymbol{F}$ 为外荷载向量; $\dot{\boldsymbol{u}}$ 为结构响应速度向量; $\boldsymbol{C}$ 为结构阻尼矩阵; $\boldsymbol{\sigma}$ 为应力张量; $\dot{\boldsymbol{\varepsilon}}_p$ 为塑性应变率张量; $\boldsymbol{f}$ 为恢复力向量; $\dot{\boldsymbol{\varepsilon}}_e$ 为弹性应变率张量; V 为结构实体单元定义域。

结构失效状态定义为

$$S(\boldsymbol{u},\ t) \leqslant 0 \tag{7.5}$$

谈论结构的整体可靠度,一定要针对具体的结构失效准则。不定义结构失效准则,则结构可靠度无从谈起。一般说来,可以从下述四个方面定义结构失效准则:

(1) 材料破坏(强度失效);

(2) 构件破坏(承载力失效);

(3) 结构变形超标;

(4) 结构整体失稳(倒塌)。

针对上述失效准则定义的结构整体可靠度,称为广义的结构整体可靠度。而传统的结构整体可靠度,事实上是在结构极限承载力、即结构整体失稳这一意义上定义的[4]。因此,可以称为狭义的结构整体可靠度。

7.2　结构整体可靠度分析方法

对于具体的工程结构,固体力学基本方程[如式(6.18)]给出结构荷载与结

构响应之间的物理关系,广义概率密度演化方程[式(6.21)或式(6.31)]给出随机性在物理系统中的传播规律。进而,结合上述结构失效准则,自然就可以分析计算结构整体可靠度。按照研究的发展顺序,先后提出了吸收边界法[5]、等价极值事件法[6]与一般意义上的物理综合法[7],以下逐一介绍。

7.2.1 吸收边界法

经典的首次超越破坏可靠度分析理论认为,在结构动力反应过程中,一旦结构响应超越规定的变形或强度界限,结构即发生失效。据此,结构动力可靠度定义为

$$P_S(t)=\Pr\{f[\boldsymbol{x}(\tau)]\in\Omega_S,\ 0\leqslant\tau\leqslant t\} \tag{7.6}$$

式中,$f(\cdot)$ 为结构位移响应的函数;Ω_S 为结构的安全域,其边界不随时间发生变化。

对于具体的样本结构,结构失效意味着与 $\boldsymbol{\theta}$ 相关的概率被吸收。因此,若以 $Z=f(\boldsymbol{x})$ 表示与结构位移响应相关的物理量,由式(7.6)可以给出广义概率密度演化方程的吸收边界条件:

$$p_{Z\Theta}(z,\boldsymbol{\theta},t)=0,\ z\in\Omega_f \tag{7.7}$$

式中,Ω_f 为结构的失效域。

据此,结合结构动力反应分析方程、广义概率密度演化方程及其初始条件,将给出如下方程组:

$$\begin{cases}\boldsymbol{M}\ddot{\boldsymbol{X}}(t)+\boldsymbol{C}\dot{\boldsymbol{X}}(t)+\boldsymbol{K}\boldsymbol{X}(t)=\boldsymbol{F}(t)\\ \dfrac{\partial p_{Z\Theta}(z,\boldsymbol{\theta},t)}{\partial t}+\dot{Z}(\boldsymbol{\theta},t)\dfrac{\partial p_{Z\Theta}(z,\boldsymbol{\theta},t)}{\partial z}=0\\ p_0=\delta(z-z_0)p_\Theta(\boldsymbol{\theta})\\ p_{Z\Theta}(z,\boldsymbol{\theta},t)=0,\ z\in\Omega_f\end{cases} \tag{7.8}$$

求解上述方程组给出的 $p_{Z\Theta}(z,\boldsymbol{\theta},t)$,事实上是经边界吸收后“剩余”的联合概率密度函数。与此对应,“剩余”的结构响应概率密度函数为

$$\breve{p}_Z(z,t)=\int_{\Omega_\Theta}p_{Z\Theta}(z,\boldsymbol{\theta},t)\mathrm{d}\boldsymbol{\theta} \tag{7.9}$$

而结构的动力可靠度为

$$P_S(t)=\int_{-\infty}^{+\infty}\breve{p}_Z(z,\ t)\,\mathrm{d}z \tag{7.10}$$

上述分析原理也可以应用于结构静力可靠度分析之中。此时,力学分析方程可取式(6.29),广义概率密度演化方程可取式(6.30)。

7.2.2　等价极值事件法

事实上,上述吸收边界法仅能处理单一失效模式 $z\in\Omega_f$ 的分析问题,对于结构整体可靠度分析问题,一般会涉及多种失效模式。例如,对于考虑层间剪切变形的框架结构,因结构变形超过规定结构变形限值而造成的结构失效可能发生在任一结构层。因此,结构整体可靠度将表述为

$$P_{\mathrm{s}}(t)=\Pr\{\bigcap_{i=1}^{m}[\,|x_i(\tau)|<b_i\,],\ 0\leqslant\tau\leqslant t\} \tag{7.11}$$

式中, $\cap$ 表示积事件;m 为结构层数; b_i 为结构变形限值。

结构整体失效的概率则为

$$P_{\mathrm{f}}(t)=\Pr\{\bigcup_{i=1}^{m}[\,|x_i(\tau)|\geqslant b_i\,],0\leqslant\tau\leqslant t\} \tag{7.12}$$

式中, $\cup$ 表示或事件。

一般说来,对于存在多种失效模式的结构整体可靠度分析问题,若结构失效准则定义在材料层次与构件层次,则结构整体可靠度可统一表述为

$$P_{\mathrm{s}}(t)=\Pr\{\bigcap_{i=1}^{m}g_i(\Theta,\ t)\ >0\} \tag{7.13}$$

式中,m 为可能的结构失效模式数;$g_i(\cdot)$为第 i 个失效模式的功能函数。

结构整体失效概率可统一表述为

$$P_{\mathrm{f}}(t)=\Pr\{\bigcup_{i=1}^{m}g_i(\boldsymbol{\Theta},\ t)\ \leqslant 0\} \tag{7.14}$$

文献[6]证明,对于一般的串联系统,存在等价极值事件

$$Z_{\mathrm{ext}}(\boldsymbol{\Theta},\ t)=\min_{1\leqslant i\leqslant m}g_i(\boldsymbol{\Theta},\ t) \tag{7.15}$$

使得

$$\Pr\{\bigcap_{i=1}^{m}g_i(\boldsymbol{\Theta},\ t)\ >0\}=\Pr[Z_{\mathrm{ext}}(\boldsymbol{\Theta},\ t)\ >0] \tag{7.16}$$

因此,通过构造虚拟随机过程:

$$Z(\tau) = \psi[Z_{\text{ext}}(\boldsymbol{\Theta}, t), \tau] \tag{7.17}$$

$$Z(\tau)|_{\tau=0} = 0, \ Z(\tau)|_{\tau=\tau_c} = Z_{\text{ext}}(\boldsymbol{\Theta}, t)$$

则有关于 $Z(\tau)$ 的广义概率密度演化方程:

$$\frac{\partial p_{Z\boldsymbol{\Theta}}(z, \boldsymbol{\theta}, \tau)}{\partial \tau} + \dot{\psi}(\boldsymbol{\theta}, \tau)\frac{\partial p_{Z\boldsymbol{\Theta}}(z, \boldsymbol{\theta}, \tau)}{\partial z} = 0 \tag{7.18}$$

在初始条件 $p_{Z\boldsymbol{\Theta}}(z, \boldsymbol{\theta}, \tau)|_{\tau=0} = \delta(z - z_0)p_{\boldsymbol{\Theta}}(\boldsymbol{\theta})$ 下求解上述方程,可获得 $p_{Z\boldsymbol{\Theta}}(z, \boldsymbol{\theta}, \tau)$,而

$$p_Z(z, \tau) = \int_{\Omega_{\boldsymbol{\theta}}} p_{Z\boldsymbol{\Theta}}(z, \boldsymbol{\theta}, \tau)\mathrm{d}\boldsymbol{\theta} \tag{7.19}$$

由式(7.17)可知,上述函数在 τ_c 处的值即为 $Z_{\text{ext}}(\boldsymbol{\Theta}, t)$ 。因此,结构整体可靠度为

$$P_s(t) = \int_0^{+\infty} p_Z(z, \tau_c)\mathrm{d}z \tag{7.20}$$

最简单的虚拟函数形式是正弦函数,即

$$Z(\tau) = Z_{\text{ext}}(\boldsymbol{\Theta}, t)\sin\left(\frac{\pi\tau}{2}\right) \quad \tau \in [0, 1] \tag{7.21}$$

显然,在此前提下, $\tau_c = 1$。

利用上述等价极值事件法,可以解决与材料强度破坏准则、构件承载力破坏准则、结构变形破坏准则相对应的结构整体可靠度分析问题,但不能用之解决整体失稳(或倒塌)相对应的整体可靠度分析问题。究其原因,在于等价极值事件原理仅解决了经典结构可靠度分析中的失效模式概率相关问题,而未解决其中的失效模式组合爆炸问题。

7.2.3 物理综合法

如前所述,等价极值事件法可以部分解决结构整体可靠度分析问题。这一解决方案的关键,虽然源于对等价极值事件的重要发现[6],但使结构整体可靠度可以被分析、计算,则与引入虚拟随机过程构造 $Z(\tau)$ 、从而使广义概率密度演化方程可以应用这一步骤密不可分。之所以要这样做,是因为对于具体的 $\boldsymbol{\theta}$ 取值,结构响应极值事件过程 $Z_{\text{ext}}(\boldsymbol{\Theta}, t)$ 关于时间 t 为一阶不连续过程,因而难以直接求得 $Z_{\text{ext}}(\boldsymbol{\Theta}, t)$ 的导数、构造广义概率密度演化方程。引入虚拟随机过程

$\psi[Z_{\text{ext}}(\boldsymbol{\Theta}, t), \tau]$ 是一种技术上的处理。然而,这种数学技巧,不仅可能掩盖问题的物理本质,也会给人们理解与应用结构整体可靠度分析理论方法带来不必要的障碍。

基于此,文献[7]提出了结构整体可靠度分析的物理综合法。这一方法不仅可以统一地解决各类结构整体可靠度分析问题,而且物理概念更加明确、清晰。

首先,对 7.1 节所述各类失效准则引入统一的筛分算子:

$$\mathcal{H}[f(\boldsymbol{u}(\boldsymbol{\theta}, t))] = \begin{cases} 1, & f(\boldsymbol{u}(\boldsymbol{\theta}, t)) \in \Omega_f \\ 0, & f(\boldsymbol{u}(\boldsymbol{\theta}, t)) \in \Omega_s \end{cases} \tag{7.22}$$

式中,$\boldsymbol{u}$ 为结构位移响应向量;$f(\cdot)$ 为一函数,其形式随不同失效准则而改变。

其次,引入结构状态观测窗口的观念。为简单考虑,可取结构任一点位移 u_p 为结构状态观测窗口,并称为观测点。显然,当结构达到失效状态时,结构整体失效,因之观测点响应 u_p 所携带的概率也随之被耗散,即当 $\mathcal{H}[f(\boldsymbol{u}(\boldsymbol{\theta}, t))] = 1$ 时,

$$p_{U_p\Theta}(u_p, \boldsymbol{\theta}, \tau) = 0 \tag{7.23}$$

注意到,对于存在概率耗散的系统,在任一时点存在:

$$\Pr\{[U_p(t + \mathrm{d}t), \boldsymbol{\theta}] \in \Omega_{t+\mathrm{d}t} \times \Omega_\Theta\} - \Pr\{[U_p(t), \boldsymbol{\theta}] \in \Omega_t \times \Omega_\Theta\} = \delta p \tag{7.24}$$

式中,δp 为概率时段 $\mathrm{d}t$ 内耗散的概率,有

$$\delta p = -\mathcal{H}[f(u(\boldsymbol{\theta}, t))]\int_{\Omega_t \times \Omega_\Theta} p_{U_p\Theta}(u_p, \boldsymbol{\theta}, \tau)\mathrm{d}u_p\mathrm{d}\boldsymbol{\theta} \tag{7.25}$$

依据式(7.24),采用与 6.2.2 节类似的推导,可给出

$$\frac{\partial p_{U_p\Theta}(u_p, \boldsymbol{\theta}, t)}{\partial t} + \dot{u}_p(\boldsymbol{\theta}, t)\frac{\partial p_{U_p\Theta}(u_p, \boldsymbol{\theta}, t)}{\partial u_p} = -\mathcal{H}[f(\boldsymbol{u}(\boldsymbol{\theta}, t))]p_{U_p\Theta}(u_p, \boldsymbol{\theta}, t) \tag{7.26}$$

上式在 $\mathcal{H} = 1$ 时给出零解,在 $\mathcal{H} = 0$ 时给出非零解 $p_{U_p\Theta}(u_p, \boldsymbol{\theta}, t)$。

将式(7.26)与固体力学基本方程联立(这里以损伤力学本构关系[8]为例),并结合初始条件,就给出了求解结构整体可靠度的基本方程组:

$$\begin{cases}\operatorname{div}\boldsymbol{\sigma}+\boldsymbol{b}=\rho\ddot{\boldsymbol{u}}+\eta\dot{\boldsymbol{u}} \quad \boldsymbol{\sigma}\cdot\boldsymbol{n}=\boldsymbol{p} \\ \boldsymbol{\varepsilon}=\dfrac{1}{2}(\nabla\boldsymbol{u}+\nabla^{\mathrm{T}}\boldsymbol{u}) \quad \boldsymbol{u}=\bar{\boldsymbol{u}} \\ \boldsymbol{\sigma}=(\boldsymbol{I}-\boldsymbol{D}):\boldsymbol{C}_0:(\boldsymbol{\varepsilon}-\boldsymbol{\varepsilon}_p) \\ \dfrac{\partial p_{U_p\Theta}(u_p,\boldsymbol{\theta},t)}{\partial t}+\dot{u}_p(\boldsymbol{\theta},t)\dfrac{\partial p_{U_p\Theta}(u_p,\boldsymbol{\theta},t)}{\partial u_p}=-\mathcal{H}[f(\boldsymbol{u}(\boldsymbol{\theta},t))]p_{U_p\Theta}(u_p,\boldsymbol{\theta},t) \\ p_{U_p\Theta}(u_p,\boldsymbol{\theta},t_0)=\delta(u_p-u_{p0})p_\Theta(\boldsymbol{\theta})\end{cases} \tag{7.27}$$

式中，$\boldsymbol{D}$ 为损伤张量；$\boldsymbol{C}_0$ 为弹性刚度张量；ε_p 为塑性应变张量，其余符号如前所述。

求解上述方程组，可以给出联合概率密度函数 $p_{U_p\Theta}(u_p,\boldsymbol{\theta},t)$ ，而

$$p_{U_p}(u_p,t)=\int_{\Omega_\Theta}p_{U_p\Theta}(u_p,\boldsymbol{\theta},t)\mathrm{d}\boldsymbol{\theta} \tag{7.28}$$

结构整体可靠度为

$$P_s(t)=\int_{-\infty}^{+\infty}p_{U_p}(u_p,t)\mathrm{d}u_p \tag{7.29}$$

方程组(7.27)综合了物理学基本方程、随机性在物理系统中的传播规律、反映物理本质的结构失效准则。因此，据之求解结构整体可靠度的方法称为物理综合法。

与吸收边界法相比较，物理综合法可以解决多种失效模式共存时的结构可靠度分析问题，且由于引入观测状态变量 u_p ，在分析中仅需要求解一个广义概率密度演化方程。而上面介绍的吸收边界法，则需要对感兴趣的所有结构反应量列出、求解概率密度演化方程。与等价极值法相比，物理综合法物理概念更为清晰，且可以统一解决各类结构失效准则的结构整体可靠度分析问题。事实上，对于结构整体失稳（倒塌）问题，用于分析结构整体可靠度的筛分算子形为

$$\mathcal{H}[S(\boldsymbol{u},t)]=\begin{cases}1, & S(\boldsymbol{u},t)\leqslant 0\\ 0, & S(\boldsymbol{u},t)>0\end{cases} \tag{7.30}$$

而对于材料破坏准则、构件破坏准则、结构变形破坏准则，用于分析结构整体可靠度的筛分算子可以统一定义为

$$\mathcal{H}[f(\boldsymbol{u}(\boldsymbol{\theta},\ t))] = \begin{cases} 1, & \bigcup_{i=1}^{m} g_i(R_i,\ S_i) \leqslant 0 \\ 0, & 其他 \end{cases} \tag{7.31}$$

式中，$g(\cdot)$ 表示功能函数；m 为可能的失效模式个数。

如此，在分析中，样本结构中任一单元 i 失效均可造成系统概率耗散。因此，对物理综合分析法而言，并不需要像等价极值事件法那样对每一样本求取极值 Z_{ext}。这无疑进一步降低了分析计算工作量。

7.2.4　分析实例

【例 7.1】 如图 7.1(a)所示的 10 杆桁架结构，$l_0 = 1.0\text{ m}$，$h = 1.5\text{ m}$。各杆截面面积均为 0.000 1 m^2。钢材本构关系如图 7.1(b)所示。荷载 F_1 为服从正态分布的随机变量，$\mu_{F_1} = 2.000\text{ kN}$，$\delta_{F_1} = 0.2$。弹性模量 $E = 2.06 \times 1\,012\text{ Pa}$，各杆屈服应力为服从正态分布的随机变量且互相独立，其均值与变异系数列于表 7.1。试求结构倒塌概率。

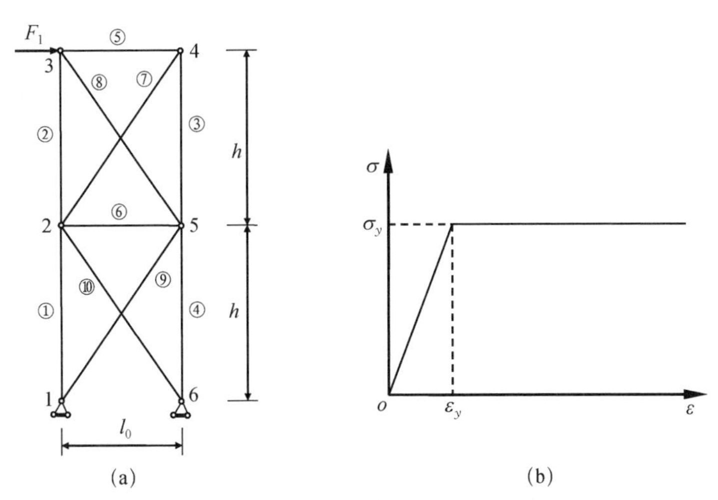

图 7.1　10 杆桁架结构

表 7.1　材料屈服应力均值与变异系数

杆件编号	均值/kN		变异系数
	受拉强度	受压强度	
①-⑥	20.00	-10.00	0.1
⑦-⑩	5.00	-2.50	0.1

【解】此例共有 11 个基本随机变量,采用数论选点法选取 256 个代表点进行概率空间剖分,采用杆单元模型进行确定性非线性结构反应分析,最终可求得桁架结构的倒塌概率为 $P_f = 7.509 \times 10^{-5}$。

若采用 Monte Carlo 方法求解上述问题,500 万次随机模拟分析得到的结构倒塌概率为 7.26×10^{-5}。而若采用下节所述的分枝限界法,结构倒塌概率为 $7.482 \times 10^{-5} \sim 7.512 \times 10^{-5}$。

【例 7.2】如图 7.2(a)所示的钢筋混凝土框架结构,截面尺寸和配筋见图 7.2(b)。各节点竖向荷载 Q 为确定性变量;水平荷载服从正态分布且完全相关,F_0 的均值 $\mu_{F_0} = 105$ kN,变异系数 $\delta_{F_0} = 0.2$。钢筋强度 $f_y = 350$ MPa;混凝土强度服从正态分布,$\mu_{f_c} = 25$ MPa,$\delta_{f_c} = 0.2$。求框架结构在 $Q = 195$ kN 时的结构失效概率。

【解】此例仅两个基本随机变量,采用切球选点法[9]选取 300 个代表点进行

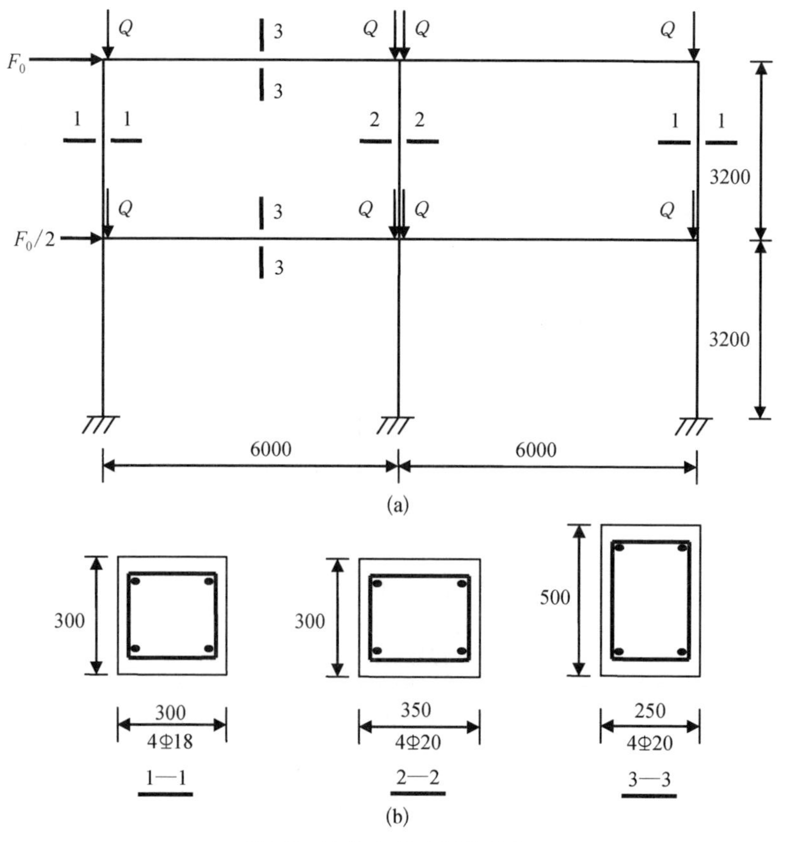

图 7.2 钢筋混凝土框架结构

概率空间剖分,采用纤维梁单元模型[8]进行确定性非线性结构反应分析,最终求得框架结构在 $Q = 195$ kN 时的结构失效概率为 $P_f = 8.69\%$。

值得注意的是,若采用 Monte Carlo 方法求解上述问题,将发现结构失效概率的计算结果会随着抽样数量的变化而波动。对本例,在分别进行 2 500 次至 20 000 次模拟的过程中,失效概率在 8.1%和 9.2%之间波动。如图 7.3 所示。

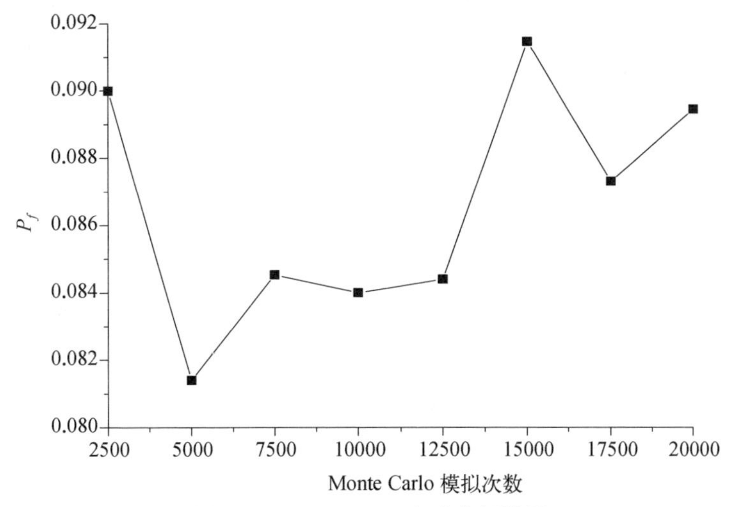

图 7.3　Monte Carlo 方法求解结果

7.3　经典结构体系可靠度分析方法

为了加深对应用概率密度演化方法进行结构整体可靠度分析的认识,不妨进一步考察经典的结构体系可靠度分析方法。通过这一考察,可以阐明经典分析理论的现象学本质及应用局限性。

7.3.1　结构的系统模拟

早在 1966 年,近代结构可靠度分析理论的奠基人 Freudenthal 就创造性地将工程结构系统比拟为串联系统,并采用系统可靠度的研究思想给出了系统失效概率的上界[10]。自此,开始了应用系统可靠度分析思想研究结构整体可靠度分析方法的发展道路[11,12]。由于这一背景,在传统文献中,结构整体可靠度常被称为结构系统可靠度或结构体系可靠度。

与结构构件可靠度分析不同,在结构体系可靠度分析中,需要考虑多个不同的失效模式,对应于不同的失效模式,其功能函数可以表示为

$$g_i(\boldsymbol{X}) = g_i(X_1, X_2, \cdots, X_n) \quad i = 1, 2, \cdots, m \tag{7.32}$$

以 E_i 表示第 i 个失效模式出现这一事件,则有

$$E_i = [g_i(\boldsymbol{X}) \leqslant 0] \tag{7.33}$$

其逆事件 $\bar{E}_i$ 即为安全事件,即

$$\bar{E}_i = [g_i(\boldsymbol{X}) > 0] \tag{7.34}$$

若视一个失效模式为系统中的一个单元,则可以用早期系统可靠性研究[13]中所经常采用的串联系统、并联系统、串并联系统来模拟结构系统,并采用概率论基本工具定量分析系统可靠性。

在串联系统(图 7.4)中,一个单元失效即可以引起整个系统失效。静定结构[如图 7.4(a)所示的桁架结构]就是这样的系统:结构中任意构件破坏,必将引起整体结构的破坏。因此,结构整体失效可以表示为

$$E = \bigcup_{i=1}^{m} E_i \tag{7.35}$$

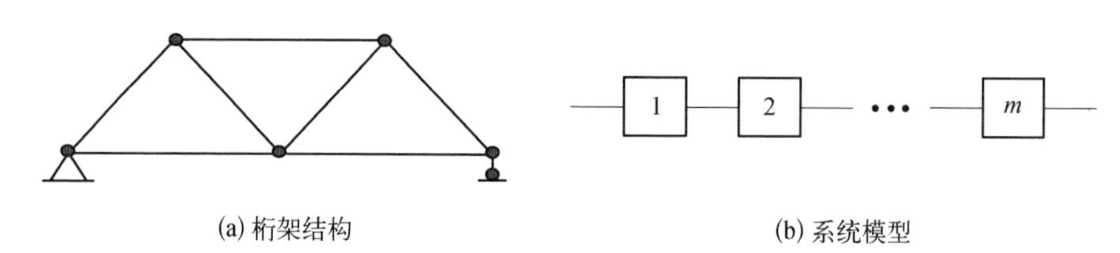

图 7.4 串联系统

系统安全为系统失效的逆事件,应用集合论中的德·摩根定律,有

$$\bar{E} = \bigcap_{i=1}^{m} \bar{E}_i \tag{7.36}$$

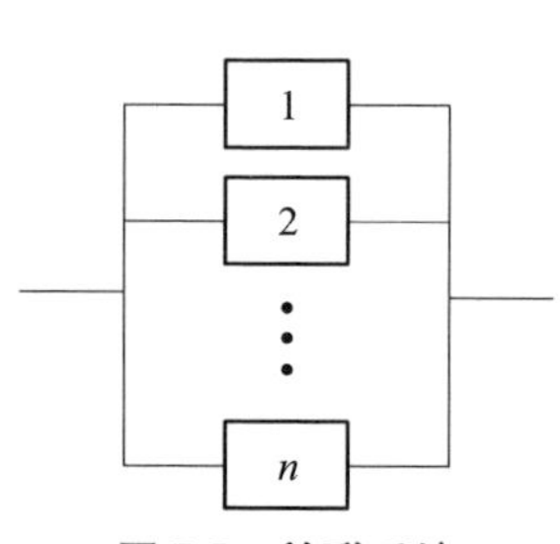

图 7.5 并联系统

而在并联系统(图 7.5)中,系统失效在所有单元均失效时才发生,即

$$E = \bigcap_{i=1}^{m} E_i \tag{7.37}$$

与前类似,系统安全可以表示为

$$\bar{E} = \bigcup_{i=1}^{m} \bar{E}_i \tag{7.38}$$

因此，从系统安全的角度定义基本事件，静定结构的安全也可以用串联系统模拟。为了不至在应用中引起混淆，通常规定，以系统失效定义基本事件，如式(7.33)所示。

表面上，超静定结构可以采用并联系统加以模拟，但这种模拟并无实用价值。事实上，对于超静定结构而言，若考虑结构极限承载能力，则结构整体失效有一个构件逐步失效的过程。通常，将这一过程称为失效路径。例如，对于图7.6(a)所示的三次超静定结构，若仅考虑正截面抗弯失效，则会形成图7.6(b)所示的失效机构，失效路径将是4→6→5。但由于结构抗力具有随机性，也可能形成图7.6(c)所示的失效机构，其失效路径是1→3→2。前者形成梁破坏机构，后者形成柱破坏机构。利用虚功原理，可以列出失效机构对应的功能函数。通常，这类功能函数为线性函数。

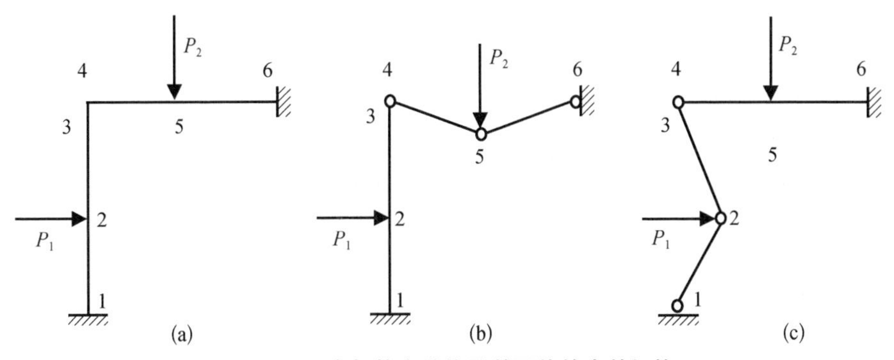

图7.6　三次超静定结构及其可能的失效机构

显然，同一个破坏路径上的各节点共同构成一个并联子系统，而不同破坏机构则构成一个串联系统，其各单元对应各个并联子系统。如此，便形成了一个串联的并联系统(图7.7)。

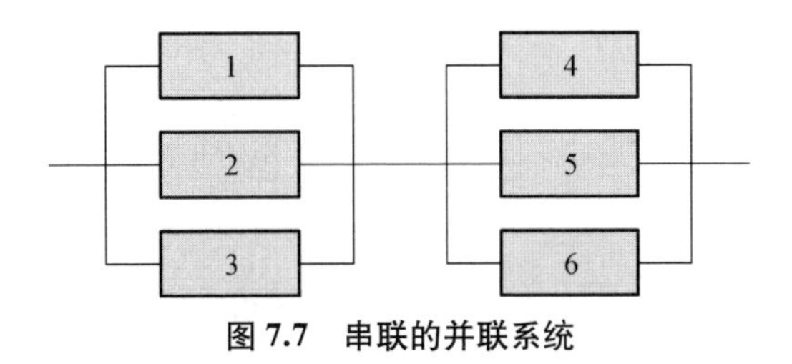

图7.7　串联的并联系统

7.3.2 结构失效概率的计算

依据概率论,串联系统失效的概率为

$$
\begin{aligned}
P_f = P(\bigcup_{i=1}^{m} E_i) &= \sum_{i=1}^{m} P(E_i) - \sum_{1\leqslant i<j=2}^{m} P(E_iE_j) \\
&+ \sum_{1\leqslant i<j<k=3}^{m} P(E_iE_jE_k) + \cdots + (-1)^{n-1}P(\bigcap_{i=1}^{m} E_i) \\
&= \sum_{j=1}^{m}(-1)^{j-1} \sum_{1\leqslant i_1<i_2\cdots<i_j=j}^{m} P(\bigcap_{l=1}^{j} E_l)
\end{aligned}
\tag{7.39}
$$

并联系统失效的概率为

$$
P_f = P(\bigcap_{i=1}^{m} E_i) = P(E_1)P(E_2 \mid E_1)\cdots P(E_m \mid E_1E_2\cdots E_{m-1}) \tag{7.40}
$$

而串-并联系统失效的概率为

$$
P_f = P(\bigcup_{i=1}^{n} \bigcap_{j=1}^{i_m} E_{ij}) \tag{7.41}
$$

从结构失效机构的角度考察,无论是静定结构,还是超静定结构,都可以模拟为一个串联系统。因此,式(7.39)是计算结构失效概率的基本公式。然而,式(7.39)虽然在形式上十分简单,但事实上计算很复杂。这不仅是因为在各基本事件失效相关的一般情况下,计算式(7.39)中各个积事件概率通常需要已知条件概率分布或联合概率分布。更重要的,在式(7.39)中,仅各项和的计算即会导致非多项式增长问题(N-P Hard 难题)。事实上,对于 m 个失效机构,式(7.39)中含有 2^{m-1} 项求和计算。因此,尽管有上述计算公式,但在实际问题中,很难真正应用。

为了避免上述计算复杂性,研究者们引入了不同的相关性假定,以计算式(7.39)。其中,计算精度较高的是文献[14]在文献[15]和[16]基础上提出的窄界限估计法。这一方法仅考虑任意两个事件的相关性,并据此导出了结构失效概率的上、下限为[15,16]

$$
\begin{aligned}
&P(E_1) + \max\left\{\sum_{i=1}^{m}\left[P(E_i) - \sum_{j=1}^{i-1} P_L(E_iE_j)\right], 0\right\} \\
&\leqslant P_f \leqslant \sum_{i=1}^{m} P(E_i) - \sum_{i=2}^{m} \max P_R(E_iE_j)
\end{aligned}
\tag{7.42}
$$

$$P_L(E_iE_j) \approx P(E_i) + P(E_j) \tag{7.42a}$$

$$P_R(E_iE_j) \approx \max[P(E_i), P(E_j)] \tag{7.42b}$$

在上述公式基础上,文献[14]结合可靠度分析的验算点法,导出了 $P(E_i)$ 的一般计算公式。在 E_i 与 E_j 正相关(相关系数 $\rho_{ij} \geqslant 0$)且所有随机变量均服从正态分布条件下:

$$P(E_i) = \Phi(-\beta_i)\Phi\left(-\frac{\beta_j - \rho_{ij}\beta_i}{\sqrt{1-\rho_{ij}^2}}\right) \tag{7.43}$$

式中,β_i 为由事件 E_i 确定的可靠性指标;E_i 对应于第 i 个失效机构。

显然,式(7.42)可以应用的前提是已知不同失效模式之间的相关系数 ρ_{ij}。设失效模式 E_i 的功能函数为 $Z_i = g_i(X_1, X_2, \cdots, X_n)$,则利用可靠度分析的验算点法,有

$$Z_i \approx \sum_{k=1}^{m} \frac{\partial g_i}{\partial x_k}\Big|_{X_i = x_{ik}^*}(x_n - x_{ik}^*) = \sum_{k=1}^{m} a_{ik}^*(x_k - x_{ik}^*) = \boldsymbol{A}_i^{\mathrm{T}}\boldsymbol{B}_i \tag{7.44a}$$

$$Z_j \approx \sum_{k=1}^{m} \frac{\partial g_j}{\partial x_k}\Big|_{X_j = x_{jk}^*}(x_n - x_{jk}^*) = \sum_{k=1}^{m} a_{jk}^*(x_k - x_{jk}^*) = \boldsymbol{A}_j^{\mathrm{T}}\boldsymbol{B}_j \tag{7.44b}$$

由相关系数计算的基本公式并利用上述表达式,有

$$\rho_{ij} = \frac{\mathrm{Cov}(Z_iZ_j)}{\sigma_{Z_i}\sigma_{Z_j}} = \boldsymbol{A}_i^{\mathrm{T}}\boldsymbol{A}_j \tag{7.45}$$

通常,仅在 $\rho_{ij} < 0.6$ 时,式(7.42)才可以给出较窄的失效概率界限。

显然,结构整体的失效概率可以由式(7.42)所确定的上、下限的均值加以估计。

7.3.3　主要失效模式的搜索

原则上,利用上述串联系统模拟并采用界限法计算公式(7.42)及相应辅助计算公式(7.43)和式(7.45),可以定量计算一般静定或超静定框架的整体可靠度。然而,在复杂结构分析中,要获得结构所有失效模式是极为困难的。事实上,对于一般的框架结构,失效机构数可以用下式计算:

$$m = 2^{N-L} - 1 \tag{7.46}$$

式中，N 为潜在的塑性铰数目；L 为结构超静定次数。

显然，失效机构数按指数级增长（组合爆炸）。对于实际工程中的复杂结构，要获得全部结构失效模式，几乎是不可能完成的任务。为此，在长达 30 年的结构整体可靠度研究发展历程中，寻求主要结构失效模式的努力几乎贯穿始终[4,17-21]。其中比较有代表性的是基于全量荷载分析的分枝限界法[18,19]。这一方法的基本分析过程可以概括如下（图 7.8）：

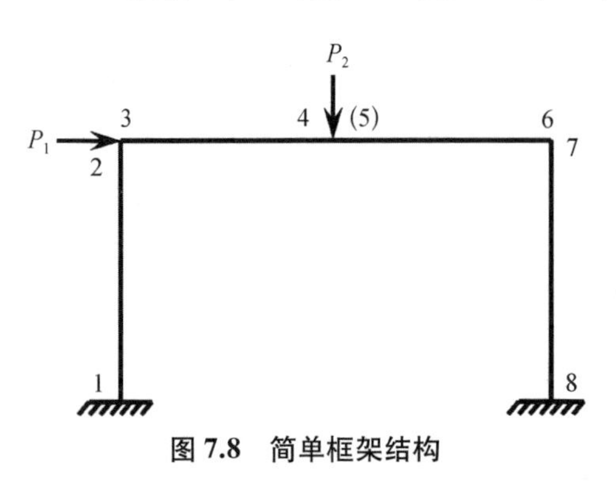

图 7.8 简单框架结构

（1）按照给定的荷载均值，依照线性结构分析方法计算荷载效应；

（2）根据荷载效应列出典型截面的功能函数，按一次二阶矩方法求解截面失效概率；

（3）按照具有最大失效概率者先失效的原则，确定失效截面的位置；

（4）在失效截面，以屈服弯矩代替实际弯矩，计算不平衡节点力并反向加在结构上；

（5）按加入塑性铰后的结构形成结构分析的修正刚度矩阵；

（6）按照新的结构形态，采用全量均值荷载计算荷载效应；

（7）根据新的荷载效应列出典型截面功能函数，再次按一次二阶矩方法求解截面失效概率；

（8）以第（3）步确定的失效截面为起点，以上一步各典型截面为终点，按单元并联方式计算失效路径产生概率，即

$$P(i, j) = (e_i \cap e_j) = P\left(Z_i \leqslant 0 \underset{j=1,2,\cdots}{\cap} Z_j \leqslant 0\right) \tag{7.47}$$

注意，这里为了区分于不同失效模式对应的随机事件 E_i，以 e 表示失效路径中的截面（或节点）失效随机事件；

（9）按照上述失效路径产生概率的最大值确定本步失效路径节点对应的失效截面；

（10）重复步骤（4）和（5），判断修正刚度矩阵是否奇异，若奇异，即形成一个失效模式，否则，重复步骤（6）~（9）搜索失效路径的下一节点，直至形成下一个失效模式。

显然,对于具有 q 个失效截面构成的失效路径,失效路径产生概率:

$$P = P(\bigcap_{j=1}^{q} e_j) \tag{7.48}$$

这将导致多个随机事件的联合概率分布积分。为了简化计算,可以取上界估计[19]:

$$P(\bigcap_{j=1}^{q} e_j) \approx P_L = \min_{\substack{j \in (2, \cdots, q) \\ i<j}} P(e_i \cap e_j) \tag{7.49}$$

在上述分析中的第(8)步,当 $q > 2$ 时,应以上式代替式(7.47)。

事实上,上述分析过程仅搜索产生了一个失效模式。对于具体结构,需要反复地回到起点,重新搜索新的失效模式。前已指出,对于一般的框架结构,失效机构数按指数级增长[式(7.46)]。因此,文献[18]提出了限界操作技术,即预先规定一个认为可以忽略的失效概率下界,当上述第(3)步和第(9)步中的最大失效概率或最大失效路径产生概率分别小于这一规定值时,不再执行以后的搜索。这在本质上是忽略小概率事件对结构整体可靠度的贡献。

以图 7.8 中界面 7 失效为起点,按分枝限界法搜索失效路径的过程示意于图 7.9。

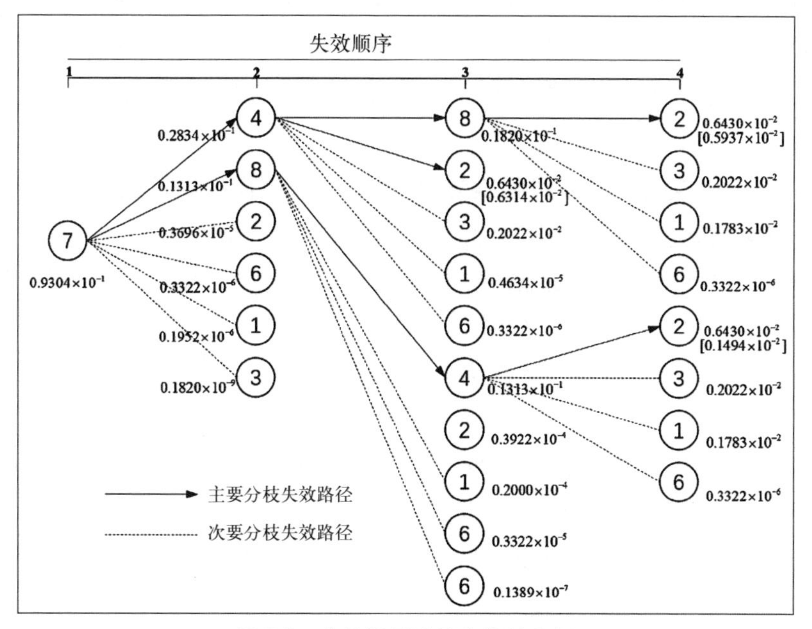

图 7.9　分枝限界法搜索失效路径

原则上,在搜索主要失效模式的过程中,各失效模式的产生概率(即这一模式的失效概率)已经可以由上述搜索过程中的终点计算给出。但这一计算所涉及的多个随机事件的联合概率分布积分,在实际问题中是不可能实现的。而利用式(7.49)估计得到的精度很差(此式仅可用于分枝限界的判断)。因此,在利用上述全量-变刚度-分枝限界分析法获得结构各个失效模式后,应以各失效模式最后一个截面失效前的结构状态列写该失效模式的功能函数①,并按式(7.42)近似计算结构整体的失效概率上、下界,并取上、下界均值给出结构整体失效概率 P_f ,而结构整体可靠度为

$$P_s = 1 - P_f \tag{7.50}$$

值得指出,在上述分析过程中,若以结构状态变量 R、S 为基本随机变量,则各截面以及结构失效模式的功能函数均表现为 R_j 与 S_j 的线性功能函数,当采用一次二阶矩方法计算失效概率(或可靠性指标)时,可采用中心点法。其中,荷载效应及结构构件抗力的均值与方差可分别由第三章、第四章方法给出。

对比传统的确定性结构非线性分析原理与上述分枝限界法的非线性分析过程是有意义的。在确定性结构非线性分析中,塑性铰的产生基于确定性原则确定,因此,结构非线性演化过程是确定的。而分枝限界法中,各截面失效与否是一随机事件,因此按照最大失效概率判定失效截面位置。这样的非线性发展过程反映的是"概率可能"的塑性铰产生过程。所以,分枝限界法中的非线性分析反映的是经过"概率修饰"的非线性发展过程,并非真实的物理过程。

7.3.4 经典结构整体可靠度分析思想剖析:困境与局限性

从基本的思想方法上考察上述结构整体可靠度分析方法可以发现:经典的结构整体可靠度分析在本质上是基于结构破坏后果的现象学分析。源于对于破坏后果——失效模式——的系统模拟,经典结构可靠度分析发展了一系列算法。其核心则是失效模式的识别与结构失效概率的计算。而这两者,都蕴含了巨大的计算复杂性。

如前所述,结构失效模式的分析是一个组合爆炸问题。结构失效概率的计算不可避免地涉及不同随机事件之间的相关性。在这里,无论是不同失效模式之间的相关性,还是同一失效模式中不同失效单元之间的相关性,都将导致复杂

① 通常,这样得到的功能函数与按虚功原理应用于失效模式所导出的功能函数相同。

的联合分布函数的积分运算。对于基本的系统模型——串联系统,结构失效概率计算[式(7.39)]又是一个非多项式增长问题。失效模式概率相关与组合爆炸是经典可靠度必须面对、又难以从根本上得到解决的两大难题①。究其原因,在于研究道路起点的现象学观念。要从根本上解决结构可靠度分析问题,必须寻求新的发展道路。基于物理研究随机系统[22,23],从随机性在物理系统中的传播的角度来考察、理解结构可靠度的分析原理,即是这一探索的思想结晶。

事实上,经典的结构体系可靠度分析,主要局限于框-桁架结构的整体可靠度分析,且引入了理想弹脆性或理想弹塑性的假定。对于一般类型的工程结构(如剪力墙结构、壳体结构、一般实体结构),经典结构体系可靠度分析是无能为力的。与之对照,7.2 节所述的基于概率密度演化分析的方法,由于坚持基于物理研究随机系统的基本思想,因而综合了反映结构受力物理的基本力学方程、随机性在物理系统中的传播规律、结构受力损伤-破坏的物理准则,形成了结构整体可靠度分析的物理综合法。这一方法摒弃了经典研究中的现象学传统,开辟了新的物理道路,不仅在观念上易为人们所接受,而且可以适用于各种类型的结构整体可靠度分析。

7.4　注记:经典可靠度多维积分的困境与出路

第一章已指出,一般的结构可靠度可以由下述多维概率密度积分给出:

$$P_s = \int_{Z>0} \cdots \int f_X(x_1, x_2, \cdots, x_n)\,\mathrm{d}x_1\mathrm{d}x_2\cdots\mathrm{d}x_n \tag{7.51}$$

式中,$Z = g(X_1, X_2, \cdots, X_n)$ 为结构功能函数,$X_1, X_2, \cdots, X_n$ 为结构作用与结构物理参数中的基本随机变量;$f_X(x_1, x_2, \cdots, x_n)$ 为基本随机变量的联合概率密度函数。

长期以来,人们一直强调,结构可靠度分析的根本困难在于上述多维积分的复杂性,而很少关注积分边界 $Z = g(x_2, x_2, \cdots, x_n) = 0$ 的确定同样具有巨大的困难。由第六章内容可知,采用概率空间剖分方式,是可以解决形如式(6.37)所示的多维概率积分问题的。但是,概率空间剖分技术仍然难以直接应用于式

① 采用 7.2.2 节所述等价极值事件法,可以避免失效模式概率相关难题,但不能避免失效模式分析中的组合爆炸难题。

(7.51)的计算。个中原因,即在于积分边界难以确定。

事实上,确定积分边界 $Z=0$,需要在高维空间求解方程:

$$g(x_2,\ x_2,\ \cdots,\ x_n)=0 \tag{7.52}$$

显然,对于 $n>5$ 的高维问题,上述工作是一个非常繁重的任务。

概率密度演化理论从基本随机变量和系统状态变量的联合概率分布的求解入手,使得关于基本随机变量的积分与失效边界的确立问题分离开。在 $p_{Y\boldsymbol{\Theta}}(\boldsymbol{y},\ \boldsymbol{\theta},\ t)$ 积分为 $p_Y(y,\ t)$ 的过程中,使用基本随机变量值域空间的全域积分(基于GF偏差最小进行概率空间剖分),而在计算可靠度时,则在各剖分子域内直接应用物理失效准则。由此,巧妙地实现了结构可靠度的精细化概率计算,解决了经典结构可靠度分析中的全概率计算难题。

参考文献

[1] 周承倜.弹性稳定理论[M].成都:四川人民出版社,1981.

[2] 李杰,徐军.结构动力稳定性判定新准则[J].同济大学学报:自然科学版,2015,43(7):965-971.

[3] ZHOU H, LI J. Effective energy criterion for collapse of deteriorating structural systems[J]. Journal of Engineering Mechanics, 2017, 143(12): 04017135.

[4] THOFT-CHRISTENSEN P, MUROTSU Y. Application of structural systems reliability theory [M]. Berlin: Springer, 1986.

[5] CHEN J B, LI J. Dynamic response and reliability analysis of non-linear stochastic structures [J]. Probabilistic Engineering Mechanics, 2005, 20(1): 33-44.

[6] LI J, CHEN J B, FAN W L. The equivalent extreme-value event and evaluation of the structural system reliability[J]. Structural Safety, 2007, 29(2): 112-131.

[7] 李杰.工程结构整体可靠性分析研究进展[J].土木工程学报,2018,51(8):1-10.

[8] 李杰,吴建营,陈建兵.混凝土随机损伤力学[M].北京:科学出版社,2014.

[9] CHEN J B, LI J. Strategy of selecting representative points via tangent spheres in the probability density evolution method [J]. International Journal for Numerical Methods in Engineering, 2008, 74(13): 1988-2014.

[10] FREUDENTHAL A M, GARRELTS J M, SHINOZUKA M. The analysis of structural safety [J]. Journal of the Structural Division, ASCE, 1966, 92(ST1): 267-325.

[11] ANG A H-S, AMIN M. Reliability of structures and structural systems [J]. Journal of Engineering Mechanics Division, ASCE, 1968, 94(2): 671-691.

[12] ANG A H-S, ABDELNOUR J, CHHAKER A A. Analysis of activity networks under uncertainty [J]. Journal of Engineering Mechanics Division, ASCE, 1975, 101(4): 373-387.

[13] 梅启智,廖炯生,孙惠中.系统可靠性工程基础[M].北京:科学出版社,1987.

[14] DITLEVSEN O. Narrow reliability bounds for structural systems[J]. Journal of Structural Mechanis, 1979, 7(4): 453-472.
[15] KOUNIAS D E. Bounds for the probability of a union with applications[J]. Annals of Mathematic Statics, 1968, 39(6): 2154-2158.
[16] HOUNTER D. An upper bound for the probability of a union[J]. Journal of applied Probabilty, 1975, 3(3): 597-603.
[17] THOFT-CHRISTENSEN P, SORENSEN J D. Reliability of structural systems with correlated element[J]. Applied Mathematical Modeling, 1982, 6: 171-178.
[18] MUROTSU Y, OKADA H, TAGUCHI K, et al. Automatic generation of stochastically dominant failure modes of frame structures[J]. Structural Safety, 1984, 2(1): 17-25.
[19] 胡云昌,郭振邦.结构系统可靠性分析原理及应用[M].天津: 天津大学出版社,1992.
[20] 董聪.现代结构系统可靠性理论及其应用[M].北京: 科学出版社,2001.
[21] LEE Y, SONG J. Risk analysis of fatigue-induced sequential failures by branch-and-bound method employing system reliability bounds[J]. Journal of Engineering Mechanics, 2011, 137(12), 807-821.
[22] 李杰.随机动力系统的物理逼近[J].中国科技论文在线,2006(02): 95-104.
[23] 李杰.物理随机系统研究的若干基本观点(同济大学科学研究报告,2006)//求是集(第二卷)[M].上海: 同济大学出版社,2016.

第八章

基于可靠度的结构设计

结构分析的主要目的之一是结构设计。考虑结构荷载(作用)与结构材料性质的随机性进行的结构可靠度分析,其主要目的在于实现基于可靠度的结构设计。为进行这一工作,一般需要研究两个层次的问题：针对一般结构的设计准则和针对具体结构的可靠度设计方法。而统摄这两类问题的,则是概率设计准则的确定。以下分别叙述。

8.1 概率设计准则

采用概率密度演化分析或矩法分析,可以给出整体结构层次或结构构件层次的结构可靠概率 P_S 或结构可靠指标 β 。为了在概率意义上保证结构的可靠性,要求上述分析结果大于某一额定值,即

$$P_S \geqslant P_{ST} \tag{8.1}$$

$$\beta \geqslant \beta_T \tag{8.2}$$

式中, P_{ST} 为额定(目标)结构可靠概率; β_T 为额定(目标)结构可靠指标。当上述两式"≥"号取等号时, P_{ST} 与 β_T 为设计所要达成的目标可靠概率和目标可靠指标。

若用失效概率表达,式(8.1)可以等效表达为

$$P_f < P_{fT} \tag{8.3}$$

式中, P_{fT} 为可接受的结构失效概率。

确定目标可靠概率或目标可靠指标通常基于三个准则：社会准则、经济准

则和历史推定准则。

8.1.1　社会准则

社会准则按照公众可以接受的风险水平确定工程结构设计的目标可靠概率或可接受结构失效概率。显然,这一准则与社会的发展水平、经济水平和人们对风险的可接受程度相关。例如,国际标准《结构可靠性总原则(ISO2394：2015)》基于人的生命安全给出的房屋建筑结构可接受失效概率为 10^{-6}/年[1]。若结构设计基准期为 50 年,则相对应的结构可接受失效概率为 5×10^{-5},相应的目标可靠指标 $\beta_T = 3.89$。

8.1.2　经济准则

经济准则按照结构建造投资和结构破坏的期望损失之间的平衡确定工程结构设计的目标可靠概率。一般说来,工程结构的造价随着结构可靠度升高而升高,而结构破坏所造成的损失(包括直接损失与间接损失)则随着结构可靠度升高而降低(图 8.1)。因此,目标可靠概率 P_{ST} 可以通过求解下述优化问题确定:

$$J(P_S) = C(P_S) + L(P_S) \rightarrow \min \tag{8.4}$$

式中,C 为结构造价;L 为损失期望值。

通常,期望损失与可靠度 P_S 之间的关系往往难以确定,因此,尽管有上述一般表达式,按照不同的 $L(P_S)$ 关系确定的 P_{ST} 往往差异较大。

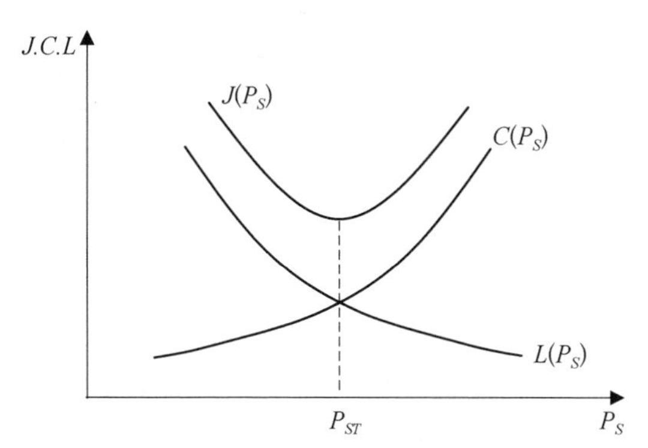

图 8.1　结构造价、损失与可靠度的关系

8.1.3　历史推定准则

历史推定准则是通过对按照既往设计规范所设计结构的分析,得出结构的平均安全水平,并据此确定工程结构的目标可靠概率或目标可靠指标,通常,这一方法又称为校准法。其实质是通过既往的设计经验,校准给出目标可靠指标。表 8.1 为中国建筑工程、公路工程、港口工程和水利水电工程结构可靠性设计标准按照校准法确定的各类结构按构件承载能力极限状态设计的目标可靠性指标[2-5]。表 8.2 则为国际安全度联合委员会(JCSS)推荐的《概率模式规范》中建议的目标可靠指标[6]。后者是按照结构失效后果和采取改进结构安全性所需的相对成本综合确定的。但是,由于这些结果总结了美国和欧洲一些国家采用校准法给出的 β 值,因此也可认为是结合校准法所得的结果。

表 8.1 我国工程结构承载能力极限状态设计的目标可靠指标

工程结构类型	设计基准期/年	破坏类型	安全等级		
			一级	二级	三级
建筑结构	50	延性破坏	3.7	3.2	2.7
		脆性破坏	4.2	3.7	3.2
公路桥梁	100	延性破坏	4.7	4.2	3.7
		脆性破坏	5.2	4.7	4.2
港口结构	50	—	4.0	3.5	3.0
水利水电结构	50	一类破坏	3.7	3.2	2.7
		二类破坏	4.2	3.7	3.2

表 8.2 JCSS《概率模式规范》承载能力极限状态的目标可靠指标

	Ⅰ ($\rho < 2$)	Ⅱ ($\rho = 2 \sim 5$)	Ⅲ ($\rho = 5 \sim 10$)
采取安全措施的相对成本	轻微失效后果	中等失效后果	严重失效后果
高(A)	$\beta = 3.1$ ($P_f \approx 10^{-3}$)	$\beta = 3.3$ ($P_f \approx 5 \times 10^{-4}$)	$\beta = 3.7$ ($P_f \approx 10^{-4}$)
中(B)	$\beta = 3.7$ ($P_f \approx 10^{-4}$)	$\beta = 4.2$ ($P_f \approx 10^{-5}$)	$\beta = 4.4$ ($P_f \approx 5 \times 10^{-6}$)
低(C)	$\beta = 4.2$ ($P_f \approx 10^{-5}$)	$\beta = 4.4$ ($P_f \approx 5 \times 10^{-6}$)	$\beta = 4.7$ ($P_f \approx 10^{-6}$)

表中 ρ 为总成本(即建造费用与直接破坏损失之和)与建造费用之间的比值。

8.2　工程规范设计准则

8.2.1　分项系数法

依据上述目标可靠指标，可以给出用于一般结构设计的设计准则。通常，这类准则表现为分项系数的形式。

首先考虑单一荷载作用的情况，由式(5.13)可知

$$\mu_R - \mu_S = \beta\sqrt{\sigma_R^2 + \sigma_S^2} \tag{8.5}$$

注意到 $\sigma_Z = \sqrt{\sigma_R^2 + \sigma_S^2}$，若能将 σ_Z 表述为 σ_R、σ_S 的线性化加权函数，则可实现安全系数的分项表达。为此，引入分离函数：

$$\varphi_R = \frac{\sigma_R}{\sqrt{\sigma_R^2 + \sigma_S^2}} \tag{8.6a}$$

$$\varphi_S = \frac{\sigma_S}{\sqrt{\sigma_R^2 + \sigma_S^2}} \tag{8.6b}$$

显然，

$$\sqrt{\sigma_R^2 + \sigma_S^2} = \frac{\sigma_R^2 + \sigma_S^2}{\sqrt{\sigma_R^2 + \sigma_S^2}} = \varphi_R\sigma_R + \varphi_S\sigma_S \tag{8.7}$$

将式(8.7)代入式(8.5)并移项整理，可得

$$(1 - \varphi_R\delta_R\beta)\mu_R = (1 + \varphi_S\delta_S\beta)\mu_S \tag{8.8}$$

式中，$\delta = \sigma/\mu$ 为变异系数。

令分项系数：

$$\gamma_R = 1 - \varphi_R\delta_R\beta \tag{8.9}$$

$$\gamma_S = 1 + \varphi_S\delta_S\beta \tag{8.10}$$

即可按式(8.8)构造分项系数的设计表达式：

$$\gamma_R\mu_R \geqslant \gamma_S\mu_S \tag{8.11}$$

上式表达的仍然是在结构设计中应使结构抗力大于结构荷载效应的基本准则。

但由于 γ 分别与其均值、方差及结构可靠指标有关，因此分项系数既反映了结构抗力与结构荷载效应中客观存在的随机性，又与结构可靠指标相联系，因而具有了保证一定的安全概率的含义。

将根式 $\sqrt{\sigma_R^2 + \sigma_R^2}$ 线性化并据之导出分项安全系数的基本思想，最早是加拿大科学家 Lind 提出的[7]。这一基本思想奠定了后来世界各国采用分项安全系数进行结构设计的理论基础。

上述分析可以扩展到多种荷载组合作用的情况。此时，结构功能函数为

$$Z = R - \sum_{i=1}^{n} S_i \tag{8.12}$$

式中，n 为荷载类型数目。

显然，

$$\mu_Z = \mu_R - \sum_{i=1}^{n} \mu_{S_i} \tag{8.13a}$$

$$\sigma_Z = \sqrt{\sigma_R^2 + \sum_{i=1}^{n} \sigma_{S_i}^2} \tag{8.13b}$$

结构可靠指标定义为

$$\beta = \frac{\mu_Z}{\sigma_Z} \tag{8.14}$$

引入分离系数：

$$\varphi_R = \frac{\sigma_R}{\sigma_Z} \tag{8.15a}$$

$$\varphi_{S_i} = \frac{\sigma_{S_i}}{\sigma_Z} \tag{8.15b}$$

可由式(8.14)导出分项系数：

$$\gamma_R = 1 - \varphi_R \delta_R \beta \tag{8.16a}$$

$$\gamma_{S_i} = 1 + \varphi_{S_i} \delta_{S_i} \beta \tag{8.16b}$$

而应用分项系数的设计表达式为

$$\gamma_R \mu_R \geqslant \sum_{i=1}^{n} \gamma_{S_i} \mu_{S_i} \tag{8.17}$$

【例 8.1】 设 R、G、Q 均服从正态分布，$\beta_{\mathrm{T}}=2.95$，$K_0=2.0$，$\delta_R=0.16$，$\delta_G=0.09$，$\delta_Q=0.24$。当荷载指标 $\rho=\mu_Q/\mu_G=1.0$ 时，求抗力分项系数 γ_R、恒载分项系数 γ_G 和活载分项系数 γ_Q。

【解】

$$\delta_S=\frac{\sigma_S}{\mu_S}=\frac{\sqrt{\sigma_G^2+\sigma_Q^2}}{\mu_G+\mu_Q}=\frac{1}{1+\rho}\sqrt{\delta_G^2+\rho\delta_Q^2}=\frac{1}{1+1}\sqrt{0.09^2+0.24^2}=0.128\,2$$

$$\frac{\sigma_R}{\sigma_S}=\frac{\delta_R\mu_R}{\delta_S\mu_S}=\frac{K_0\delta_R}{\delta_S}=\frac{2\times 0.16}{0.128\,2}=2.496<3$$

$$\frac{\sigma_Q}{\sigma_G}=\frac{\delta_Q\mu_Q}{\delta_G\mu_G}=\frac{\delta_Q\times\rho}{\delta_G}=\frac{0.24\times 1}{0.09}=2.667<3$$

上述两比值均小于 3，因此 $\varphi_R\approx 0.75$，$\varphi_{S_i}\approx 0.75^2$[7]，由式(8.16)有抗力分项系数 γ_R、恒载分项系数 γ_G 和活载分项系数 γ_Q 分别为

$$\gamma_R=1-0.75\delta_R\beta_{\mathrm{T}}=0.646\,0$$

$$\gamma_G=1+0.562\,5\delta_G\beta_{\mathrm{T}}=1.149\,3$$

$$\gamma_Q=1+0.562\,5\delta_Q\beta_{\mathrm{T}}=1.398\,3$$

【解毕】

原则上，以目标可靠指标 β_{T} 代入式(8.16)，即可给出以均值分析为基础、以结构荷载(作用)效应和构件抗力统计分布为基础的工程结构设计准则[式(8.17)]。然而，由于受第一代设计理论的影响①，第二代结构设计理论发展的前半期沿用荷载分项安全系数与抗力分项安全系数的观念[8]，引入了以设计代表值为基础的结构设计准则。这一做法又为以矩法为理论基础之一的第二代设计理论所沿袭，并提出了采用校准法进行结构荷载效应分析与结构构件抗力设计的方法。这一方法将式(8.17)作如下等效变换：

$$\gamma_R\frac{\mu_R}{R_K}R_K\geqslant\sum_{i=1}^{n}\gamma_{S_i}\frac{\mu_{S_i}}{S_{K_i}}S_{K_i}\tag{8.18}$$

并取

① 第一代结构设计理论的概念见附录 F。

$$\gamma'_R = \gamma_R \frac{\mu_R}{R_K} \tag{8.19a}$$

$$\gamma'_{S_i} = \gamma_{S_i} \frac{\mu_{S_i}}{S_{K_i}} \tag{8.19b}$$

由此,给出以设计代表值 R_K、S_{Ki} 为基础的分项系数设计表达式:

$$\gamma'_R R_K \geqslant \sum_{i=1}^{n} \gamma'_{S_i} S_{K_i} \tag{8.20}$$

原则上,抗力代表值 R_K 和荷载效应代表值 S_{Ki} 应取相应概率分布的某一分位值。例如,取距均值一倍标准差的距离,即 $R_K = \mu_R - \sigma_R$, $S_{Ki} = \mu_{Si} + \sigma_{Si}$。这样,才可以保证结构设计取值的概率一致性(此时,抗力小于标准值和荷载效应超过标准值的概率均为 15.87%,即保证率为 84.13%),同时保证分项系数计算[式(8.16)]的科学性。

不幸的是,制订规范的人们很快发现,由此确定的荷载取值与历史上采用的荷载取值差异明显,且多数情况下的荷载取值明显大于传统设计中的取值,因而造成结构造价的明显上升。在这种背景下,规范编制者开始放弃上述科学背景,转而对荷载代表值采取向传统设计取值靠近的做法。例如,表 8.3 即为我国编制建筑结构统一标准(GBJ68-84)时建议的结构设计基准期(50 年)内可变荷载标准值的出现概率、超越概率和重现期[9]。

表 8.3 GBJ68-84 可变荷载标准值取值标准

	出现概率	超越概率	重现期/年
住宅楼面活荷载	0.798	0.202	221
办公楼面活荷载	0.921	0.079	610
屋面雪荷载	0.355	0.645	48.8

显然,这一实用主义的做法使分项系数设计中的"代表值"概念趋于模糊不定。令人遗憾的是,这一折中的权宜之计被后来者无保留地继承了下来。

8.2.2 分项系数的确定方法

事实上,不同的工程结构设计规范制订者对分项系数的确立方式是不同的。一些规范(如中国)的制订者甚至摒弃 γ_R、γ_S 与各自统计特征值之间的本征联系[式(8.16)],完全将其作为待定参数,通过决策优化的做法来确定分项系数[9]。虽然这一做法保证了结构设计的连续性,也在最小二乘法和决策优化的意义上保证了结构构件设计结果的目标可靠水平,但这种简单问题复杂化的做法不仅增加了分项系数确定过程中的随意性,也给本来逻辑清晰的可靠性设计带来了不应有的混乱局面。

也许是意识到了上述优化法的弊端,国际结构可靠性设计标准 ISO2394[1] 和欧洲结构可靠性设计规范 EN1990[10] 的制订者采用设计值法确定分项系数。事实上,采用式(8.16)的分项系数表达,仅能反映抗力与荷载效应分布统计矩的影响,而不能反映这些随机变量概率分布的影响。为了反映 R、S_i 实际概率分布的影响,可利用式(5.74b)对 R、S_i 做标准正态变换,并代入式(8.12),由此有

$$Z = F_R^{-1}[\Phi(y_R)] - \sum_{i=1}^{n} F_{S_i}^{-1}[\Phi(y_{s_i})] \tag{8.21}$$

式中,$F_R(\cdot)$ 为抗力 R 的概率分布函数;$F_{S_i}(\cdot)$ 为荷载效应 S_i 的概率分布函数;$\Phi(\cdot)$ 为标准正态分布函数。

记 $Z = g(Y_R, Y_{S_1}, \cdots, Y_{S_n}) = g(Y_1, Y_2, \cdots, Y_{n+1})$,采用一次二阶矩的验算点法在标准正态空间 $\mathbf{Y}$ 中求解,将有验算点:

$$y_i^* = -\beta\alpha_i \quad (i = 1, 2, \cdots n + 1) \tag{8.22}$$

其中,

$$\alpha_i = \frac{\dfrac{\partial g}{\partial Y_i}\Big|_{Y_i = y_i^*}}{\sqrt{\sum_{i=1}^{n+1}\left(\dfrac{\partial g}{\partial Y_i}\Big|_{Y_i = y_i^*}\right)^2}} \tag{8.23}$$

注意到

$$x_i = F_{x_i}^{-1}[\Phi(y_i)] \tag{8.24}$$

对于不同的背景变量,有抗力设计值:

$$R^* = F_R^{-1}[\Phi(-\beta\alpha_R)] \tag{8.25}$$

荷载效应设计值:

$$S_i^* = F_{S_i}^{-1}[\Phi(-\beta\alpha_{S_i})] \tag{8.26}$$

将分项系数定义为设计值与标准值的比值：

$$\gamma_R^* = \frac{R^*}{R_K} \tag{8.27a}$$ ①

$$\gamma_{S_i}^* = \frac{S_i^*}{S_{K_i}} \tag{8.27b}$$

将上述两式代入 $R^* \geqslant \sum_{i=1}^{n} S_i^*$ ，有

$$\gamma_R^* R_K \geqslant \sum_{i=1}^{n} \gamma_{S_i}^* S_{K_i} \tag{8.28}$$

其中，

$$\gamma_R^* = \frac{F_R^{-1}[\Phi(-\beta\alpha_R)]}{R_K} \tag{8.29a}$$

$$\gamma_{S_i}^* = \frac{F_{S_i}^{-1}[\Phi(-\beta\alpha_{S_i})]}{S_{K_i}} \tag{8.29b}$$

以目标可靠指标 β_T 及设计验算点 y_i^* 代入式(8.29)，即可给出以分项系数表达的设计准则式(8.28)。

上述分项系数表达式反映了抗力与荷载效应概率分布函数的影响，因此，式(8.28)较式(8.20)在理论上更为完备。事实上，当 R、S_i 为独立正态分布变量时，式(8.28)将退化为式(8.20)。

对于线性结构分析，荷载效应与荷载之间存在线性关系，即一般存在 $S_i = C_i Q_i$，以此代入式(8.12)，并对 R、Q_i 做标准正态变换，有

$$Z = F_R^{-1}[\Phi(y_R)] - \sum_{i=1}^{n} C_i F_{Q_i}^{-1}[\Phi(y_{Q_i})] \tag{8.30}$$

式中，C_i 为具体结构关于荷载 Q_i 的作用效应系数；$F_{Q_i}(\cdot)$ 为荷载 Q_i 的概率分布函数。

对上述功能函数重复上述分析，可最终给出如下设计准则：

---

① 为保证行文的一致性，这里 γ_R^* 与 ISO2394 及 EN1990 有所不同。在这两个标准中，取：$\gamma_R^* = \frac{R_K}{R^*}$。

$$\gamma_R^* R_K \geqslant \sum_{i=1}^{n} \gamma_{Q_i}^* C_i Q_{K_i} = \sum_{i=1}^{n} \gamma_{Q_i}^* S_{K_i} \tag{8.31}$$①

式中，

$$\gamma_{Q_i}^* = \frac{F_{Q_i}^{-1}[\Phi(-\beta\alpha_{Q_i})]}{Q_{K_i}} \tag{8.32}$$

其中，Q_{K_i} 为荷载 Q_i 的代表值，

$$\alpha_{Q_i} = \frac{C_i \left.\dfrac{\partial g}{\partial Q_i}\right|_{Q_i=q_i^*}}{\sqrt{\left.\dfrac{\partial g}{\partial R}\right|^2_{R=r^*} + \sum_{i=1}^{n}\left(C_i \left.\dfrac{\partial g}{\partial Q_i}\right|_{Q_i=q_i^*}\right)^2}} \tag{8.33}$$

上述对于线性结构的处理，同样适用于式(8.20)，此时，有

$$\gamma'_R R_K \geqslant \sum_{i=1}^{n} \gamma'_{Q_i} C_i Q_{K_i} = \sum_{i=1}^{n} \gamma'_{Q_i} S_{K_i} \tag{8.34}$$

其中，

$$\gamma'_{Q_i} = (1 + \varphi_{Q_i}\delta_{Q_i}\beta)\frac{\mu_{Q_i}}{Q_{K_i}} \tag{8.35}$$

$$\varphi_{Q_i} = \frac{C_i \sigma_{Q_i}}{\sqrt{\sigma_R^2 + C_i \sigma_{Q_i}^2}} \tag{8.36}$$

采用上述分项系数表达式，要求针对具体问题确定设计验算点 y_i^*，从而确定系数 α_i，这给规范编制带来了困难②。为解决这一问题，经过一些粗略的分析，ISO2394 与 EN1990 建议取 $\alpha_R = 0.8$，$\alpha_{Q_1} = -0.7$，$\alpha_{Q_i} = -0.4 \times 0.7 (i = 2, 3, \cdots, n)$ [11]。显然，这种规定具有一定局限性。

值得再次指出的是，无论是优化法还是设计值法，都没有解决设计代表值 $S_K(Q_K)$ 取值不具有概率一致性的问题。从这一意义上考察，回到以均值分析为

① 注意式(8.31)不能由式(8.28)直接推出，必须利用式(8.30)重新推证，因为 $\alpha_{s_i} \neq \alpha_{Q_i}$。

② 事实上，无论是 α_{Q_i}，还是 φ_{Q_i}，均与结构荷载作用效应相关，因之与具体的结构形式、荷载作用方式相关。

基础的设计准则[式(8.17)],不失为一种理性的选择。

8.3 基于可靠度的结构构件设计

采用上述设计准则,可以进行基于可靠度的结构构件设计。一般说来,这类设计包括两个方面的内容:结构功能可靠度验算和基于目标可靠度的结构构件设计。

8.3.1 结构功能可靠度验算

结构功能可靠度验算一般包括构件承载能力验算、正常使用性能验算和耐久性能验算。以设计准则式(8.20)为例,结构功能可靠度验算的一般过程是:

(1) 根据具体功能要求与风险水平,确定目标可靠指标(表 8.1、表 8.2);

(2) 根据功能要求,确定荷载(作用)和材料性能标准值;

(3) 依据荷载(作用)标准值计算结构效应 S_{K_i} ;

(4) 依据材料标准值指标和构件其他确定性参数(几何尺寸、配筋率、剪跨比等)计算结构构件抗力 R_K ;

(5) 分别依据材料性能统计参数(表 4.1、表 4.3)、荷载(作用)统计参数(表 2.2)和目标可靠指标计算分项系数,并在这一过程中(按第三章和第四章方法)分别计算荷载(作用)效应和抗力的均值与标准差;

(6) 将 γ'_R、γ'_{S_i} 和 R_K、S_{K_i} 代入式(8.20),验算是否满足这一不等式,满足即通过验算。

在采用式(8.28)作为设计准则时,尚应已知荷载(作用)与抗力的概率分布函数。通常,抗力的概率分布函数可取为对数正态分布,其中的统计参数可由第四章方法计算。而对于荷载(作用)效应的概率分布函数,通常假定为极值分布,其中的统计参数可以由第三章方法计算给出。

值得注意,在上述分析中,不仅要计算结构荷载效应标准值 S_{K_i} ,而且要计算结构荷载效应均值和标准差(μ_{S_i}、σ_{S_i})。这一点,往往是传统可靠度分析理论有意无意忽略的细节。正是对这种细节的忽略,使得传统可靠度分析理论很少被应用于具体的结构设计之中。事实上,即使是引用荷载作用效应与荷载间的线性关系,采用式(8.34)进行结构功能可靠度验算,也必然涉及荷载分项系数的计算,即需要在结构分析层次针对每一类荷载确定不同构件截面的 C_i ,从而不可避免地要多次进行结构荷载效应分析。由于这一背景,在通常工程意义的可靠度验算中,往往直接采用规范规定的荷载分项系数,以避免复杂的计算。这样做的代价,则是抹杀了具体的结构特征,对所有结构采用统一的、粗略近似的荷载分项系数。

【例 8.2】 如图 8.2 所示的平面钢框架,柱高为 $H = 5$ m, 梁长为 $L = 7$ m。梁上承受均布荷载 q 和跨中集中荷载 P 。柱抗弯刚度为 EI_1, $E = 2\times10^{11}$ N/m^2, $I_1 = 5\times10^{-5}$ m^4, 截面面积为 $A_1 = 5\times10^{-3}$ m^2, 弹性截面模量为 $W_1 = 4\times10^{-4}$ m^3; 梁抗弯刚度为 EI_2, $I_2 = 1.6\times10^{-4}$ m^4, 截面面积为 $A_2 = 7.5\times10^{-3}$ m^2, 弹性截面模量为 $W_2 = 9\times10^{-4}$ m^3。P、q 及钢材强度 f_y 为符合对数正态分布的随机变量,且 $\mu_P = 10^5$ N, $\delta_P = 0.2$, $\mu_q = 1.9\times10^4$ N/m, $\delta_q = 0.1$, $\mu_{f_y} = 3.9\times10^8$ N/m^2, $\delta_{f_y} = 0.08$。若目标可靠度指标为 $\beta_T = 3.2$,并规定荷载和材料强度的标准值为具有 95%保证率的分位值。试按照截面边缘屈服准则,由下式分别验算该框架梁跨中截面的抗弯性能是否满足目标可靠度:

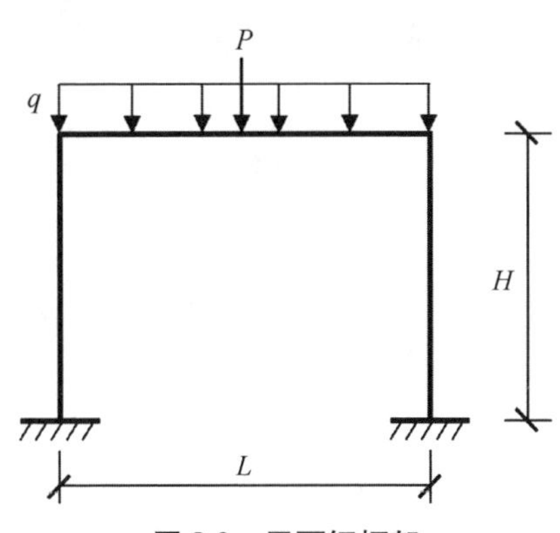

图 8.2　平面钢框架

(1) 式(8.17);

(2) 式(8.20)(按文献[2] 确立分项系数);

(3) 式(8.28)。

【解】 根据结构力学知识,可知梁跨中截面由 P 和 q 引起的弯矩和轴力为

$$M = M_P + M_q = aP + bq$$

$$F = F_P + F_q = cP + dq$$

式中,

$$a = \frac{L(HI_2 + LI_1)}{4(HI_2 + 2LI_1)} = 1.3417,\ b = \frac{L^2(3HI_2 + 2LI_1)}{24(HI_2 + 2LI_1)} = 4.2194$$

$$c = \frac{3L^2I_1}{8H(HI_2 + 2LI_1)} = 0.1225,\ d = \frac{L^3I_1}{4H(HI_2 + 2LI_1)} = 0.5717$$

框架梁跨中截面在边缘屈服准则下的极限状态方程为

$$Z = f_y - \frac{M}{W_2} - \frac{F}{A_2} = f_y - \left(\frac{a}{W_2} + \frac{c}{A_2}\right)P - \left(\frac{b}{W_2} + \frac{d}{A_2}\right)q = 0 \tag{a}$$

$$\mu_R = \mu_{f_y} = 3.9 \times 10^8\ \text{N/m}^2,\ \mu_{S_1} = \left(\frac{a}{W_2} + \frac{c}{A_2}\right)\mu_P = 1.507\,1 \times 10^8\ \text{N/m}^2$$

$$\mu_{S_2} = \left(\frac{b}{W_2} + \frac{d}{A_2}\right)\mu_q = 9.052\,5 \times 10^7\ \text{N/m}^2$$

$$\mu_Z = \mu_{f_y} - \left(\frac{a}{W_2} + \frac{c}{A_2}\right)\mu_P - \left(\frac{b}{W_2} + \frac{d}{A_2}\right)\mu_q = 1.487\,7 \times 10^8\ \text{N/m}^2$$

$$\sigma_R = \sigma_{f_y} = 3.12 \times 10^7\ \text{N/m}^2,\ \sigma_{S_1} = \left(\frac{a}{W_2} + \frac{c}{A_2}\right)\sigma_P = 3.014\,1 \times 10^7\ \text{N/m}^2$$

$$\sigma_{S_2} = \left(\frac{b}{W_2} + \frac{d}{A_2}\right)\sigma_q = 9.052\,5 \times 10^6\ \text{N/m}^2$$

$$\sigma_Z = \sqrt{\sigma_{f_y}^2 + \left(\frac{a}{W_2} + \frac{c}{A_2}\right)^2 \sigma_P^2 + \left(\frac{b}{W_2} + \frac{d}{A_2}\right)^2 \sigma_q^2} = 4.431\,6 \times 10^7\ \text{N/m}^2$$

(1) 按式(8.17)验算。

由式(8.15)可得

$$\varphi_R = \frac{\sigma_R}{\sigma_Z} = 0.704\,0,\ \varphi_{S_1} = \frac{\sigma_{S_1}}{\sigma_Z} = 0.680\,2,\ \varphi_{S_2} = \frac{\sigma_{S_2}}{\sigma_Z} = 0.204\,3$$

由式(8.16)可得

$$\gamma_R = 1 - \varphi_R\delta_R\beta_T = 0.819\,8,\ \gamma_{S_1} = 1 + \varphi_{S_1}\delta_{S_1}\beta_T = 1.435\,3$$

$$\gamma_{S_2} = 1 + \varphi_{S_2}\delta_{S_2}\beta_T = 1.065\,4$$

因此,

$$\gamma_R\mu_R = 3.197\,1 \times 10^8\ \text{N/m}^2$$

$$\gamma_{S_1}\mu_{S_1} + \gamma_{S_2}\mu_{S_2} = 3.127\,5 \times 10^8\ \text{N/m}^2$$

显然

$$\gamma_R\mu_R > \gamma_{S_1}\mu_{S_1} + \gamma_{S_2}\mu_{S_2}$$

故验算通过,即满足目标可靠度要求。

(2) 按式(8.20)验算。

由文献[2] 查取分项系数,有

$$\gamma'_R = 1 - \beta_T \delta_R = 0.744,\ \gamma'_{S_1} = 1.5,\ \gamma'_{S_2} = 1.3$$

又

$$R_K = \exp(\mu_{\ln R} - 1.645\sigma_{\ln R}) = 3.408\,9 \times 10^8\ \text{N/m}^2$$

$$S_{K_1} = \exp(\mu_{\ln S_1} + 1.645\sigma_{\ln S_1}) = 2.046\,9 \times 10^8\ \text{N/m}^2$$

$$S_{K_2} = \exp(\mu_{\ln S_2} + 1.645\sigma_{\ln S_2}) = 1.061\,4 \times 10^8\ \text{N/m}^2$$

显然

$$\gamma'_R R_K = 2.536\,2 \times 10^8\ \text{N/m}^2$$

$$\gamma'_{S_1} S_{1K} + \gamma'_{S_2} S_{2K} = 4.450\,2 \times 10^8\ \text{N/m}^2$$

故

$$\gamma'_R R_K < \gamma'_{S_1} S_{1K} + \gamma'_{S_2} S_{2K}$$

验算不通过,即该截面不满足目标可靠度要求。

(3) 按式(8.28)验算。

由功能函数表达式可知,R、S_1、S_2 均符合对数正态分布,因此

$$\sigma_{\ln R} = \sqrt{\ln\left(1 + \frac{\sigma_R^2}{\mu_R^2}\right)} = 0.079\,9,\ \mu_{\ln R} = \ln\frac{\mu_R}{\sqrt{1 + \frac{\sigma_R^2}{\mu_R^2}}} = 19.778\,5$$

$$\sigma_{\ln S_1} = \sqrt{\ln\left(1 + \frac{\sigma_{S_1}^2}{\mu_{S_1}^2}\right)} = 0.198\,0,\ \mu_{\ln S_1} = \ln\frac{\mu_{S_1}}{\sqrt{1 + \frac{\sigma_{S_1}^2}{\mu_{S_1}^2}}} = 18.811\,2$$

$$\sigma_{\ln S_2} = \sqrt{\ln\left(1 + \frac{\sigma_{S_2}^2}{\mu_{S_2}^2}\right)} = 0.099\,8,\ \mu_{\ln S_2} = \ln\frac{\mu_{S_2}}{\sqrt{1 + \frac{\sigma_{S_2}^2}{\mu_{S_2}^2}}} = 18.316\,2$$

令 $F_R(R) = \Phi\left(\frac{\ln R - \mu_{\ln R}}{\sigma_{\ln R}}\right) = \Phi(y_1)$,$y_1$ 为具有标准正态分布的随机变量。

据此有

$$R = \exp(\sigma_{\ln R} y_1 + \mu_{\ln R})$$

同理，

$$S_1 = \exp(\sigma_{\ln S_1} y_2 + \mu_{\ln S_1}), \ S_2 = \exp(\sigma_{\ln S_2} y_3 + \mu_{\ln S_2})$$

经过反函数变换后，功能函数转化为

$$Z = \exp(\sigma_{\ln R} y_1 + \mu_{\ln R}) - \exp(\sigma_{\ln S_1} y_2 + \mu_{\ln S_1}) - \exp(\sigma_{\ln S_2} y_3 + \mu_{\ln S_2}) \quad \text{(b)}$$

采用第五章所述的验算点法计算，可得

$$y_1^* = -1.482\,783\,5, \ y_2^* = 2.667\,166\,5, \ y_3^* = 0.508\,423\,5$$

$$\alpha_1 = 0.479\,3, \ \alpha_2 = -0.862\,2, \ \alpha_3 = -0.164\,4$$

将以上结果及 $\beta_T = 3.2$ 代入式(8.25)、式(8.26)，得到设计值：

$$R^* = \exp(\sigma_{\ln R} y_1 + \mu_{\ln R}) = \exp(-\sigma_{\ln R}\alpha_1\beta_T + \mu_{\ln R}) = 3.439\,3 \times 10^8\ \text{N/m}^2$$

$$S_1^* = \exp(\sigma_{\ln S_1} y_2 + \mu_{\ln S_1}) = \exp(-\sigma_{\ln S_1}\alpha_2\beta_T + \mu_{\ln S_1}) = 2.552\,2 \times 10^8\ \text{N/m}^2$$

$$S_2^* = \exp(\sigma_{\ln S_2} y_3 + \mu_{\ln S_2}) = \exp(-\sigma_{\ln S_2}\alpha_3\beta_T + \mu_{\ln S_2}) = 9.492\,8 \times 10^7\ \text{N/m}^2$$

将上述设计值代入式(8.27)，并按前述(2)取抗力与荷载效应的标准值，可得

$$\gamma_R^* = \frac{R^*}{R_K} = 1.008\,9, \ \gamma_{S_1}^* = \frac{S_1^*}{S_{K_1}} = 1.246\,9, \ \gamma_{S_2}^* = \frac{S_2^*}{S_{K_2}} = 0.894\,4$$

代入式(8.28)，有

$$\gamma_R^* R_K < \gamma_{S_1}^* S_{K_1} + \gamma_{S_2}^* S_{K_2}$$

故验算不通过，即该截面不满足目标可靠度要求。事实上，在设计验算点处 $\beta = 3.09$，此值小于目标可靠度指标 $\beta_T = 3.2$。

此例，若依据 ISO2394 和 EN1990 建议的近似方法计算，即取

$$\alpha_R = 0.8, \ \alpha_{s_1} = -0.7, \ \alpha_{s_2} = -0.28$$

将上述值代入式(8.29)并按前述(2)取抗力与荷载效应的标准值，得到

$$\gamma_R^* = \frac{R^*}{R_K} = 0.929\,5, \ \gamma_{S_1}^* = \frac{S_1^*}{S_{K_1}} = 1.125\,1, \ \gamma_{S_2}^* = \frac{S_2^*}{S_{K_2}} = 0.928\,0$$

显然亦有 $\gamma_R^* R_K < \gamma_{S_1}^* S_{K_1} + \gamma_{S_2}^* S_{K_2}$，故验算不通过。

【解毕】

由上例可见，一般说来，设计规范的规定是偏于保守的。

值得指出，对于单一结构构件，若已知荷载效应及其统计特征，则其功能可靠度验算可以直接按照第五章方法计算结构构件关于指定功能的可靠指标 β ，构件性能满足可靠度的要求是 β 大于或等于目标可靠指标 β_T [即式(8.2)]。由于这些分析方法已于第五章详述，故不赘言。

8.3.2　结构构件设计

与结构构件关于指定功能的可靠度验算相比较，基于目标可靠度的结构构件参数设计要相对复杂，这是因为结构抗力本质上是两类设计变量的函数，即确定性变量（如截面几何尺寸、长细比、配筋率、剪跨比等）和随机变量（如材料强度、弹性模量等）。关于指定功能的可靠度分析，是在已知确定性变量条件下的分析。而构件参数设计的目的，则在于求取这些确定性变量。因此，基于目标可靠度的结构构件设计本质上是针对确定性设计变量的优化设计问题①，即求 $\boldsymbol{x}_a$ ，使

$$
\begin{aligned}
&[\beta(\boldsymbol{x}_a) - \beta_T] \rightarrow \min \\
&\text{s.t. } \boldsymbol{x}_a \in A
\end{aligned}
\tag{8.37}
$$

式中，$\boldsymbol{x}_a$ 为确定性设计向量；A 为这些设计参数的工程经验变化范围。

通常，可以采用梯度法求解上述问题。

显然，由于涉及荷载（作用）随机性到结构响应随机性的传播，上述优化设计分析过程同样要涉及结构层次的统计矩分析问题。

【例 8.3】 如图 8.3 所示的钢筋混凝土简支梁，梁长 $L = 5\,000$ mm，梁高 $h = 500$ mm，梁宽 $b = 350$ mm，承受均布荷载 q 。荷载 q 、钢筋屈服强度 f_y 、混凝土抗压强度 f_c 均为服从正态分布的随机变量，且 $\mu_q = 40$ N/mm，$\delta_q = 10\%$；$\mu_{f_y} = 380$MPa，$\delta_{f_y} = 8\%$；$\mu_{f_c} = 28$MPa，$\delta_{f_c} = 12\%$。假定梁为单筋配筋，且保护层厚度 $d = 35$ mm。设定目标可靠指标为 $\beta_T = 3.2$，按正截面强度设计钢砼梁配筋率 ρ 。

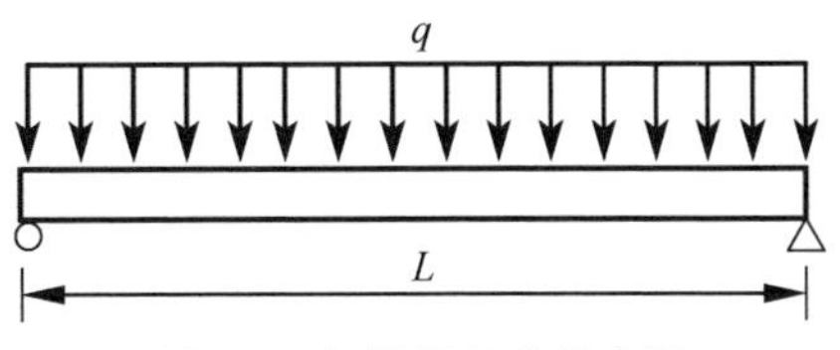

图 8.3　钢筋混凝土简支梁

【解】 由式(4.11)，钢筋混凝土单筋梁正截面抗弯的极限承载力为

$$
M_u = A_s f_y\left(1 - 0.516\rho\frac{f_y}{f_c}\right)(h - d) = \rho b f_y\left(1 - 0.516\rho\frac{f_y}{f_c}\right)(h - d)^2
$$

---

① 在构件设计中，材料强度、弹性模量通常为已知值。

故梁的功能函数为

$$Z = \rho b f_y \left(1 - 0.516\rho \frac{f_y}{f_c}\right)(h - d)^2 - \frac{qL^2}{8}$$

由于功能函数中含有待优化变量ρ，因此在设计中，需要构造双层循环优化算法，即除了每次固定ρ值求β值的“内循环”外，还要构造更新ρ值的“外循环”。两层分析均可以利用牛顿迭代法。求β值的内循环算法可见5.3.3节。而外循环的ρ值更新公式为

$$\rho_{k+1} = \rho_k - \frac{\beta_k - \beta_T}{\dfrac{\beta_k - \beta_{k-1}}{\rho_k - \rho_{k-1}}}$$

设定迭代初值为$\rho = 0.01$，初始增量步长为$\Delta\rho = -0.001$，收敛条件为$|\beta - \beta_T| < 10^{-5}$，经过6次迭代后结果收敛。计算结果为：$\rho = 0.678\%$。中间过程的结果见表8.4

表8.4 迭代计算过程

迭代次数 k	ρ_k	$\lvert\beta_k - \beta_T\rvert$
0	0.010 000	2.741 3
1	0.009 000	2.049 2
2	0.006 039	0.891 7
3	0.006 937	0.173 0
4	0.006 791	0.011 8
5	0.006 780	$1.713\,2\times10^{-4}$
6	0.006 780	$1.665\,5\times10^{-7}$

显然，在每一次关于ρ的迭代计算过程中，均需要关于设计验算点的迭代计算。

【解毕】

8.4 基于可靠度的整体结构设计

基于可靠度的整体结构设计仍然包括结构可靠度验算与基于可靠度的结构

设计两方面内容。其中,结构可靠度验算可以按照第七章方法分析结构整体可靠度,然后以式(8.1)作为验算标准、确定结构可靠与否。而关于验算与设计的结构整体目标可靠概率 P_{ST} ,则可依据工程的重要性由工程决策(参考社会准则与经济准则)给出或按 ISO2394 推荐标准确定。

任何基于可靠度进行结构设计的工作本质上都是结构优化问题。这是因为涉及可靠度的结构设计问题中,存在两类设计变量,确定性设计变量 $\boldsymbol{x}_a$ 与随机变量 $\boldsymbol{x}_\xi$,即设计变量 $\boldsymbol{x}=(\boldsymbol{x}_a, \boldsymbol{x}_\xi)$。如前所述,结构可靠度分析是在已知确定性设计变量的基础上进行的,而基于可靠度的结构设计则通常要同时确定两类设计变量。这就不可避免地要进行预估-校正的迭代分析计算。这类迭代分析,在本质上属于以可靠度为基础的结构优化设计问题。

由于直接损失、间接损失(包括人员伤亡)与结构可靠度的关系很难确定,因此,通常基于结构可靠度的结构优化设计仅考虑结构直接造价①。

在此前提下,基本的结构优化问题有两类[12]:

(1) 在给定的目标可靠指标约束下,寻求结构优化参数 $\boldsymbol{x}$,使结构造价最小;

(2) 在一定的结构造价约束下,寻求结构设计参数 $\boldsymbol{x}$,使结构可靠度最大。

若对上述两类问题细加分析,则存在如图 8.5 所示的问题分类。

- 基于可靠度的结构设计
  - 最小造价
    - 构件可靠度约束(线性结构分析)
    - 结构整体可靠度约束
      - 基于线性结构分析
      - 基于非线性结构分析
  - 最大可靠度
    - 构件最优可靠度分布(线性结构分析)
    - 整体结构可靠度最大化
      - 基于线性结构分析
      - 基于非线性结构分析

图 8.5　基于可靠性的结构优化设计

以下择其要者,列出具体表达式。

(1) 考虑构件可靠度约束的最小造价结构设计。

求 $\boldsymbol{x}$ 使

$$
\begin{aligned}
& C(\boldsymbol{x}) \to \min \\
& \text{s.t. } \beta_i(\boldsymbol{x}) \geqslant \beta_T (i=1, 2, \cdots, l) \\
& \quad \boldsymbol{x}_a \in A
\end{aligned}
\tag{8.38}
$$

① 在航空、航天工程中,往往还要考虑结构最小重量设计。

式中，$C(\boldsymbol{x})$ 为结构造价，是设计变量 $\boldsymbol{x}$ 的函数，一般由工程经济分析方法给出；l 为结构验算点数目；$\beta_i(\boldsymbol{x})$ 为结构可靠度指标，可由第五章方法计算给出。

（2）考虑结构整体可靠度约束和最小造价结构设计。

求 $\boldsymbol{x}$ 使

$$
\begin{aligned}
&C(\boldsymbol{x}) \to \min \\
&\text{s.t. } P_S(\boldsymbol{x}) \geqslant P_{ST} \\
&\boldsymbol{x}_a \in A
\end{aligned} \tag{8.39}
$$

式中，$P_S(\boldsymbol{x})$ 为结构整体可靠度，可由第七章方法计算给出。

（3）给定结构造价的结构整体可靠度最大化。

求 $\boldsymbol{x}$ 使

$$
\begin{aligned}
&P_S(x) \to \max \\
&\text{s.t. } C(\boldsymbol{x}) \leqslant C_T \\
&\boldsymbol{x}_a \in A
\end{aligned} \tag{8.40}
$$

式中，C_T 为预定结构造价。

对上述优化问题的求解，一般可以采取数学规划法，如梯度法、共轭梯度法、序列无约束优化法（罚函数法）、动态规划法等[13-15]。由于这些内容已大大超出本书主题，故不再详加介绍。

参考文献

[1] International Organization for Standardization. General principles on reliability for structures [S]. ISO2394, 2015.

[2] 中华人民共和国建设部.建筑结构可靠度设计统一标准(GB 50068－2018)[S].北京：中国建筑工业出版社,2018.

[3] 国家质量技术监督局,中华人民共和国建设部.公路工程结构可靠度设计统一标准(GB/T 50283－1999)[S].北京：中国建筑工业出版社,1999.

[4] 中华人民共和国交通运输部.港口工程结构可靠性设计统一标准(GB 50158－2010)[S].北京：中国建筑工业出版社,2010.

[5] 中华人民共和国住房和城乡建设部,中华人民共和国国家质量监督检验检疫总局.水利水电工程结构可靠性设计统一标准(GB 50199－2013)[S].北京：中国建筑工业出版社,2013.

[6] Joint Committee of Structural Safety. Probabilistic model code[S]. JCSS, 2001.

[7] LIND N C. Consistent partial safety factors[J]. Journal of the Structural Division, 1971, 97(6)：1651－1669.

[8] 赵国藩,曹居易,张宽权.工程结构可靠度[M].北京：科学出版社,2011.
[9] 李继华,林忠民,李明顺.建筑结构概率极限状态设计[M].北京：中国建筑工业出版社,1990.
[10] European Committee for Standardization. Eurocode - basis of structural design [S]. EN1990, 2002.
[11] 贡金鑫,魏巍巍.工程结构可靠性设计原理[M].北京：机械工业出版社,2007.
[12] 安伟光.结构系统可靠性和基于可靠性的优化设计[M].北京：国防工业出版社,1997.
[13] 程耿东.工程结构优化设计基础[M].北京：水利电力出版社,1984.
[14] 袁亚湘,孙文瑜.最优化理论与方法[M].北京：科学出版社,2001.
[15] FLETCHER R. Practical methods of optimization[M]. Hoboken: John Wiley & Sons, 1987.

附录 A

平稳二项过程与复合泊松过程[①]

A.1 平稳二项过程

满足如下条件的随机过程 $\{Q(t),\ 0 \leqslant t \leqslant \tau\}$ 称为平稳二项过程：

(1) $Q(t) \geqslant 0$;

(2) 将 $(0,\ \tau]$ 划分为 n 个相等的时段，$Q(t)$ 在每一时段上出现[即 $Q(t) > 0$]的概率为 p，不出现[即 $Q(t) = 0$]的概率为 $q = 1 - p$;

(3) 任意时点 t 的概率分布 $F(x,\ t)$ 相同；

(4) 在 $(0,\ \tau]$ 上的所有截口随机变量相互独立，且不影响 $Q(t)$ 在每一时段上出现或不出现的概率。

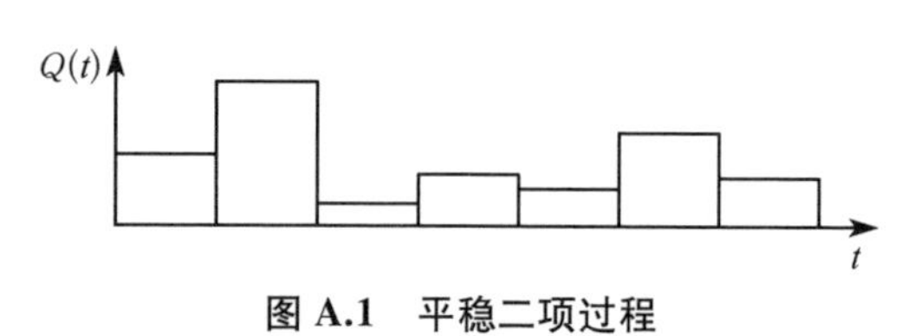

图 A.1 平稳二项过程

典型的平稳二项过程见图 A.1。

对于工程荷载(如楼面活荷载、雪荷载等)，任意时点分布 $F(x,\ t)$ 多服从极值分布。

A.2 复合泊松过程

满足如下条件的计数过程 $\{N(t),\ t \geqslant 0\}$ 称为泊松过程：

---

① 本书假定读者已经具有一般工科大学生所必备的高等数学和概率论的基本知识，因此，本书不再罗列关于随机变量的基本知识，仅对随机过程的有关知识简要加以阐明。

(1) $N(0)=0$, $N(t)\geqslant 0$;

(2) 在不相重合的时间间隔内, $N(t)>0$ 的次数相互独立;

(3) 在长度为 τ 的任意区间内发生的事件数 k 服从以 $\lambda\tau$ 为均值的泊松分布。即对于一切 $s,\ \tau\geqslant 0$,有

$$P\{[N(s+\tau)-N(s)]=k\}=\mathrm{e}^{-\lambda\tau}\frac{(\lambda\tau)^k}{k!}\quad(k=1,\ 2,\ \cdots)\tag{A.1}$$

式中, λ 为事件平均发生率。

在泊松过程中,令 t_n 表示第 n 次事件与第 $n-1$ 次事件发生的时间间隔, T_n 表示第 n 次事件发生的时刻,即 $T_n=t_1+t_2+\cdots+t_n$,则 t_n 服从参数为 λ 的指数分布:

$$f_{t_n}(x)=\begin{cases}\lambda\mathrm{e}^{-\lambda x}, & x>0\\ 0, & x\leqslant 0\end{cases}\tag{A.2}$$

T_n 服从参数为 λ 和 n 的 Γ 分布:

$$f_{T_n}(x)=\begin{cases}\dfrac{\lambda^n}{(n-1)!}x^{n-1}\mathrm{e}^{-\lambda x}, & x>0\\ 0, & x\leqslant 0\end{cases}\tag{A.3}$$

若在泊松分布的每一事件发生点赋予一个独立同分布的随机变量($X_n,\ n=1,\ 2,\ \cdots,\ N$), 就构成一个复合泊松过程 $X(t)$,具体定义为

$$X(t)=\sum_{n=1}^{N(t)}X_nI(t;\ t_n)\tag{A.4}$$

$$I(t;\ t_n)=\begin{cases}1, & t\in[T_{n-1},\ T_{n-1}+t_n]\\ 0, & t\notin[T_{n-1},\ T_{n-1}+t_n]\end{cases}\tag{A.5}$$

随机变量 X_n 可以服从任意分布。显然,若 $X_n\equiv 1$, 则复合泊松过程退化为一般泊松过程 $N(t)$ 。

参考文献

[1] 中山大学数学力学系.概率论与数理统计[M].北京：人民教育出版社,1980.
[2] 陆大绘.随机过程及其应用[M].北京：清华大学出版社,1986.
[3] 吴世伟.结构可靠度分析[M].北京：人民交通出版社,1990.

附录 B

随 机 过 程

B.1 随机过程的概率结构

随机过程是指定义于一个连续参数集上的一簇随机变量。在此参数集上的每一点处都对应于一个随机变量(称为截口随机变量)。一维随机过程可视为随机向量的一个自然推广。

记 $\{X(t), t \in T\}$ 是一个随机过程,为了描述其概率性质,首先关心的是每个截口随机变量在时刻 $t \in T$ 时的分布函数,这一分布函数可记为

$$F(x, t) = P[X(t) < x], \quad t \in T \tag{B.1}$$

并称之为随机过程 $\{X(t), t \in T\}$ 的一维分布。

只有一维分布,还不足以完全描述随机过程,为此,引入任意两个截口处随机变量之间的关系:

$$F(x_1, t_1; x_2, t_2) = P[X(t_1) < x_1, X(t_2) < x_2], \quad t_1, t_2 \in T \tag{B.2}$$

称其为随机过程 $\{X(t), t \in T\}$ 的二维分布。

一般地,对于任意有限个 $t_1, t_2, \cdots, t_n \in T$,可引入

$$\begin{aligned} &F(x_1, t_1; x_2, t_2; \cdots, x_n, t_n) \\ &= P[X(t_1) < x_1, X(t_2) < x_2, \cdots, X(t_n) < x_n] \end{aligned} \tag{B.3}$$

并称它们为随机过程 $\{X(t), t \in T\}$ 的 n 维分布。

随机过程 $\{X(t), t \in T\}$ 的一维分布、二维分布、…、n 维分布的全体称为随机过程的有限维分布函数族。对于一个随机过程,如果知道了随机过程的有限维分布族,便可以完全确定这一随机过程中任意有限个截口随机变量之间的相

互关系。换句话说,这一随机过程的概率结构完全确定。

一个随机过程的有限维分布族具有如下三个性质:

(1) 非负性,即

$$0 \leqslant F(x_1, t_1; x_2, t_2; \cdots, x_n, t_n) \leqslant 1 \tag{B.4}$$

(2) 对称性,即对 $(1, 2, \cdots, n)$ 的任一排列 $(j_1, j_2, \cdots, j_n)$,有

$$F(x_{j_1}, t_{j_1}; x_{j_2}, t_{j_2}; \cdots, x_{j_n}, t_{j_n}) = F(x_1, t_1; x_2, t_2; \cdots, x_n, t_n) \tag{B.5}$$

(3) 相容性,即对于任意 $(m < n)$,有

$$F(x_1, t_1; \cdots; x_m, t_m; \infty, t_{m+1}; \cdots, \infty, t_n) = F(x_1, t_1; x_2, t_2; \cdots; x_m, t_m) \tag{B.6}$$

由于有限维分布族具有相容性性质,一个随机过程的低维概率分布可由高维概率分布导出。

随机过程的有限维分布密度函数族定义为其分布函数的偏导数,即

$$\left.\begin{aligned} p(x, t) &= \frac{\partial F(x, t)}{\partial x} \\ p(x_1, t_1; x_2, t_2) &= \frac{\partial^2 F(x_1, t_1; x_2, t_2)}{\partial x_1 \partial x_2} \\ p(x_1, t_1; x_2, t_2; \cdots; x_n, t_n) &= \frac{\partial^2 F(x_1, t_1; x_2, t_2; \cdots; x_n, t_n)}{\partial x_1 \partial x_2 \cdots \partial x_n} \end{aligned}\right\} \tag{B.7}$$

显然,随机过程的有限维分布密度函数族也可以全面描述随机过程的概率结构。

B.2 随机过程的数字特征

B.2.1 时域数字特征

随机过程 $X(t)$ 的数学期望 $\mu_x(t)$ 定义为

$$\mu_x(t) = E[X(t)] = \int_{-\infty}^{\infty} xp(x, t)\mathrm{d}x \tag{B.8}$$

式中, $p(x, t)$ 为 $X(t)$ 的一维概率分布密度函数。

显然,在随机样本的具体截口处,式(B.8)表示了截口随机变量的一阶原点距。而对于整个过程,$\mu_x(t)$ 表示了 $X(t)$ 的样本函数 $x_i(t)$ 的平均中心的时域轨迹。

若 $\mu_x(t)$ = 常量,则称相应随机过程具有一阶平稳特性。对于一阶平稳的随机过程,通常处理为具有零均值的随机过程。

描述随机过程两个状态之间相关程度的量是相关函数。从截口随机变量的角度看,相关函数描述的是不同截口处两个随机变量的取值在概率意义上的接近程度。

随机过程 $X(t)$ 的自相关函数为

$$R_X(t_1,\ t_2) = E[X(t_1)X(t_2)] = \int_{-\infty}^{\infty}\int_{-\infty}^{\infty} x_1x_2p(x_1,\ t_1;\ x_2,\ t_2)\mathrm{d}x_1\mathrm{d}x_2 \quad (\mathrm{B}.9)$$

自相关函数是针对同一随机过程而定义的。对于两个不同的随机过程,有互相关函数的概念。

设 $X(t)$、$Y(t)$ 分别为两个随机过程,则相关函数定义为

$$R_{XY}(t_1,\ t_2) = E[X(t_1)Y(t_2)] = \int_{-\infty}^{\infty}\int_{-\infty}^{\infty} x_1y_2p(x_1,\ t_1;\ y_2,\ t_2)\mathrm{d}x_1\mathrm{d}y_2 \quad (\mathrm{B}.10)$$

式中,$p(x_1,\ t_1;\ y_2,\ t_2)$ 为随机过程 $X(t)$ 和 $Y(t)$ 的联合概率分布密度函数。

互相关函数描述两个随机过程在时域上的相关性。换句话说,互相关函数表达了两个随机过程在不同时间点处的概率相关程度。

称标准化的 $R_X(t_1,\ t_2)$ 为自相关系数函数(简称相关系数),并定义为

$$r_X(t_1,\ t_2) = \frac{R_X(t_1,\ t_2)}{\sigma_X(t_1)\sigma_X(t_2)} \quad (\mathrm{B}.11)$$

而互相关系数可以定义为

$$r_{XY}(t_1,\ t_2) = \frac{R_{XY}(t_1,\ t_2)}{\sigma_X(t_1)\sigma_Y(t_2)} \quad (\mathrm{B}.12)$$

相关函数的定义基于过程概率分布密度的二阶原点距,与之不同,协方差函数定义为过程概率分布密度的二阶中心距。

对同一个随机过程,可定义自协方差函数为

$$\begin{aligned}K_X(t_1,\ t_2) &= E\{[X(t_1) - \mu_X(t_1)][X(t_2) - \mu_X(t_2)]\}\\ &= \int_{-\infty}^{\infty}\int_{-\infty}^{\infty}[x_1 - \mu_X(t_1)][x_2 - \mu_X(t_2)]p(x_1,\ t_1;\ x_2,\ t_2)\mathrm{d}x_1\mathrm{d}x_2\end{aligned} \quad (\mathrm{B}.13)$$

式中，令 $t_1 = t_2 = t$ 则有

$$K_X(t,\ t) = E[X(t) - \mu_X(t)]^2 = D[X(t)] \tag{B.14}$$

$D[X(t)]$ 称为过程 $X(t)$ 的方差函数，它描述了随机过程的离散范围。

随机过程的标准差定义为

$$\sigma_X(t) = D^{\frac{1}{2}}[X(t)] \tag{B.15}$$

对于两个随机过程 $X(t)$、$Y(t)$，可以定义互协方差函数为

$$\begin{aligned} K_X(t_1,\ t_2) &= E\{[X(t_1) - \mu_X(t_1)][Y(t_2) - \mu_Y(t_2)]\} \\ &= \int_{-\infty}^{\infty}\int_{-\infty}^{\infty}[x_1 - \mu_X(t_1)][y_2 - \mu_Y(t_2)]p(x_1,\ t_1;\ y_2,\ t_2)\mathrm{d}x_1\mathrm{d}y_2 \end{aligned} \tag{B.16}$$

显然，协方差函数与相关函数存在下述关系：

$$K_X(t_1,\ t_2) = R_X(t_1,\ t_2) - \mu_X(t_1)\mu_X(t_2) \tag{B.17}$$

$$K_{XY}(t_1,\ t_2) = R_{XY}(t_1,\ t_2) - \mu_X(t_1)\mu_Y(t_2) \tag{B.18}$$

从此可知，对于零均值随机过程，相关函数与协方差函数相同，对于非零均值的随机过程，相关函数与协方差函数是不同的。

若随机过程的数学期望等于常数，且其自相关函数仅仅是时间间隔 $\tau = t_2 - t_1$ 的函数（而与 t_1、t_2 无关），则称其为宽平稳随机过程，或简称平稳过程。而对于严格要求过程的有限维概率分布都不随时间发生变化的一类过程，称为严平稳过程。一般地说，过程的严平稳性和宽平稳性不是等价的。过程是宽平稳时不一定是严平稳的，但当过程是严平稳时，则一定是宽平稳的。仅对正态随机过程，宽平稳性和严平稳性才是等价的。在实际问题中，平稳随机过程均指宽平稳过程。

平稳随机过程的自相关函数可表为

$$R_X(\tau) = R_X(t_2 - t_1) \tag{B.19}$$

类似地，互相关函数可以表示为

$$R_{XY}(\tau) = R_{XY}(t_2 - t_1) \tag{B.20}$$

注意到过程的方差函数以 $t_1 = t_2$ 为前提定义，所以对于平稳随机过程，过程方差：

$$D[X(t)]=\sigma_X^2=K_X(0)=R_X(0) \tag{B.21}$$

平稳随机过程的相关函数具有以下基本性质：

(1) 对称性：

$$R_X(\tau)=R_X(-\tau) \tag{B.22}$$

(2) 非负定性：

$$\sum_{i=1}^{n}\sum_{j=1}^{n}R_X(t_i-t_j)h(t_i)\overline{h(t_j)}\geqslant 0 \tag{B.23}$$

式中, $h(t)$ 为一任意复函数; $\overline{h(t)}$ 为 $h(t)$ 的共轭函数。

(3) 有界性：

$$|R_X(\tau)|\leqslant R_X(0) \tag{B.24}$$

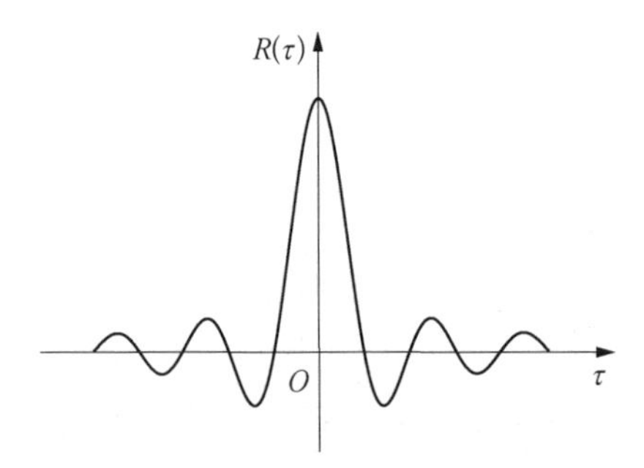

图 B.1 平稳过程的自相关函数

上式表明, $R_X(\tau)$ 在 $R_X(0)$ 处取极大值,对于零均值随机过程,此值恰为过程方差值。

(4) 若随机过程 $X(t)$ 不包含周期分量,则

$$\lim_{\tau\to\infty}R_X(\tau)=0 \tag{B.25}$$

典型的平稳随机过程的自相关函数曲线如图 B.1 所示。

B.2.2 频域数字特征

随机过程的频域数字特征主要是指功率谱密度函数。在一般意义上,它是随机过程协方差函数的 Fourier 谱分解的结果。但对于平稳随机过程,由于其均值为常数,可以方便地将其转化为零均值随机过程,因此,其功率谱密度函数一般定义为相关函数的 Fourier 变换结果。

平稳过程 $X(t)$ 的自功率谱密度函数定义为

$$S_X(\omega)=\int_{-\infty}^{\infty}R_X(\tau)\mathrm{e}^{-i\omega\tau}\mathrm{d}\tau \tag{B.26}$$

其 Fourier 逆变换为

$$R_X(\tau)=\frac{1}{2\pi}\int_{-\infty}^{\infty}S_X(\omega)\mathrm{e}^{i\omega\tau}\mathrm{d}\omega \tag{B.27}$$

平稳过程的自功率谱密度 $S_X(\omega)$ 具有以下基本性质：

（1）$S_X(\omega)$ 为非负函数，即

$$S_X(\omega) \geqslant 0 \tag{B.28}$$

（2）$S_X(\omega)$ 是实的偶函数（对称性），即

$$S_X(\omega) = S_X(-\omega) \tag{B.29}$$

由上述性质(2)，可以推出

$$\int_{-\infty}^{\infty} S_X(\omega)\,\mathrm{d}\omega = 2\int_0^{\infty} S_X(\omega)\,\mathrm{d}\omega \tag{B.30}$$

定义：

$$G_X(\omega) = \begin{cases} 2S_X(\omega)\,\mathrm{d}\omega, & 0 < \omega < \infty \\ 0, & \text{其他} \end{cases} \tag{B.31}$$

$G_X(\omega)$ 称为单边功率谱，而 $S_X(\omega)$ 为双边功率谱。在数值上，正实数域内的单边功率谱是双边功率谱值的两倍。

平稳随机过程 $X(t)$ 和 $Y(t)$ 的互相关函数 $R_{XY}(\tau)$ 的 Fourier 变换称为 $X(t)$ 和 $Y(t)$ 的互功率谱密度，简称互谱密度，且

$$S_{XY}(\omega) = \int_{-\infty}^{\infty} R_{XY}(\tau)\,\mathrm{e}^{-i\omega\tau}\,\mathrm{d}\tau \tag{B.32}$$

显然，Fourier 逆变换给出

$$R_{XY}(\tau) = \frac{1}{2\pi}\int_{-\infty}^{\infty} S_{XY}(\omega)\,\mathrm{e}^{i\omega\tau}\,\mathrm{d}\omega \tag{B.33}$$

平稳过程的互谱密度具有以下性质：

（1）$S_{XY}(\omega)$ 一般是复函数；

（2）互谱密度满足如下等式：

$$S_{XY}(\omega) = \overline{S_{YX}(\omega)} = S_{XY}(-\omega) \tag{B.34}$$

（3）互谱密度满足如下不等式：

$$|S_{XY}(\omega)|^2 \leqslant S_X(\omega)S_Y(\omega) \tag{B.35}$$

对于一般的非平稳随机过程，其功率谱密度需由互相关函数的 Fourier 变换

结果来定义。例如,对于一般随机过程 $X(t)$,其功率谱密度定义为

$$S_X(\omega_1, \omega_2) = \int_{-\infty}^{\infty}\int_{-\infty}^{\infty} R_X(t_1, t_2)\mathrm{e}^{-i(\omega_2 t_2 - \omega_1 t_1)}\mathrm{d}t_1\mathrm{d}t_2 \tag{B.36}$$

而 Fourier 变换为

$$R_X(t_1, t_2) = \frac{1}{(2\pi)^2}\int_{-\infty}^{\infty}\int_{-\infty}^{\infty} S_X(\omega_1, \omega_2)\mathrm{e}^{i(\omega_2 t_2 - \omega_1 t_1)}\mathrm{d}\omega_1\mathrm{d}\omega_2 \tag{B.37}$$

B.2.3 数字特征的运算法则

1. 数学期望

(1) 确定性函数的数学期望等于其自身。

(2) 数学期望算子是线性算子,具有齐次性、可加性。

设:

$$Y(t) = \sum \varphi_i(t)X_i(t) + v(t) \tag{B.38}$$

式中, $\varphi_i(t)$ 、$v(t)$ 均为确定性函数; $X_i(t)$ 为随机过程,则

$$\mu_y(t) = \sum \varphi_i(t)\mu_{x_i}(t) + v(t) \tag{B.39}$$

(3) 微积分运算可以与数学期望的运算交换次序,即

$$\frac{\mathrm{d}}{\mathrm{d}t}E[X(t)] = E\left[\frac{\mathrm{d}}{\mathrm{d}t}X(t)\right] \tag{B.40}$$

$$E\left[\int_a^b X(t)\mathrm{d}t\right] = \int_a^b E[X(t)]\mathrm{d}t \tag{B.41}$$

由于相关函数与方差函数均为期望算子,因此,这一运算法则是相关函数微积分运算的基础。

2. 相关函数

(1) 确定性函数的自相关函数等于零。

(2) 确定性函数因子通过自相关函数算子运算后具有“伴随遍历”的特征,即若有

$$Y(t) = \varphi(t)X(t) \tag{B.42}$$

式中, $\varphi(t)$ 为确定性函数,则

$$R_y(t_1, t_2) = \varphi(t_1)\varphi(t_2)R_x(t_1, t_2) \tag{B.43}$$

(3) 随机过程和的自相关函数等于各分量构成的互相关函数矩阵逐因素相加。

设:

$$Y(t) = \sum_{i=1}^{n} \varphi_i(t)X_i(t) + v(t)$$

则结合上述性质(1)和(2)知

$$R_Y(t_1, t_2) = \sum_{i=1}^{n}\sum_{j=1}^{n} \varphi_i(t_1)\varphi_j(t_2)R_{X_iX_j}(t_1, t_2) \tag{B.44}$$

(4) 独立随机过程积的自相关函数等于自相关函数的积。

设 $X(t)$、$Y(t)$ 为相互独立的随机过程,令

$$Z(t) = X(t)Y(t) \tag{B.45}$$

则

$$R_Z(t_1, t_2) = R_X(t_1, t_2)R_Y(t_1, t_2) \tag{B.46}$$

(5) 过程 $X(t)$ 微分的自相关函数可由 $X(t)$ 的自相关函数对于 t_1 和 t_2 求混合偏导数得到,即

$$R_{X^{(n)}X^{(m)}}(t_1, t_2) = \frac{\partial^{n+m}R_X(t_1, t_2)}{\partial t_1^n \partial t_2^m} \tag{B.47}$$

式中, $X^{(n)}$ 表示对过程 $X(t)$ 求 n 阶导数。

特别地,对于平稳随机过程,由上式可给出自相关函数导数的计算公式:

$$R^{(n)}(\tau) = (-1)^n \frac{\mathrm{d}^{2n}}{\mathrm{d}\tau^{2n}}R_X(\tau) \tag{B.48}$$

式中, $R^{(n)}(\tau)$ 表示 $R_X(\tau)$ 的 n 阶导数。

(6) 过程 $X(t)$ 积分的自相关函数可以由 $X(t)$ 的自相关函数关于 t_1 和 t_2 求积分得到,即若

$$Y(t) = \int_0^t X(t)\,\mathrm{d}t \tag{B.49}$$

则

$$R_Y(t_1, t_2) = \int_0^{t_1}\int_0^{t_2} R_X(t_1, t_2)\,dt_1 dt_2 \tag{B.50}$$

顺便提及,上述运算法则,除第(4)项之外,均适用于自协方差函数的计算。互相关函数的运算法则可以参照自相关函数的运算法则类推给出。

3. 谱密度

由于平稳过程的谱密度是相关函数的 Fourier 变换结果,所以,其运算法则大多可由相关函数的运算法则导出。这里仅给出两个常用公式。

(1) 代数和公式:

设 $X(t)$ 和 $Y(t)$ 均为平稳过程,且

$$Z(t) = X(t) + Y(t) \tag{B.51}$$

则

$$S_Z(\omega) = S_X(\omega) + S_Y(\omega) + S_{XY}(\omega) + S_{YX}(\omega) \tag{B.52}$$

(2) 导数公式:

$$S^n(\omega) = \omega^{2n} S_x(\omega) \tag{B.53}$$

式中, $S^n(\omega)$ 表示 $S_x(\omega)$ 的 n 阶导数。

参考文献

[1] LOEVE M. Probability theory[M]. Berlin: Springer-Verlag, 1977.
[2] 复旦大学.概率论(第三册 随机过程)[M].北京:人民教育出版社,1981.
[3] 李杰.随机结构系统——分析与建模[M].北京:科学出版社,1996.

附录 C

随　机　场

C.1　基本概念

随机场是随机过程概念在空间域(场域)上的自然推广。所不同的是,对于随机过程,基本参数是时间变量 t ;对于随机场,基本参数是空间变量 $\boldsymbol{u}=\{x, y, z\}$。因此,可以把随机场视为定义在一个场域参数集上的随机变量系,在此参数集上的每一点 $\boldsymbol{u}_i$ 处都对应一个随机变量。在理论上,随机场的参数集可以同时包括时间变量和空间变量,但在实际应用中,大多只考虑以空间变量为基本参数的随机场,并记为 $\{B(\boldsymbol{u}), \boldsymbol{u}\in D\subset R^n\}$。这里 D 为 $B(\boldsymbol{u})$ 的定义区域(场域), R^n 为 n 维欧几里得空间。空间坐标 $\boldsymbol{u}$ 可以有一个、二个或三个分量,相应 $B(\boldsymbol{u})$ 分别称为一维、二维和三维随机场。

原则上,可以用有限维分布函数族来刻画随机场的概率结构,例如,随机场的 n 维分布函数可以表示为

$$\begin{aligned}&F(\beta_1, \boldsymbol{u}_1; \beta_2, \boldsymbol{u}_2; \cdots; \beta_n, \boldsymbol{u}_n)\\&=P[B(\boldsymbol{u}_1)<\beta_1, B(\boldsymbol{u}_2)<\beta_2, \cdots, B(\boldsymbol{u}_n)<\beta_n]\end{aligned}\tag{C.1}$$

式中, β_i 表示随机变量 $B(\boldsymbol{u}_i)$ 的取值界限。

随机场的有限维分布密度函数族也具有非负性、对称性与相容性的性质,因此,随机场的低维概率分布可由高维概率分布导出。

类似地,随机场的有限维分布密度函数定义为其相应分布函数的偏导数,以三维标量随机场为例,有

$$p(\beta_1, \boldsymbol{u}_1; \cdots; \beta_n, \boldsymbol{u}_n)=\frac{\partial^{3n}F(\beta_1, \boldsymbol{u}_1; \cdots; \beta_n, \boldsymbol{u}_n)}{\partial x_1\partial y_1\partial z_1\cdots\partial x_n\partial y_n\partial z_n}\tag{C.2}$$

随机场 $B(\boldsymbol{u})$ 的数学期望定义为

$$m(\boldsymbol{u}) = E[B(\boldsymbol{u})] = \int_{-\infty}^{\infty} \beta p(\beta, \boldsymbol{u}) \mathrm{d}\beta \tag{C.3}$$

式中，β 为随机变量 B 的实现值。

与随机过程相类似，$m(\boldsymbol{u})$ 表示了 $B(\boldsymbol{u})$ 的样本函数集合的平均中心点的场域曲面。

同样地，可以定义随机场的相关函数与协方差函数。

随机场 $B(\boldsymbol{u})$ 的自相关函数定义为

$$R_B(\boldsymbol{u}, \boldsymbol{u}') = E[B(\boldsymbol{u})B(\boldsymbol{u}')] = \int_{-\infty}^{\infty}\int_{-\infty}^{\infty} \beta\beta' p(\beta, \boldsymbol{u};\beta', \boldsymbol{u}') \mathrm{d}\beta \mathrm{d}\beta' \tag{C.4}$$

式中，$\boldsymbol{u}$ 和 $\boldsymbol{u}'$ 分别代表空间中的两个点。

自相关函数有与随机过程自相关函数相类似的直观解释。

随机场 $B(\boldsymbol{u})$ 的自协方差相关函数定义为

$$\begin{aligned} K_B(\boldsymbol{u}, \boldsymbol{u}') &= E\{[B(\boldsymbol{u}) - m(\boldsymbol{u})][B(\boldsymbol{u}') - m(\boldsymbol{u}')]\} \\ &= \int_{-\infty}^{\infty}\int_{-\infty}^{\infty} [\beta - m(\boldsymbol{u})][\beta' - m(\boldsymbol{u}')] p(\beta, \boldsymbol{u};\beta', \boldsymbol{u}') \mathrm{d}\beta \mathrm{d}\beta' \end{aligned} \tag{C.5}$$

协方差函数与相关函数之间存在关系：

$$K_B(\boldsymbol{u}, \boldsymbol{u}') = R_B(\boldsymbol{u}, \boldsymbol{u}') - m(\boldsymbol{u})m(\boldsymbol{u}') \tag{C.6}$$

注意到

$$K_B(\boldsymbol{u}, \boldsymbol{u}') = \sigma_B^2(\boldsymbol{u}) \tag{C.7}$$

为随机场的方差函数。因此，也可定义归一化协方差函数：

$$\rho_B(\boldsymbol{u}, \boldsymbol{u}') = \frac{K_B(\boldsymbol{u}, \boldsymbol{u}')}{\sigma_B(\boldsymbol{u})\sigma_B(\boldsymbol{u}')} \tag{C.8}$$

随机场的数字特征所具有的性质与随机过程的类似数字特征相同。

与随机过程的平稳性概念相对应，在随机场中有所谓均匀性的概念。一个随机场，若在空间坐标的任一平移下，其有限维分布函数保持不变，则称该随机场是均匀的。一个随机场，可以沿某一直线均匀、沿某一平面均匀，也可以在整个空间中均匀。在实际应用中，往往只要求随机场具有二阶均匀特性。一个随

机场,若满足

$$m(\boldsymbol{u}) = \text{常量} \tag{C.9}$$

$$R_B(\boldsymbol{u},\ \boldsymbol{u}') = R_B(\boldsymbol{u} - \boldsymbol{u}') = R_B(\boldsymbol{r}) \tag{C.10}$$

则称此随机场是广义均匀的。

对随机场可定义各向同性的概念。一个随机场,若其有限维分布函数在点组 $\boldsymbol{u}_1,\ \boldsymbol{u}_2,\ \cdots,\ \boldsymbol{u}_n$ 绕通过原点的轴所有可能的旋转变换以及关于通过原点的任一平面的镜反射下保持不变,就称该随机场是各向同性的。一般说来,所谓各向同性随机场是指各向同性均匀随机场,即其概率与统计特性在点组 $\boldsymbol{u}_1,\ \boldsymbol{u}_2,\ \cdots,\ \boldsymbol{u}_n$ 的所有平移、旋转及镜反射下保持不变。一个随机场,若满足(C.9)且有

$$R_B(\boldsymbol{r}) = R_B(|\boldsymbol{r}|) \tag{C.11}$$

则称其为广义各向同性随机场。

C.2 随机场的相关结构

对于均匀随机场 $\{B(\boldsymbol{u}),\ \boldsymbol{u} \in D \subset R^n\}$,由于其均值函数为一常量,因此可以将其表述为如下形式:

$$B(\boldsymbol{u}) = B_0(\boldsymbol{u}) + B_\sigma(\boldsymbol{u}) \tag{C.12}$$

式中,$B_0(\boldsymbol{u})$ 为随机场均值函数;$B_\sigma(\boldsymbol{u})$ 表示一零均值随机场。

显然,$B_\sigma(\boldsymbol{u})$ 的协方差函数和相关函数相同。对于 $B(\boldsymbol{u})$ 的研究,可以通过对 $B_\sigma(\boldsymbol{u})$ 的研究进行。

随机场的相关结构一般是指 $B_\sigma(\boldsymbol{u})$ 的协方差函数或相关函数。通常,根据具体问题的性质,随机场的相关结构是一种统计经验假设模型。常见的均匀随机场的相关结构类型有以下几种(用归一化协方差函数表示)。

(1) 三角型相关结构:

$$\rho_B(\boldsymbol{u},\ \boldsymbol{u}') = \begin{cases} 1 - \dfrac{|\boldsymbol{u} - \boldsymbol{u}'|}{a}, & |\boldsymbol{u} - \boldsymbol{u}'| < a \\ 0, & |\boldsymbol{u} - \boldsymbol{u}'| \geqslant a \end{cases} \tag{C.13}$$

（2）指数型相关结构：

$$\rho_B(\boldsymbol{u},\ \boldsymbol{u}') = \exp\left(-\frac{|\boldsymbol{u}-\boldsymbol{u}'|}{a}\right) \tag{C.14}$$

（3）高斯型相关结构：

$$\rho_B(\boldsymbol{u},\ \boldsymbol{u}') = \exp\left(-\frac{|\boldsymbol{u}-\boldsymbol{u}'|^2}{a^2}\right) \tag{C.15}$$

上述各式中的常系数 a ，通常称为相关尺度参数。

参考文献

[1] VANMARCKE. Random fields：Analysis and synthesis[M]. Cambridge：MIT Press，1983.
[2] 李杰.随机结构系统——分析与建模[M].北京：科学出版社，1996.

附录 D

赋得概率计算

D.1 赋得概率的定义及其归一性

记随机向量 $\boldsymbol{\Theta}$ 的联合概率密度函数为 $p_{\Theta}(\boldsymbol{\theta}) = p_{\Theta}(\theta_1, \theta_2, \cdots, \theta_s)$，$\boldsymbol{\theta} = (\theta_1, \theta_2, \cdots, \theta_s) \in \Omega_{\Theta}$ 为样本空间中的点。对于给定的点集 $M_n = \{\boldsymbol{\theta}_q\}_{q=1}^{n}$，与 Voronoi 剖分子集 V_q 相应的赋得概率为

$$P_q = \int_{V_q} p_{\Theta}(\boldsymbol{\theta})\,\mathrm{d}\boldsymbol{\theta} = \Pr\{\Theta \in V_q\} \tag{D.1}$$

式中，$\Pr\{\cdot\}$ 表示随机事件的概率。

可见，赋得概率是随机事件 $\{\Theta \in V_q\}$ 发生的概率。显然，这一概率取决于 Θ 的联合概率分布密度和 V_q 的形状。

由于 $\int_{\Omega_{\Theta}} p_{\Theta}(\boldsymbol{\theta})\,\mathrm{d}\boldsymbol{\theta} = 1$，而 Voronoi 集合 $\{V_q\}_{q=1}^{n}$ 构成分布空间 Ω_{Θ} 的一个剖分，因此有如下归一化性质：

$$\int_{\Omega_{\Theta}} p_{\Theta}(\boldsymbol{\theta})\,\mathrm{d}\boldsymbol{\theta} = \sum_{q=1}^{n} \int_{V_q} p_{\Theta}(\boldsymbol{\theta})\,\mathrm{d}\boldsymbol{\theta} = \sum_{q=1}^{n} P_q = 1 \tag{D.2}$$

从概率意义上看，上式可以等价表述为

$$\Pr\{\boldsymbol{\Theta} \in \Omega_{\Theta}\} = \Pr\{\boldsymbol{\Theta} \in \bigcup_{q=1}^{n} V_q\} = \sum_{q=1}^{n} \Pr\{\Theta \in V_q\} = 1 \tag{D.3}$$

D.2 赋得概率的计算

对于给定的点集 M_n，子集 V_q 的赋得概率的计算步骤如下：

(1) 以点集中各点为核心,确定 Voronoi 区域剖分;

(2) 对于给定的点,通过式(D.1)计算赋得概率。

对于单位正方形区域的均匀分布,有 $p_{\Theta}(\boldsymbol{\theta})=1\cdot I\{\boldsymbol{\theta}\in[0,1]^s\}$,这里 $I\{\cdot\}$ 为示性函数,即当事件为真时其值为 1,否则为零。这时,原则上可以确定 Voronoi 集合的解析表达,因而可以给出赋得概率的精确积分。数学分析软件 Matlab 提供了 Voronoi 区域生成及其面积计算的函数。

在更一般的情况下,由于 Voronoi 区域不规则且联合概率密度非均匀,通过式(D.1)解析积分获得赋得概率是极为困难的。这时,可以采用数值方法计算赋得概率。常用的数值方法有局域覆盖法、全域法等。

D.2.1 局域覆盖法

在 Voronoi 子域 V_q 内生成均匀散布的点集 $M^{(q)}=\{\boldsymbol{\theta}_k^{(q)}\in V_q\}_{k=1}^{N_q}$,可以通过首先在一个覆盖 V_q 的超长方体 $R_q^s=\prod_{i=1}^{s}[a_i^{(q)},b_i^{(q)}]\supseteq V_q$ 中生成 N_q^R 个均匀散布的离散点集 $M_q^R=\{\boldsymbol{\theta}_l^R\in R_q^s\}_{l=1}^{N_q^R}$,然后去除不在 V_q 中的点,余下的 N_q 个点就是 V_q 内均匀散布的点集,即 $M^{(q)}=\{\boldsymbol{\theta}_l^{(q)}\in M_q^R\mid\boldsymbol{\theta}_l^{(q)}\in V_q\}$。这里,可通过式(6.53)的计算判断某个点是否在 V_q 中。由此,对式(D.1)进行数值离散近似可得

$$P_q=\int_{V_q}p_{\Theta}(\boldsymbol{\theta})\mathrm{d}\boldsymbol{\theta}=\frac{\nu(V_q)}{N_q}\sum_{k=1}^{N_q}p_{\Theta}(\boldsymbol{\theta}_k^{(q)})\tag{D.4}$$

式中,V_q 的体积可以近似为

$$\nu(V_q)=\frac{N_q}{N_q^R}\nu(R_q^s)=\frac{N_q}{N_q^R}\prod_{i=1}^{s}(b_i^{(q)}-a_i^{(q)})\tag{D.5}$$

式(D.4)也可以等价写为

$$P_q=\int_{R_q^s}p_{\Theta}(\boldsymbol{\theta})I\{\boldsymbol{\theta}\in V_q\}\mathrm{d}\boldsymbol{\theta}=\frac{\nu(R_q^s)}{N_q^R}\sum_{l=1}^{N_q^R}p_{\Theta}(\boldsymbol{\theta}_l^R)I\{\Theta_l^R\in V_q\}\tag{D.6}$$

这里,超长方体 $R_q^s\supseteq V_q$ 中的均匀散布点集 M_q^R 可以通过数论方法或 Sobol 序列生成(见 6.3.3 小节)。

D.2.2 全域法

在此,又有两类方法:确定性数值积分方法与 Monte Carlo 方法。

在确定性数值积分方法中，首先选定一个覆盖分布区域的超长方体 $R^s = \prod_{i=1}^{s}[a_i, b_i] \supseteq \Omega_\Theta$。在 R^s 中生成均匀点集(例如数论点集) $\{\boldsymbol{\theta}_l^R\}_{l=1}^m$，则式(D.1)可以近似为

$$P_q = \int_{V_q} p_\Theta(\boldsymbol{\theta})\,\mathrm{d}\boldsymbol{\theta} = \frac{\nu(V_q)}{\tilde{N}_q}\sum_{l=1}^{m} p_\Theta(\boldsymbol{\theta}_l^R) I\{\boldsymbol{\theta}_l^R \in V_q\} \tag{D.7}$$

式中，$\tilde{N}_q = \sum_{l=1}^{m} I\{\boldsymbol{\theta}_l^R \in V_q\}$，且 $\dfrac{\nu(V_q)}{\tilde{N}_q} \doteq \dfrac{\nu(R^s)}{m}$。

当采用Monte Carlo方法时，首先生成服从联合分布 $p_\Theta(\boldsymbol{\theta})$ 的Monte Carlo点集 $\{\boldsymbol{\theta}_l^{\mathrm{MC}}\}_{l=1}^{N_{\mathrm{MC}}}$，然后对这些点集进行划分，在各Voronoi区域中的点数目与总数目之比，即为赋得概率的近似值。即由式(D.1)可知

$$P_q = \Pr\{\boldsymbol{\Theta} \in V_q\} = \frac{1}{N_{\mathrm{MC}}}\sum_{l=1}^{N_{\mathrm{MC}}} I\{\boldsymbol{\theta}_l^{\mathrm{MC}} \in V_q\} \tag{D.8}$$

通常，对于数十个随机变量，例如 s 为60左右，点集的点数 $n = 200 \sim 500$ 时，$N_{\mathrm{MC}} = \mathcal{O}(10^6) \sim \mathcal{O}(10^7)$ 可保证 P_q 计算结果具有足够的稳健性。

不难验证，采用全域法计算的结果自动地满足归一化条件(D.2)，但采用局域法计算的结果则可能不满足归一化条件(D.2)。此时，可对计算结果进行归一化后作为赋得概率计算值。

值得指出，在赋得概率计算和点集优选过程中，应首先对基本概率空间进行标准化，即：若 $X_i(i = 1, 2, \cdots, s)$ 为随机变量，其均值和标准差分别为 μ_{X_i}、σ_{X_i}，则应先通过取 $\Theta_i = \dfrac{X_i - \mu_{X_i}}{\sigma_{X_i}}(i = 1, 2, \cdots, s)$ 获得标准随机向量，其均值与标准差分别为 $\mu_\Theta = 0$，$\sigma_\Theta = 1$。研究表明，在标准化空间中进行选点所得的结果总是优于在原始物理变量空间中直接选点的结果。

同时值得注意的是，上述计算中仅涉及Voronoi区域剖分与联合概率密度函数。因此，无论基本随机变量是独立随机变量还是相关随机变量，上述方法原则上都是适用的。

参考文献

[1] BARNDORFF-NIELSON O E, KENDALL W S, VON LIESHOUT M N M. Stochastic geometry[M]. Boca Raton: CRC Press, 1999.

[2] CHEN J B, GHANEM R, LI J. Partition of the probability-assigned space in probability density evolution analysis of nonlinear stochastic structures [J]. Probabilistic Engineering Mechanics, 2009, 24 (1): 27-42.

[3] CONWAY J H, SLOANE N J A. Sphere packings, lattices and groups [M]. Berlin: Springer-Verlag, 1999.

[4] 华罗庚,王元.数论在近似分析中的应用[M].北京: 科学出版社,1978.

附录 E

数论方法的生成向量

在数论方法中,空间 $C^s=[0,1]^s$ 中的均匀点集 $\mathcal{P}_{\mathrm{NTM}}=\{\boldsymbol{x}_q=(x_{1,q}, x_{2,q}, \cdots, x_{s,q});\ q=1, 2, \cdots, n\}$ 可以由式(6.69)生成 。

对于 10 维以内的空间,对应不同选点数目 n,生成向量 $(n, Q_1, Q_2, \cdots, Q_s)$ 取值列于表 E.1~表 E.9。

表 E.1　$s=2, Q_1=1$

n	Q_2	n	Q_2
8	5	987	610
13	8	1 597	987
21	13	2 584	1 597
34	21	4 181	2 584
55	34	6 765	4 181
89	55	10 946	6765
144	89	17 711	10 946
233	144	28 657	17 711
377	233	46 368	28 657
610	377	75 025	46 368

表 E.2　$s=3, Q_1=1$

n	Q_2	Q_3	n	Q_2	Q_3
35	11	16	418	90	130
101	40	85	597	63	169
135	29	42	828	285	358
185	26	64	1 010	140	237
266	27	69	1 220	319	510

（续表）

n	Q_2	Q_3	n	Q_2	Q_3
1 459	256	373	10 007	544	5 733
1 626	572	712	20 039	5 704	12 319
1 958	202	696	28 117	19 449	5 600
2 440	638	1 002	39 029	10 607	26 871
3 237	456	1 107	57 091	48 188	21 101
4 044	400	1 054	82 001	21 252	67 997
5 037	580	1 997	140 052	34 590	112 313
6 066	600	1 581	314 694	77 723	252 365
8 191	739	5 515			

表 E.3　$s = 4, Q_1 = 1$

n	Q_2	Q_3	Q_4	n	Q_2	Q_3	Q_4
307	42	229	101	8 191	2 448	5 939	7 859
562	53	89	221	10 007	1 206	3 421	2 842
701	82	415	382	20 039	19 668	17 407	14 600
1 019	71	765	865	28 117	17 549	1 900	24 455
2 129	766	1 281	1 906	39 029	30 699	34 367	605
3 001	174	266	1 269	57 091	52 590	48 787	38 790
4 001	113	766	2 537	82 001	57 270	58 903	17 672
5 003	792	1 889	191	100 063	92 313	24 700	95 582
6 007	1 351	5 080	3 086	147 312	136 641	116 072	76 424

表 E.4　$s = 5, Q_1 = 1$

n	Q_2	Q_3	Q_4	Q_5
1 069	63	762	970	177
1 543	58	278	694	134
2 129	618	833	1 705	1 964
3 001	408	1 409	1 681	1 620
4 001	1 534	568	3 095	2 544
5 003	840	117	3 593	1 311
6 007	509	780	558	1 693
8 191	1 386	4 302	7 715	3 735
10 007	198	9 183	6 967	5 807

（续表）

n	Q_2	Q_3	Q_4	Q_5
15 019	10 641	2 640	6 710	784
20 039	11 327	11 251	12 076	18 677
33 139	32 133	17 866	21 281	32 247
51 097	44 672	45 346	7 044	14 242
71 053	33 755	65 170	12 740	6 878
100 063	90 036	77 477	27 253	6 222
374 181	343 867	255 381	310 881	115 892

表 E.5　$s = 6, Q_1 = 1$

n	Q_2	Q_3	Q_4	Q_5	Q_6
2 129	41	1 681	793	578	279
3 001	233	271	122	1 417	51
4 001	1 751	1 235	1 945	844	1 475
5 003	2 037	1 882	1 336	4 803	2 846
6 007	312	1 232	5 943	4 060	5 250
8 191	1 632	1 349	6 380	1 399	6 070
10 007	2 240	4 093	1 908	931	3 984
15 019	8 743	8 358	6 559	2 795	772
20 039	5 557	150	11 951	2 461	9 179
33 139	18 236	1 831	19 143	5 522	22 910
51 097	9 931	7 551	29 683	44 446	17 340
71 053	18 010	3 155	50 203	6 065	13 328
100 063	43 307	15 440	39 114	43 534	29 955
114 174	107 538	88 018	15 543	80 974	56 747
302 686	285 095	233 344	41 204	214 668	150 441

表 E.6　$s = 7, Q_1 = 1$

n	Q_2	Q_3	Q_4	Q_5	Q_6	Q_7
3 997	3 888	3 564	3 034	2 311	1 417	375
11 215	10 909	10 000	8 512	6 485	3 976	1 053
15 019	12 439	2 983	8 607	7 041	7 210	6 741
24 041	1 833	18 190	21 444	23 858	1 135	12 929
33 139	7 642	9 246	5 584	23 035	32 241	30 396

（续表）

n	Q_2	Q_3	Q_4	Q_5	Q_6	Q_7
46 213	37 900	17 534	41 873	32 280	15 251	26 909
57 091	35 571	45 299	51 436	34 679	1 472	8 065
71 053	31 874	36 082	13 810	6 605	68 784	9 848
84 523	82 217	75 364	64 149	48 878	29 969	7 936
100 063	39 040	62 047	89 839	6 347	30 892	64 404
172 155	167 459	153 499	130 657	99 554	61 040	18 165
234 646	228 245	209 218	178 084	135 691	83 197	22 032
462 891	450 265	412 730	351 310	267 681	164 124	43 464
769 518	748 528	686 129	584 024	444 998	272 843	72 255
957 838	931 711	854 041	726 949	553 900	339 614	89 937

表 E.7 $s = 8, Q_1 = 1$

n	Q_2	Q_3	Q_4	Q_5	Q_6	Q_7	Q_8
3 997	3 888	3 564	3 034	2 311	1 417	375	3 211
11 215	10 909	10 000	8 512	6 485	3 976	1 053	9 010
24 041	17 441	21 749	5 411	12 326	3 144	21 024	6 252
28 832	27 850	24 938	20 195	13 782	5 918	25 703	15 781
33 139	3 520	29 553	3 239	1 464	16 735	19 197	3 019
46 213	5 347	30 775	35 645	11 403	16 894	32 016	16 600
57 091	17 411	46 802	9 779	16 807	35 302	1 416	47 755
71 053	60 759	26 413	24 409	48 215	51 048	19 876	29 096
84 523	82 217	75 364	64 149	48 878	29 969	7 936	67 905
100 063	4 344	58 492	29 291	60 031	10 486	22 519	60 985
172 155	167 459	153 499	130 657	99 554	61 040	18 165	138 308
234 646	228 245	209 218	178 084	135 691	83 197	22 032	188 512
462 891	450 265	412 730	351 310	267 681	164 124	43 464	371 882
769 518	748 528	686 129	584 024	444 998	272 843	72 255	618 224
957 838	931 711	854 041	726 949	553 900	339 614	89 937	769 518

表 E.8 $s = 9, Q_1 = 1$

n	Q_2	Q_3	Q_4	Q_5	Q_6	Q_7	Q_8	Q_9
3 997	3 888	3 564	3 034	2 311	1 417	375	3 211	1 962
11 215	10 909	10 000	8 512	6 485	3 976	1 053	9 010	5 506
33 139	68	4 624	16 181	6 721	26 221	26 661	23 442	3 384

（续表）

n	Q_2	Q_3	Q_4	Q_5	Q_6	Q_7	Q_8	Q_9
42 570	41 409	37 957	32 308	24 617	15 094	3 997	34 200	20 901
46 213	8 871	40 115	20 065	30 352	15 654	42 782	17 966	33 962
57 091	20 176	12 146	23 124	2 172	33 475	5 070	42 339	36 122
71 053	26 454	13 119	27 174	17 795	22 805	43 500	45 665	49 857
100 063	70 893	53 211	12 386	27 873	56 528	16 417	17 628	14 997
159 053	60 128	101 694	23 300	43 576	57 659	42 111	85 501	93 062
172 155	167 459	153 499	130 657	99 554	61 040	18 165	138 308	84 523
234 646	228 245	209 218	178 084	135 691	83 197	22 032	188 512	115 204
462 891	450 265	412 730	351 310	267 681	164 124	43 464	371 882	227 266
769 528	748 528	686 129	584 024	444 998	272 843	72 255	618 224	377 811
957 838	931 711	854 041	726 949	553 900	339 614	89 937	769 518	470 271

表 E.9　$s = 10, Q_1 = 1$

n	Q_2	Q_3	Q_4	Q_5	Q_6	Q_7	Q_8	Q_9	Q_{10}
4 661	4 574	4 315	3 889	3 304	2 570	1 702	715	4 289	3 122
13 587	13 334	12 579	11 337	9 631	7 492	4 961	2 084	12 502	9 100
24 076	23 628	22 290	20 090	17 066	13 276	8 790	3 692	22 153	16 125
58 358	57 271	54 030	48 695	41 366	32 180	21 307	8 950	53 697	39 086
85 633	37 677	35 345	3 864	54 821	74 078	30 354	57 935	51 906	56 279
103 661	45 681	57 831	80 987	9 718	51 556	55 377	37 354	4 353	27 595
115 069	65 470	650	95 039	77 293	98 366	70 366	74 605	55 507	49 201
130 703	64 709	53 373	17 385	5 244	29 008	52 889	66 949	51 906	110 363
155 093	90 485	20 662	110 048	102 308	148 396	125 399	124 635	10 480	44 198
805 098	790 101	745 388	671 792	570 685	443 949	293 946	123 470	740 795	539 222

参考文献

[1] 华罗庚,王元.数论在近似分析中的应用[M].北京：科学出版社,1978.
[2] 方开泰,王元.数论方法在统计中的应用[M].北京：科学出版社,1996.

附录 F

论第三代结构设计理论[①]

（代后记）

F.1 认识结构设计理论的两个基本维度

土木工程是人类文明起源和文明发展的重要标志之一。自上古时代至今，保证土木工程结构的安全性，一直是结构建造者和使用者关心的重点。迄于近代，工程结构的安全性开始有了定量的度量标准与设计方法。以力学理论定量分析结构在自身和外部作用下的响应，以结构可靠性定量描述结构安全性，是近代土木工程学科具有划时代意义的进步。

认识、梳理工程结构设计理论的发展历史与发展状况，需要从两个基本维度加以考察：

（1）对结构受力力学行为的科学反映方式；

（2）对工程中客观存在的不确定性的科学度量方式。

尽管在很长一个历史时期内，由于认识发展过程的历史局限性，人们对这两个方面的研究与拓展是在相对独立的两个领域中进行的[1]，但时至今日，我们应该可以比较自觉地从这两个基本维度认识工程结构设计理论的发展历史了。事实上，从这两个基本维度及其结合点分析、梳理结构设计理论的发展历史，不仅可以判明不同时代结构设计理论的基本特点，也有助于判断新一代结构设计理论的基本特征和学术指向。

① 原载《同济大学学报》（自然科学版）第 45 卷第 5 期，617-624。同济大学建校 110 周年校庆专稿，2017 年。

F.2　第一代结构设计理论

始自伽利略的实验力学与始自牛顿的理性力学,可以视为土木工程设计从经验走向理性的近代起点[2]。迄至 19 世纪初,柯西、泊松等关于弹性力学的奠基性研究[3],使土木工程结构设计第一次有了坚实的理论基础。

正如力的概念是人类认识史上的划时代进步一样,应力、应变观念的提出,同样具有革命性的价值。通过应力观念,关于物体受力平衡的观念在细观意义上得以体现;通过应变观念,宏观变形与细观变形有了定量的转化关系。由此,人们在宏观世界的经验感受开始在细观层次有了科学的刻画标准,由宏观经验经由理性推测而给出的广义胡克定律[式(F.1)],成为弹性力学赖以建立的三大基石之一。

$$\boldsymbol{\sigma} = \boldsymbol{C} : \boldsymbol{\varepsilon} \tag{F.1}$$

式中, $\boldsymbol{\sigma}$ 为应力张量; $\boldsymbol{\varepsilon}$ 为应变张量; $\boldsymbol{C}$ 为弹性刚度张量。

尽管后来关于弹性刚度张量的表述因对材料各向异性特点的认识而日趋丰富与复杂,但应力-应变观念及其联系——本构方程的建立,成为人类分析、描述工程结构在自身与外部作用下的变形与运动的基础。

弹性力学的建立,也使人们在宏观世界所感受到的关于结构承载能力的经验开始有了细观意义上的刻画。由允许应力表述的强度理论,形成了结构设计理论的重要基础。1825 年,Navier 首次提出允许应力设计法。19 世纪末,以应力分析-强度设计为基本特征的第一代结构设计理论初具雏形。至 20 世纪 30 年代,允许应力设计理论[其基本表述如式(F.2)所示]已经成为当时的世界发达国家设计规范的基础和标准表达方式[4,5]。

$$\sigma \leqslant [\sigma] \tag{F.2}$$

式中, $[\sigma]$ 为允许应力或容许应力强度。

由于弹性力学基本方程属于高维偏微分方程,其解析求解成为理论发展的基本课题,也构成了相当长时期内这一领域发展的重要障碍。但是,人类的智慧既在于不仅要不懈地追求理性的完满,也善于结合现实可能、寻求解决当前问题的可行路径。由一般三维问题到简化的二维问题,进而简化到最简形式——梁、柱的内力-应力分析,线性材料力学的发展,为式(F.2)应用于实际工程找到了合适的切入点与发展空间。事实上,通过结构力学分析建立结构荷载与结构内力的联系,通过材料力学分析建立内力-应力的联系①,成为第一代结构设计理论中结构分析的标准范式,也构成了直至今日的土木工程师的重要知识基础。

对于工程中客观存在的不确定性的度量,是考量结构设计理论发展的第二个基本维度。然而,直至20世纪初,虽然人们对工程中客观存在的不确定性感受日深,但处理方式却不得不采用以经验为基础的方式②。为了保证结构的安全性,在第一代结构设计理论中,是以结构安全系数的概念来规避现实中的不确定性影响的。即取

$$[\sigma] = \frac{R}{K} \tag{F.3}$$

这里,R 为材料强度; K 称为结构安全系数。

出于对结构分析理论不准确性的担忧和对现实工程中不确定性风险几乎无知的担忧,在19世纪末允许应力设计理论的奠基时期,对结构安全系数的规范规定一度高达10以上[5]。直至20世纪30年代,西方主要国家的工程设计规范的结构安全系数普遍规定在5左右。在这里,虽然有经验的积累,但也带有很明显的主观决策痕迹。由于经验估计的特征,这一时期的设计理论又被称为基于经验安全系数(对于不确定性的度量)的允许应力(对于结构受力力学行为的反映)设计理论。这一背景,潜移默化地形成了工程设计理论中的线性世界观与确定性设计传统[6]。

F.3 第二代结构设计理论的发展

早在1914年,德国人Kazinczy就在钢梁的极限承载力试验中发现:按照允许应力设计结构,会显著低估梁的极限承载力。1930年,德国科学家Fritsche提出了钢梁的极限强度分析理论,由此也引发了西方世界关于塑性铰观念是否合理的长期争论。与此同时,20世纪30年代苏联大规模工程建设的背景,促进了在工程结构设计中强调经济性的考量。20世纪30年代末至

① 从这一意义上考察,弹性板壳力学本质上属于材料力学范畴。
② 这一方式直至今日还以校准法的形式在设计规范中存在。

40 年代初,以格涅兹捷夫(Гворздев)为代表的一批苏联科学家的杰出工作,催生了第二代结构设计理论。

事实上,第二代结构设计理论的发展经历了两个阶段:前期(20 世纪 30~60 年代)和后期(20 世纪 70~90 年代)。前期的结构设计理论,以构件极限强度分析与基于经验统计的概率性结构安全系数度量为基本特征。

在科学反映结构受力力学行为这一维度,非线性材料力学的发展形成了这一时期的时代特征。混凝土结构、钢结构的构件承载极限强度分析,构成了非线性材料力学的奠基性研究,也形成了现代工程结构基于构件强度进行设计的基本格局①。承袭人们在 20 世纪 30 年代之前关于线性材料力学的研究经验,这一时期人们关心的重点是结构构件的极限强度分析。梁-柱理论、板-壳极限强度分析理论,构成了这一时期研究的重要进展。

20 世纪 20 年代,德国科学家 Mayer 第一次提出了采用概率理论度量工程中的不确定性(其主体是客观随机性)的观念[7]。迄至 20 世纪 50 年代,通过大量的荷载统计与结构实验,人们对结构荷载和结构抗力的统计特征开始有了初步的认识。基于这一认识,建立了荷载、抗力统计参数与结构安全系数的联系。由于沿袭了历史上确定性安全系数的观念,这一表达式的基本形式被确定为

$$K = \frac{m_R}{m_S} \tag{F.4}$$

式中, m_R 为结构抗力平均值; m_S 为结构荷载效应平均值。

结合前述构件极限强度的研究,结构安全系数被定义在结构构件层次。以工程中最为普遍存在的梁式构件为例,结构设计的基本表达式是

$$M \leqslant \frac{M_u}{K} \tag{F.5}$$

式中, M 为梁正截面弯矩; M_u 为梁正截面抗弯强度(承载力)。

至 20 世纪 60 年代,世界发达国家的设计规范大都采用了上述设计理论作为规范编制依据。

按照构件极限强度设计结构,至少在结构构件层次打破了线性世界观的束缚,初步实现了对结构受力力学行为非线性性质的反映。然而,经过约 20 年的

① 在这一意义上,现代混凝土结构、钢结构乃至砖石结构与木结构等大学标准教材的主体,均可视为非线性材料力学。

应用,人们不无遗憾地发现：按照这一理论设计的结构,虽然经济性大为改观,但结构使用性能却开始下降。在结构使用阶段混凝土结构的开裂、钢结构变形过大等问题引起了人们的严重关切。这一现实背景,驱动了对于结构设计中多种极限状态的研究。其成果则主要表现为对结构构件开裂宽度的限制和对结构构件最大变形的限制。虽然从理论意义上,这些研究并没有推动非线性力学的实质性进展,但多种极限状态观念的提出,却是工程设计理论中一个具有重要意义的进步。事实上,对多种极限状态的研究,直接催生了 20 世纪 70~80 年代对结构受力全过程行为的分析与研究热潮,从而开创了非线性力学发展的新纪元。

始于 Mayer 等早期科学家的原创性设想,对结构可靠性的研究工作在 20 世纪 60 年代得到了突飞猛进式的发展。事实上,早在 20 世纪 40 年代,波兰科学家 Freudenthal 就提出了采用结构可靠性指标度量结构可靠度的基本理论框架[8]。40 年代后期, Freudenthal 迁居美国,从而使结构可靠性研究之花开遍美洲大陆。由于 Cornell、Ang、Lind 等的杰出工作[9-11],基于低阶统计矩的一次二阶矩理论开始完善,并被十分精彩地表达为分项系数设计公式(以结构恒载与活载组合为例)：

$$\gamma_R R_K \leqslant \gamma_G S_{G_K} + \gamma_Q S_{Q_K} \tag{F.6}$$

式中, γ_R 为结构抗力分项系数; R_K 为抗力标准值; γ_G 为恒载分项系数; S_{G_K} 为结构恒荷载效应标准值; γ_Q 为活荷载分项系数; S_{Q_K} 为结构活荷载效应标准值。

由于低阶矩仅能反映荷载与结构抗力分布的主要特征,作为设计衡量标准的可靠度指标 β 与失效概率之间的关系又基于正态分布假定,因此,人们将这一设计理论称为考虑多种极限状态的近似概率设计法[4,5]。它构成了第二代结构设计理论的核心。

至 20 世纪 80 年代,包括中国在内的世界主要国家,均开始在土木工程结构设计规范中采用考虑多种极限状态的近似概率设计准则。时至今日,这一发展趋势仍在继续之中。

第二代结构设计理论,已然蔚为大观。

F.4 第二代结构设计理论的局限性与基本矛盾

尽管取得了巨大的成功,但从前文所述的两个基本维度考察,第二代结构设计理论对于结构受力力学行为的反映和对工程中客观存在的随机性的度量是局部的、近似的、不彻底的。这构成了第二代结构设计理论中的基本矛盾。

缘于结构力学的滥觞，结构设计中分解的方法论开始占据研究者与工程师的头脑。以结构力学分析确立结构构件的力学效应，以逐个、单一构件的强度设计与校核实现工程结构的设计安全性保障，成为第二代结构设计理论用于工程的标准范式。然而，在人们的设计观念逐步开始固化的同时，科学家们不无惊诧地发现，在结构分析与构件设计两个层次，存在对结构受力力学行为本质认识不一致的矛盾：在结构分析中采用线弹性力学、忽略非线性的影响，而在构件设计中则考虑了非线性受力力学行为的影响。人们不禁要问：具有非线性的构件"回到"结构中工作，会发生什么样的事情？

对于上述矛盾的认识与担忧催生了结构塑性极限分析理论的研究[12]，尽管在 20 世纪 50～60 年代，人们付出了艰苦的、大量的努力，但弥合上述矛盾的努力却以失败而告终。究其原因，不仅在于这一研究关注点在极限状态，忽略了结构受力全过程，也在于在其中多数研究中，沿袭了力学研究中的现象学传统，而忽略了个中的物理要素。

事实上，从对工程中客观存在的随机性的反映这一维度考察，第二代结构设计理论还存在第二个基本矛盾：在构件设计中，承认随机性的客观存在性，并至少从近似概率的角度加以反映，而在结构分析中，则完全不承认随机性。这样就完全割裂了结构分析与结构设计的完整链条。人们不禁要问：随机性对结构层次的行为真的没有影响吗？

第二代结构设计理论的两个基本矛盾：在构件设计层次考虑非线性，而在结构分析层次忽略非线性；在构件设计层次考虑随机性，而在结构分析层次不承认随机性影响，形成了这一代设计理论的基本局限性和理论的内在张力[13]，也为研究、发展第三代结构设计理论吹响了进军号。

F.5　第三代结构设计理论的基本特征与发展目标

仔细考察不难发现，虽然第一代结构设计理论对工程不确定性的处理是相当粗糙的，但其对结构受力力学行为的反映在理论上却是一以贯之、不存在上述矛盾的。由于线弹性系统的可叠加性，细观意义上的强度设计可以等效转化为整体结构意义上的承载力设计。因此,采用结构安全系数,既可以保证结构各个局部不受破坏,也可以保证整体结构的安全性。这一优势到了第二代结构设计理论开始大打折扣。由于分解的方法论,导致在结构设计理论的两个基本维度上均出现严重矛盾。

因为在结构层次忽略非线性受力力学行为的分析,在结构受力过程中真实存在的非线性内力重分布就不能得到科学反映,从而造成构件层次据之以进行强度设计的荷载效应与真实结构的荷载效应基本脱节。事实上,线弹性的结构内力分布不能反映真实的非线性结构内力分布规律!而在第二个基本维度,由于是在构件层次计算并校核可靠性指标,对整体结构的安全与否就寄托在“构件安全、整体结构自然安全”这一十分可疑的推断上。细加分析不难发现,这一推断本身来自结构设计中长期以来潜在的确定性设计观念。而在实际上,由于构件安全与否是一个概率性事件,从“构件安全”并不能推断出“整体结构自然安全”这一结论,除非所有结构构件的可靠概率均为 1。而按照近似概率的设计理论推演,这几乎是不可能实现的①。

如果说在第一代结构设计理论中,由于分析理论的内在一致性,结构工程师可以通过结构安全系数相当自信地判断结构的整体安全程度,那么到了第二代结构设计理论,由于引入了分项安全系数,结构工程师基本上失去了对结构整体安全性的判别能力。对一个自觉的结构工程师而言,他将发现自己所设计的结构,尽管经过细致的结构分析,但所得到的结构内力并不能反映真实的结构内力,且由于结构整体可靠性未知,结构的整体安全性可疑!这是十分令人担忧的。

起步于 20 世纪 70 年代的结构受力全过程分析研究热潮和 20 世纪 80 年代的结构整体可靠性研究,可以视为新一代结构设计理论开始萌芽的象征。虽然研究进展维艰,其中一些研究(如结构整体可靠度研究[14,15])也因不断遭受挫折而陷入低潮,但在黑暗中摸索的人们却在不断锤炼着自己的学术自觉性,不断地发现推动研究进展的新曙光。到 21 世纪的第一个 10 年,由于静、动力非线性数值分析方法的趋于完备、弹塑性力学和损伤力学的趋于成熟、概率密度演化理论的出现,形成了新一代结构设计理论得以奠基的三大基石。在这一背景下,不失时机地提出第三代结构设计理论的观念,是历史发展的

① 可靠指标 β 对应的结构安全概率 $P_s = \Phi(\beta)$,由于正态分布尾部不等于 0,故无论 β 多大、P_s 都不会是 1。

必然。

按照前述两个基本维度加以考察，并注意到结构工程研究近30年的发展，第三代结构设计理论的基本特征与学术指向是：

(1) 以固体力学为基础、考虑结构受力全过程、生命周期全过程的结构整体受力力学行为分析；

(2) 以随机性在工程系统中的传播理论（矩演化与概率密度演化）为基础、以精确概率（全概率）为度量的结构整体可靠性设计。

第三代结构设计理论的基本发展目标是：解决第二代结构设计理论中存在的两个基本矛盾，实现结构生命周期中的整体可靠性设计。

F.6 第三代结构设计的理论基础

F.6.1 固体力学

起步于弹性力学的工程结构设计理论，虽然因为科学进步的整体背景局限性，于20世纪初转入到以材料力学为基础的发展轨道，但人类从未放弃从固体材料的细观物理性质入手、认识并设计结构整体受力力学行为的理想。20世纪50年代趋于成熟的弹塑性力学，为这一理想的实现筑就了继弹性力学之后的第二个台阶；而20世纪70年代出现、90年代开始趋于形成完整科学体系的损伤力学，则为上述理想的实现提供了第三个支撑；21世纪以来，人们越来越清晰地看到：多尺度物理力学的发展，形成了固体力学持续发展的新的地平线。

在这里，笔者试图从固体力学的发展的角度，阐述固体力学为何成为第三代结构设计理论的基础之一。

屹立于平衡方程、几何方程和本构关系这三个基石上的弹性力学，是人类从材料细观物理认识结构整体力学行为的第一个理论结晶。20世纪初，缘于对金属材料的深入研究，人们逐步发现了材料在外力作用下所产生的不可恢复变形——塑性变形所带来的种种复杂而有趣的现象和问题：材料在到达极限强度后的流动性质和再强化特征、材料对加载路径的记忆特性、材料屈服后周边弹性约束对结构受力力学行为的决定性影响。所有这些问题，构成了丰富多彩的塑性力学研究基本格局，而其要旨，则是如何认识并确立塑性变形。今天，人们已可以十分清晰、简洁地表达塑性力学基本方程[16]：

$$\dot{\boldsymbol{\sigma}} = \boldsymbol{C} : (\dot{\boldsymbol{\varepsilon}} - \dot{\boldsymbol{\varepsilon}}_p) \tag{F.7}$$

式中，$\dot{\boldsymbol{\sigma}}$ 为应力率张量；$\boldsymbol{C}$ 为切线刚度张量；$\dot{\boldsymbol{\varepsilon}}$ 为总应变率张量；$\dot{\boldsymbol{\varepsilon}}_p$ 为塑性应变率张量。

然而，在塑性力学得以诞生的探索期，德国科学家 von Mises 从提出材料屈服的 Mises 准则到发现屈服流动的塑性流动法则（事实上应称为 Mises 法则）却经历了 15 年的漫长探索过程[17]！此后，又经历近 30 年，直到 20 世纪 60 年代末，由于固体力学的现代基础——不可逆热力学的引入，才使得由经验而经由猜测、假设、构造途径给出的塑性流动法则有了接近于完满的科学解释。

塑性力学在科学反映金属材料受力力学行为的巨大成功，吸引了一大批科学家奋不顾身地投入到将塑性力学引入准脆性材料（如岩石、混凝土）研究中[18]。然而，经由 20 世纪 60 年代的探索、70 年代至 80 年代的研究高潮、80 年代中期以来的研究余波，人们不无遗憾地发现：由材料细观缺陷及其发展所导致的材料软化性质，是经典塑性力学无力加以完美表达的。

20 世纪 80 年代中期，法国科学家将损伤力学引入准脆性材料受力力学行为研究的努力[19]，为打破上述僵局带来了新的转机。经过近 30 年的努力，今天人们已经可以十分欣慰地看到：建立在经典弹塑性力学基础之上的损伤力学，已经可以比较完整地反映包括材料软化性质的准脆性材料受力力学行为，从而为实现经过细观分析、认识与把握结构整体受力力学行为的理想奠定了现实基础。损伤力学的基本方程是[20]

$$\boldsymbol{\sigma} = (\mathbb{I} - \mathbb{D}) : \boldsymbol{C} : (\boldsymbol{\varepsilon} - \boldsymbol{\varepsilon}_p) \tag{F.8}$$

式中，$\mathbb{I}$ 为单位张量；$\mathbb{D}$ 为损伤张量；$\boldsymbol{\varepsilon}_p$ 为塑性应变张量，其余符号含义同前。

在这一基本方程中，对于损伤张量的唯象学描述，形成了固体力学天空中的一朵乌云。事实上，正如塑性力学的核心问题是如何确立塑性变形一样，损伤力学的核心问题是如何确立损伤演化规律。固体力学的唯象学研究思想，使得细观塑性变形的微观物理、细观损伤演化的微观物理研究一直被经验地或通过理性假设的方式加以替代。内变量概念的引入，则使这种替代披上了理性的外衣。然而，人类对理性的渴望是无止境的，这种渴望不容许固体力学天空中的最后几朵乌云。21 世纪初逐步展开的多尺度物理力学研究，可视为固体力学可持续发展的新一代努力。

尽管多尺度物理力学的研究方兴未艾，但从科学反映结构受力力学行为的角度考察，现代固体力学的基本理论，已足以构成第三代结构设计理论的基础。

而在固体力学发展过程中，自 20 世纪 70 年代以来逐步形成的计算力学数值方法[21,22]，则为分析复杂结构的材料损伤、结构破坏乃至倒塌全过程提供了现实的技术实现手段。现代固体力学的基本理论与数值方法，已经为第三代结构设计奠定了理论基石。

F.6.2　概率密度演化理论

与之相应，在工程不确定性的合理度量方面，也已形成了第三代结构设计理论得以实现的第二块理论基石。在这里，对于随机系统物理本质的认识，是这一方向研究得以上升到新高度的重要科学发现。

长期以来，对于随机性的认识一直局限在现象学的统计阶段。这样的一种研究方法论很难从根本上解释为何存在概率统计规律。大多数人认为，虽然只有一个客观世界，但人们却需要用两套截然不同的规律去反映它：确定性的物理规律和概率的统计规律[23]。而对概率统计规律，不少人认为是不可捉摸的，甚至带有宿命性地、无奈地接受它的存在。概率统计规律几近于无所不能的上帝之手的任意创作。正是这种接近于宿命论的观念，使得关于概率统计规律的研究迈进了理论禁区。这种一般科学背景，是造成结构设计理论的两条基本发展线索长期互相独立、没有本质接合点的根本原因。虽然若干随机系统的研究在有意无意之间触碰到了物理规律的影响（如随机动力系统的均方演化理论[24]），但由于上述研究观念的束缚，使得这些研究从来没有在本质上揭示物理规律在概率统计规律形成中的决定性作用。

近十余年来，概率密度演化理论的研究进展为打破上述桎梏做出了决定性的贡献[25]。注意到在一般意义上物理规律总是可以用某类微分方程加以表述。不失一般性，存在

$$\mathcal{L}(\boldsymbol{y},\ \boldsymbol{\Theta},\ \boldsymbol{x},\ t,\ \tau)=0 \tag{F.9}$$

式中，$\mathcal{L}(\cdot)$ 为一般意义上的微分算子；$\boldsymbol{y}$ 为基本物理量；$\boldsymbol{\Theta}$ 为基本随机变量族；$\boldsymbol{x}$ 为空间变量；t 为时间变量；τ 为系统动态变化参数。

概率密度演化理论的核心研究进展表明，对于上述一般物理系统，存在如下广义概率密度演化方程[26]：

$$\frac{\partial p(\boldsymbol{y},\ \boldsymbol{\Theta},\ \tau)}{\partial \tau}=-\dot{Y}(\theta,\ \tau)\frac{\partial p(\boldsymbol{y},\ \boldsymbol{\Theta},\ \tau)}{\partial \boldsymbol{y}} \tag{F.10}$$

式中，$p(\boldsymbol{y},\ \boldsymbol{\Theta},\ \tau)$ 是关于状态量 $\boldsymbol{y}$ 和随机源变量 $\boldsymbol{\Theta}$ 的联合概率密度；τ 是描述

系统状态发生变化的广义时间参数。

注意到 $\dot{Y}$ 刻画了系统物理状态的变化,因此,上述方程表明:随机系统物理状态的变化,决定了系统概率密度分布的演化。换句话说,系统物理状态的变化推动了系统概率密度的演化。

这一重要的科学发现,在很大程度上揭示了何以存在概率统计规律的秘密:概率统计规律及其演化,取决于系统物理规律。这就在本质上揭示了概率统计规律赖以存在的物理基础。联系到前述多尺度物理力学和概率论中的大数定律,我们不难猜测:物理规律塑造、改变了在本源随机性发生处的无规分布,使之成了我们在宏观世界所观察到的概率统计规律。

式(F.10)的意义还不仅仅在此。事实上,联系到式(F.9)的一般算子性质及工程系统的数理描述最终总可以在理论上归结为一组算子表述,式(F.10)还在本质上揭示了本源随机性在工程系统中的传递规律。由此,长期在结构设计理论发展过程中的两条基本线索:结构力学分析与结构可靠概率分析,找到了关键的本质结合点。

通过联立求解力学分析基本方程和广义概率密度演化方程,可以十分自然地找到结构反应的精确概率描述方式,也自然可以方便地给出结构可靠性的合理度量:精确的结构安全概率或结构失效概率。而一般工程随机系统等价极值事件的严格证明[27],则为定量评价结构整体可靠度打开了方便之门。

基于上述论述,第三代结构设计理论的基本架构可以用图 F.1 加以概略表述。

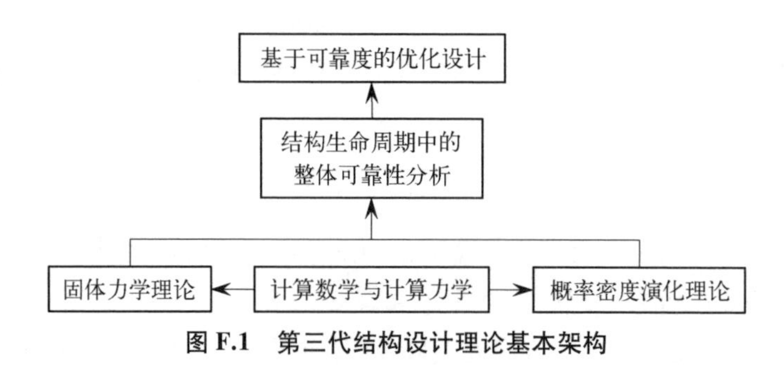

图 F.1　第三代结构设计理论基本架构

顺便指出,从随机性在工程系统中的传播这一观点,反观经典的基于统计矩的各类随机系统分析方法,不难发现矩传递与矩演化在各类经典方法中的核心价值。事实上,无论是可靠性分析的一次二阶矩理论、随机振动分析的谱分析理论,还是随机结构分析中的摄动理论与正交多项式展开理论,无一不可以看作是随机性在工程系统中的传递关系或传播过程,只不过这种传递与传播是在统计矩意义上实现的罢了。如果考虑力学系统的非线性性质与本源随机性的时间过程性质,这种矩传递关系就自然转化为矩演化关系。

固体力学的发展与概率密度演化理论的建立,奠定了第三代结构设计理论赖以形成的两大基石。而计算数学与计算力学的现代发展,则构成了第三代设计理论得以实现的第三块基石。由于本文主旨与这一方向的研究主线关联不多,故不赘述。

F.7 第三代结构设计理论的研究发展方向

尽管第三代结构设计理论基础趋于完善,总体框架初具雏形,但真正形成完备的第三代结构设计理论,还需要大量深入细致、在若干领域期待着实质性创新的研究工作。总结其要旨,可以概述于下。

(1) 结构荷载的统计与建模:结构荷载的统计建模是结构受力力学分析的基础,也是结构可靠度分析的基础。在这一关键环节,尽管此前在世界范围内已经进行了大量的工作。但做总体考察,其结果尚不尽如人意。事实上,在荷载统计、结构力学分析与结构抗力分析三个结构可靠度分析的基础方面,荷载统计依然是最为薄弱的一个支点。近年来大数据技术的发展,为结构荷载统计建模的发展带来了新的希望之光。可以设想:通过人流大数据、交通大数据、各类结构检测大数据,有望建立新型的、具有丰富数据资源的、可以动态调整的荷载统计模型,从而为第三代结构设计理论的建立提供更为坚实的基础。

(2) 灾害性动力作用与环境作用的危险性分析:考虑灾害性动力作用对结构安全性的影响,是近代结构设计理论发展的重要标志。地震、台风等灾害性动力作用,其典型特征是发生地点、时间与强度均具有显著随机性。进行灾害性动力作用危险性分析,并建立相应的危险性分析模型,是实现结构生命周期内的整体可靠性设计的基本前提之一。在这一研究中,将统计数学与物理机制相结合,建立基于一定物理机制的危险性分析模型,是值得重点加以探索的研究课题。事实上,对于结构生命周期中的各类环境作用(如大气腐蚀作用、海洋环境作用等),也存在类似的危险性分析问题。只有在概率意义上的危险性分析科学基础上,才能够给出合理的地震动区划、极值风速区划、环境作用区划乃至多种灾害的综合区划。显然,这些区划图应该摒弃传统的定数法思路,采用以危险性分析为基础的概率性、多指标、多层次区划思想加以编制。

(3) 多尺度物理力学的发展：尽管第三代结构设计理论的建立并不必然要求以多尺度物理力学作为科学基础，但这一充满生机的研究方向必然可以为第三代结构设计理论的完善带来新的科学支撑点。多尺度物理力学的发展，不仅在于置换现代固体力学的唯象学基础，更为重要的是，它可以导致研究观念的变更：现实工程中的宏观多场耦合分析，在多尺度的细、微观分析中，将可能找到统一的科学基础；在多尺度物理分析中的随机性本源识别与随机性传播，则不仅可望发现随机性在本源处的无规性质，也为分析随机性的多尺度涨落性质、发现复杂系统之所以产生平衡、分叉、自组织等性质的科学奥秘提供了可能。显然，这将为土木工程领域里的科学家为一般科学的发展做出贡献提供用武之地。

(4) 环境作用的整体结构效应：结构耐久性研究是实现结构生命周期中的整体可靠性设计的重要组成部分。然而，尽管过去 30 年的研究形成了结构工程研究进展的重要标志，结构耐久性的现有研究成果还很难满足服务于第三代结构设计理论的要求。究其原因，在于现有结构耐久性研究还主要集中于结构材料与构件层次，而对于环境作用的整体效应研究，则极为罕见。解决这一问题的关键在于开拓复杂环境作用下的材料多维本构关系研究领域。深入分析多场耦合作用下工程材料因物理、化学甚至生物作用所导致的材料损伤与恢复过程规律，建立可以用于整体结构力学效应分析的细观、多维本构模型，发展考虑复杂环境作用的整体结构力学分析数值方法，将构成这一领域研究中亟待发展的重要研究方向。

(5) 结构非线性荷载效应组合：第三代结构设计理论的建立，必然要解决结构生命周期中的荷载效应组合问题。这就必须打破线性分析的藩篱，进入非线性分析的领域。在第一代与第二代设计理论中，由于在结构层次一直采用线性分析的思想，因此荷载与作用遇合问题可以转换为荷载效应组合问题。然而，在结构生命周期中，由于灾害动力作用与各类环境作用影响，很难规避结构受力进入非线性阶段。因此，线性叠加原理不再成立，必须发展结构生命周期中的非线性荷载效应组合理论与方法。将作用危险性分析、结构非线性分析与概率密度演化理论相结合，可望建立基于物理分析的结构非线性荷载效应组合理论与方法。显然，这里需要耐心、细致的深入研究和迎接挑战的极大勇气。

(6) 基于可靠性的结构优化设计理论：实现结构的最优化设计，一直是结构工程师的基本追求，但真正从科学角度加以系统探索的研究，直到 20 世纪 50 年代中期才真正开始。从力学准则法到数学规划法[28]，人们的认识在不断地深入。拓扑优化理论的发展与现代组合优化理论的运用,使人们将理论探索色彩十足的研究逐步发展到在某些特殊类型结构中系统应用的阶段。20 世纪 90 年代以来,研究者逐步清晰地认识到,基于直觉的应力约束、变形约束乃至能量约束条件、都不能真正解决结构力学性态与结构功能优化均衡的问题,只有引入结构可靠性的约束条件,才可望达到结构力学性态最优与功能最优的均衡。从发展的角度看,将目前研究中主要是构件层次、统计矩约束的线性结构系统优化,推进到考虑结构非线性性能、以精确概率衡量的整体可靠性为约束条件的结构拓扑优化,显然是形成完整的第三代结构设计理论的一个重要研究方向。

从本文前述论述可见,建立第三代结构设计理论的基本理论基础已经具备,这一理论体系的基本轮廓业已形成。然而,为了建立完整的第三代结构设计理论,仅仅上述六个方向的研究仍然是远远不够的。事实上,发展结构的多尺度综合模拟技术、引入并发展与图形相结合从而可以实现人机交互、主动干预的并行计算技术、实现结构性能监测与性能控制的一体化设计并将其融入结构全生命周期的整体可靠性设计之中、研究并发展对主观不确定性的科学反映途径与量化理论,发展工程系统的可靠性分配与优化理论,都是值得发展的重要研究方向。限于篇幅,这里就不一一深入介绍了。

F.8 结语

力图以理性而不仅仅是经验的方式设计、评价、控制工程结构的安全性与可靠性,已经经历了近两百年的发展历史。在这一历史进程中,对于结构受力力学行为的科学反映和对工程中客观存在的不确定性的合理度量,构成了结构设计理论的基本发展线索,也是考察不同时代结构设计理论本质特征的两个基本维度。历经近两百年的发展,已经形成了继承与发展互现的第一代和第二代结构设计理论。第二代结构设计理论存在的两大基本矛盾,形成了结构设计理论持续发展的内在动力,也呼唤着新一代结构设计理论的诞生。现代数值计算方法、固体力学理论与概率密度演化理论的成果,业已形成第三代结构设计理论的三大基石。第三代结构设计理论的基本框架已经形成。这一理论体系的基本目标,是实现结构生命周期中的整体可靠性设计,从而对工程结构的整体安全性与服役功能可靠性给出科学的定量描述。可以相信,这一基于人类工程实践经验和理性概括总结的新一代设计理论,必将在不远的未来服务于工程实践,从而真正建立起结构工程师关于结构设计的理性自信与实践自律。因此,我们有足够的理由,呼唤一个新时代的到来!

参考文献

[1] FREUDENTHAL A M. The safety of structures[J]. ASCE Transactions, 1947, 112: 125-180.

[2] KARL-EUGEN K. The history of the theory of structures[M]. Berlin: Ernst & Sohn, 2008.

[3] TIMOSHENKO S P, GOOGIER J N. Theory of elasticity[M]. New York: McGraw-Hill, 1951.

[4] DITLEVSEN O, MADSEN H O. Structural reliability methods[M]. Hoboken: John Wiley & Sons, 1996.

[5] 赵国藩,曹居易,张宽权.工程可靠度[M].北京:科学出版社,2011.

[6] 李杰.结构工程研究中的关键科学问题(同济大学科学研究报告,2006)//求是集(第一卷)[M].上海:同济大学出版社,2016.

[7] NOWAK A S, COLLINS K R. Reliability of structures[M]. Boca Raton: CRC Press, 2013.

[8] Memorial tributes, alfred martin freudenthal, Volume 1[M]. National Academy of Engineering, 1979: 63-66.

[9] CORNELL C A. A probability-based structural code[J]. Journal of the American Concrete Institute, 1969, 66(12): 974-985.

[10] ANG A H-S, TANG W H. Probability concepts in engineering[M]. Hoboken: John Wiley & Sons, 1975.

[11] LIND N C, Consistent practical safety factors[J]. ASCE Structural Transactions, No. ST6, 1971.

[12] 成文山.钢筋混凝土框架结构极限分析[M].北京:建筑工业出版社,1984.

[13] 李杰.生命线工程研究中的关键力学问题[J].第12届全国结构工程会议特邀报告,工程力学,2003,20(增刊):45-54.

[14] THOFT-CHRISTENSEN P, MUROTSU Y. Application of structural systems reliability theory[M]. Berlin: Springer, 1986.

[15] RACKWITZ R. Reliability analysis — a review and some perspectives[J]. Structural Safety, 2001, 23(4): 365-395.

[16] SIMO J C, HUGHES T J R. Computational inelasticity[M]. Berlin: Springer, 1998.

[17] 卓家寿,黄丹.工程材料的本构演绎[M].北京:科学出版社,2009.

[18] CHEN W F. Plasticity in reinforced concrete[M]. New York: McGraw-Hill, 1981.

[19] MAZARS J. A description of micro- and macro-scale damage of concrete structures[J]. Engineering Fracture Mechanics, 1986, 25(5-6): 729-737.

[20] 李杰,吴建营,陈建兵.混凝土随机损伤力学[M].北京:科学出版社,2014.

[21] ZIENKIWICZ R L, TALOR R L, ZHU J Z. Finite element method: Its basics and fundamentals[M]. Amsterdam: Elsevier, 2000.

[22] BELYTSCHKO T, LIU W K, MORAN B, et al. Nonlinear finite elements for continua and

structures[M]. Hoboken: John Wiley & Sons, 2013.

[23] 郝柏林.从抛物线谈起——混沌动力学引论[M].上海：上海科技教育出版社,1993.

[24] LIN Y K. Probabilistic Theory of structural dynamics[M]. New York: McGraw-Hill, 1976.

[25] 李杰,陈建兵. 随机动力系统中的概率密度演化方程及其研究进展[J].力学进展,2010,40(2): 170 - 188.

[26] LI J, CHEN J B. Stochastic dynamics of structures [M]. Hoboken: John Wiley & Sons, 2009.

[27] LI J, CHEN J B, FAN W L. The equivalent extreme-value event and evaluation of the structural system reliability[J]. Structural Safety, 2007, 29(2): 112 - 131.

[28] 钱令希.工程结构优化[M].北京：水利电力出版社,1983.